『十二五』国家重点图书出版规划项目

国家出版基金资助项目

国家出版基金项目
NATIONAL PUBLICATION FOUNDATION

晏阳初

民国乡村建设

华西实验区档案选编·经济建设实验

④

目录

二、农业（续）

养殖业与防疫·公文和信函（续）

种植业与防虫·工作制度

种植业与防虫·公文、工作计划和报告

目录

种植业与防虫·调查统计

华西实验区总办事处为印发养猪贷款办法请查照贷款致璧山县第三辅导区办事处的通知（附：种猪饲养须知、华西实验区农业生产合作社养猪及贷款办法、种猪饲养志愿书、猪舍修建设计） 9-1-121（114）

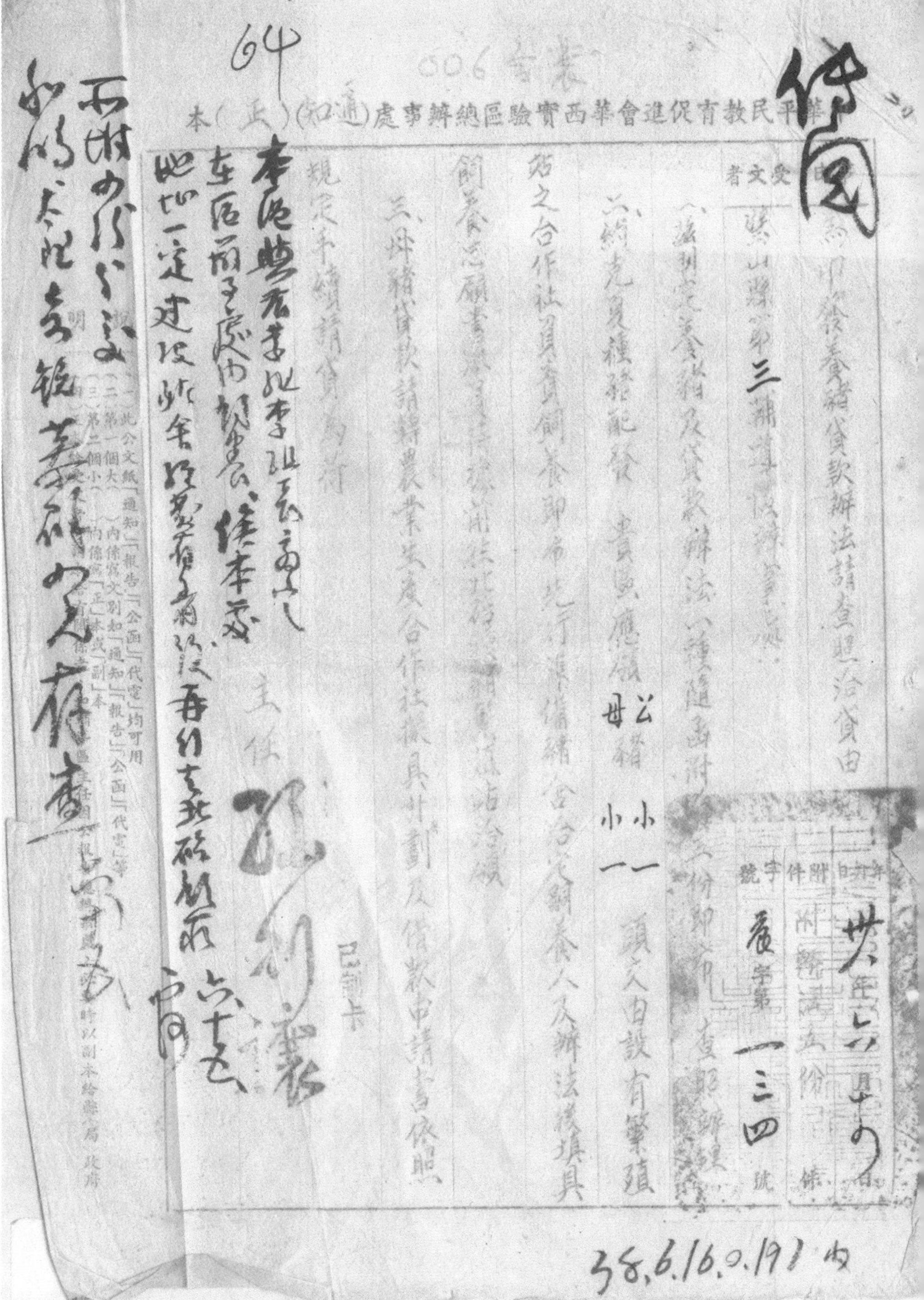

中華平民教育促進會華西實驗區總辦事處（通知）（正）本

事由：為印發養猪貸款辦法請查照洽貸由

受文者：璧山縣第三輔導區辦事處

卅八年六月十四日

华西实验区总办事处为印发养猪贷款办法请查照贷款致璧山县第三辅导区办事处的通知（附：种猪饲养须知、华西实验区农业生产合作社养猪及贷款办法、种猪饲养志愿书、猪舍修建设计） 9-1-121（115）

種豬飼養須知

一、種豬之所有權仍屬于實驗區，必要時可以隨時收回，純種小豬之所有權屬合作社或養豬社員，可作貸款之擔保。作價償還貸款，交回實驗區以便統籌推廣，飼養者不得自行支配處理。

二、種豬如有疾病死亡，應隨時報告，接受指導防疫治療。

三、修建豬舍必須依照規定標準，並與普通豬舍隔離，保持絕對之清潔乾燥，飼槽喂前要用水沖洗。

四、種豬飼料應照規定標準配合，每日宜喂玉米四斤、麩皮二斤、黄豆粉十二兩，另加食鹽骨粉各少許、豆渣、苕藤及粉糟房之副產品均可利用。

五、種豬給飼時間宜早晚各一次，先喂玉米須經水浸一晝夜，次喂粉料用水調和，後喂清水，中午則喂青草菜葉一斤半。

六、種豬六八齡，公豬年齡以十月至一年為宜，交配時……日為宜。

七、配種時公豬須要充分活潑、精神飽滿、每日配種宜在午前十時或午後三四時、每天交配以一次為限。

八、雜交第一代小豬在產後六至八週即須去勢、以便肥育八個月後、體重可達一百斤。

九、種豬交配應填寫「交配記錄表」按月經由輔導區送總幹事備查（附交配記錄表格式）。

十、種豬飼料配合、係以體重一五〇斤為標準、小豬飼料則酌減。

存備查 年閱 六.十一

华西实验区总办事处为印发养猪贷款办法请查照贷款致璧山县第三辅导区办事处的通知（附：种猪饲养须知、华西实验区农业生产合作社养猪及贷款办法、种猪饲养志愿书、猪舍修建设计） 9-1-121（115）

华西实验区总办事处为印发养猪贷款办法请查照贷款致璧山县第三辅导区办事处的通知（附：种猪饲养须知、华西实验区农业生产合作社养猪及贷款办法、种猪饲养志愿书、猪舍修建设计） 9-1-121（116）

66

華西實驗區農業生產合作社養豬及貸款辦法

一、本區為推廣優良種豬及提倡社員養豬增加生產起見特訂定本辦法。

二、農業生產合作社養豬分為左列數項：

子、種豬

(一)本區以約克夏種豬分借於設有繁殖站之農業生產合作社暫以巴縣璧山合川三縣為限。

(二)凡借養種豬之合作社須填具種豬飼養志願書（志願書格式附後）依照規定辦法飼養（飼養須知附後）本區必要時得隨時收回。

(三)凡借養種豬之合作社應依照規定圖樣建築豬舍，遇有困難者以舊有豬舍改造，利用時須照本區指導加以改造。（修建豬舍設計附後）

(四)凡借養種豬之合作社其飼養辦法應經由社務會議決定參照左列辦法辦理：

华西实验区总办事处为印发养猪贷款办法请查照贷款致璧山县第三辅导区办事处的通知（附：种猪饲养须知、华西实验区农业生产合作社养猪及贷款办法、种猪饲养志愿书、猪舍修建设计）　9-1-121（116）

(2)委託熱心之社員或表證農家飼養、

(3)委託繁殖站所在地之保校飼養、

(4)凡接受委託飼養種豬者除遵照本辦法各項規定外並應訂立合約報請輔導區辦事處核轉本區備查、

乙、合作社飼養

(1)由合作社附設槽房或粉房飼養、

(2)除種豬外兼養肉豬以十頭至五十頭為限、

(3)合作社飼養種豬而附設於原有槽房或粉房需要資金週轉時得擬具計劃經社員大會決議請由輔導區辦事處依照「辦理農業合作社申請借款應行注意要點」協助辦理借款手續核轉本區核辦、

(4)合作社養豬業務應單獨記帳統一決算、

(五)飼養種豬所產之純種小豬得由本區照核定之價格收購以推廣其他區域、

华西实验区总办事处为印发养猪贷款办法请查照贷款致璧山县第三辅导区办事处的通知（附：种猪饲养须知、华西实验区农业生产合作社养猪及贷款办法、种猪饲养志愿书、猪舍修建设计） 9-1-121（117）

（六）各社及社員所產一代雜交豬應於一月半至二月餘都去勢後分售社員飼養不得售於非社員

（七）社員保校或合作社飼養種豬其豬舍修建及飼料費須自行負責交配費之收入及所產肥料分别為社員保校或合作社所有

丑 母豬

（一）設有繁殖站之合作社可優先請求母豬貸款

（二）購養母豬以配合種豬年齡為準

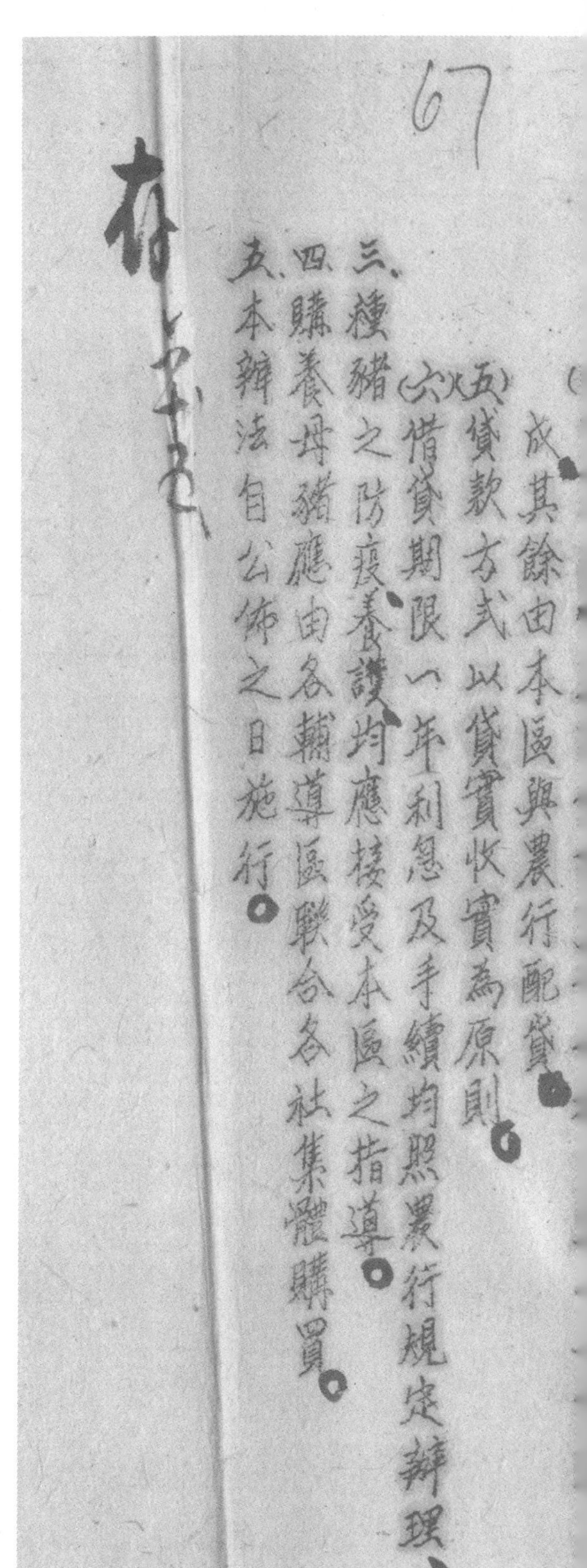

67

（……）成其餘由本區與農行配貸。

（五）貸款方式以貸實收實為原則。

（六）借貸期限一年，利息及手續均照農行規定辦理、

三、種豬之防疫養護均應接受本區之指導。

四、購養母豬應由各輔導區聯合各社集體購買。

五、本辦法自公佈之日施行。

华西实验区总办事处为印发养猪贷款办法请查照贷款致璧山县第三辅导区办事处的通知（附：种猪饲养须知、华西实验区农业生产合作社养猪及贷款办法、种猪饲养志愿书、猪舍修建设计） 9-1-121（117）

华西实验区总办事处为印发养猪贷款办法请查照贷款致璧山县第三辅导区办事处的通知（附：种猪饲养须知、华西实验区农业生产合作社养猪及贷款办法、种猪饲养志愿书、猪舍修建设计） 9-1-121（118）

種豬飼養志願書

具志願書人　　今願飼養約克夏種豬　　頭

自籌飼料管理以供雜交配種合作期間自　　年　　月

日起至　　年　　月　　日止一切遵照

貴區之指示履行下列工作

一、合作期內一切工作悉聽指導

二、修建豬舍依照規定標準

三、遵照飼料標準配合飼養

四、保持豬身及豬舍之清潔衛生

华西实验区总办事处为印发养猪贷款办法请查照贷款致璧山县第三辅导区办事处的通知（附：种猪饲养须知、华西实验区农业生产合作社养猪及贷款办法、种猪饲养志愿书、猪舍修建设计）　9-1-121（118）

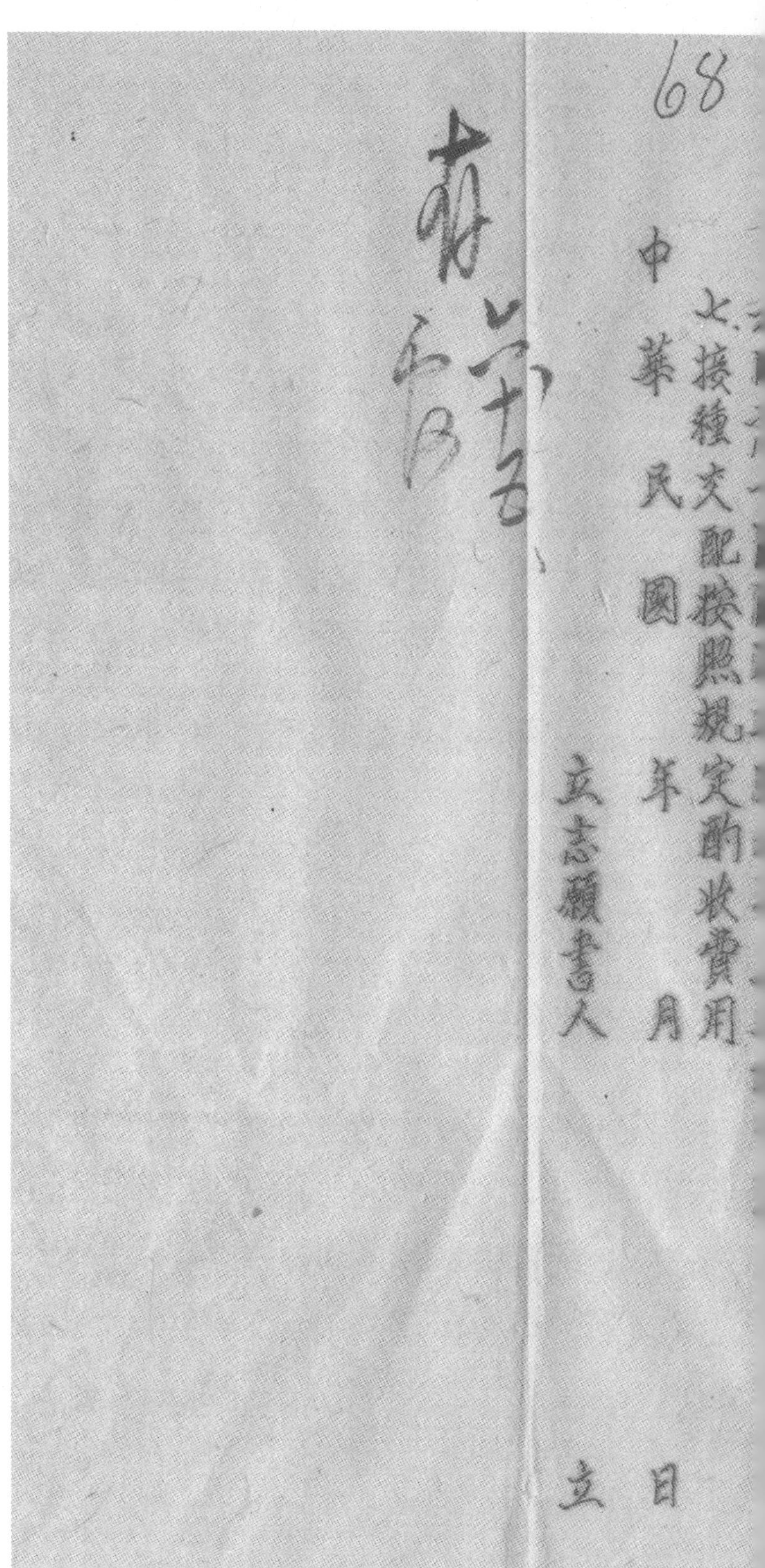
68

七、接種交配按照規定酌收費用

中華民國　　年　　月　　日

立志願書人　　　　立

69

豬舍修建設計

一、修建豬舍的地方，應南向及高燥，若有天然傾斜更好，水及糞料容易排洩，通常先掘地土五寸至一尺，然後舖以磚石或洋灰，普通地面多以石板舖。

二、臥地要乾燥，因為潮濕容易生病，並宜常撒石灰，細心管理。

三、豬舍四面圍牆，宜用磚石建築，但以土築比較經濟，或以磚石為底，上層則用土築。

四、豬舍要空氣流通，日光充足，門窗要寬大，都宜南向或東南向。

五、糞水排洩的設備要特別注意，豬舍四周，宜開淺溝，屋外掘坑收取糞水，坑長三尺，寬二尺，深三尺。

六、豬舍每天要灑掃，豬體也要常刷洗，睡草每星期要更換，地上宜撒用石灰、鋸屑或乾土以吸收尿液，減少臭氣。

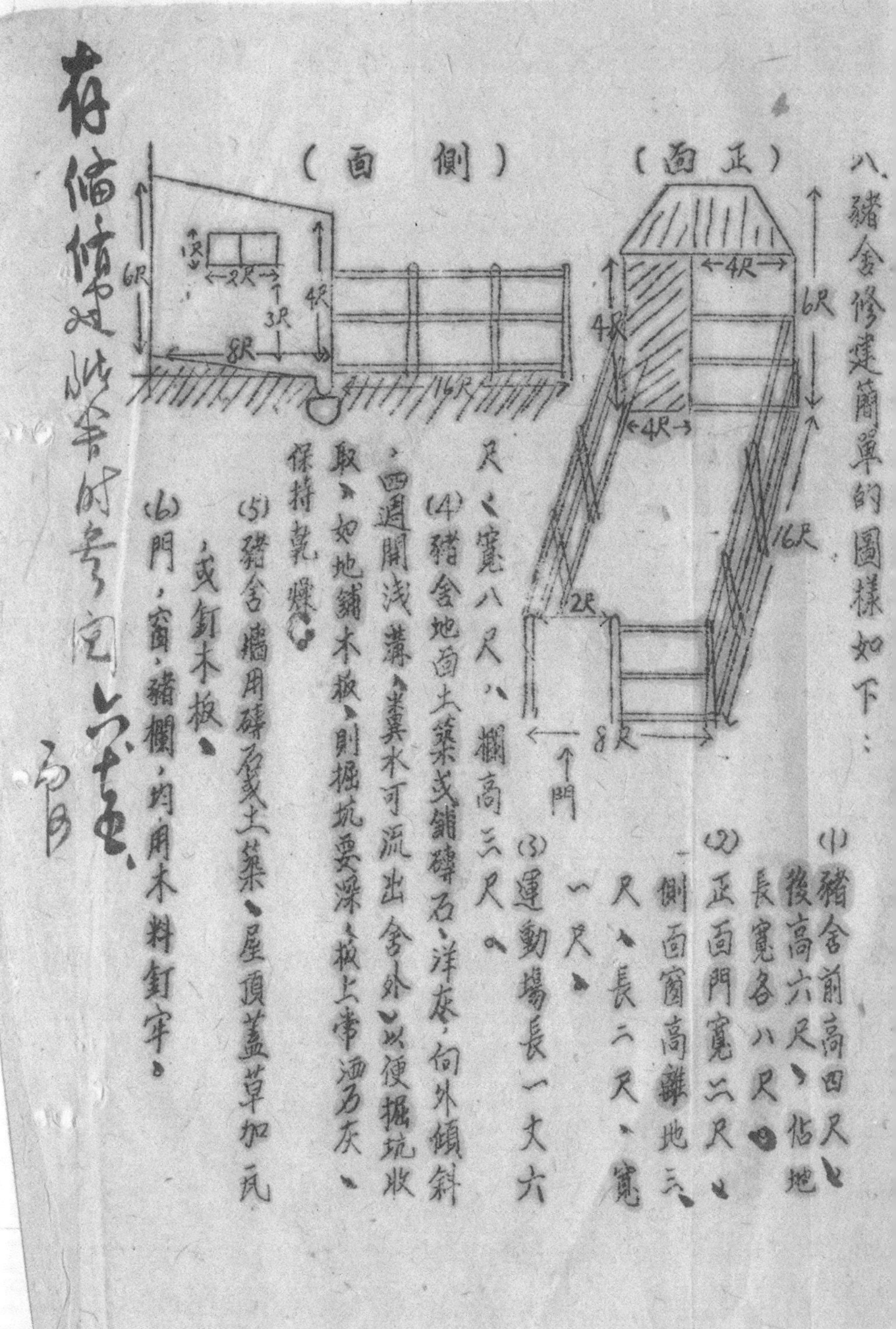
八、豬舍修建簡單的圖樣如下：

(1)豬舍前高四尺，後高六尺，佔地長寬各八尺。

(2)正面門寬二尺。側面窗高離地三尺，長二尺，寬一尺。

(3)運動場長一丈六尺，寬八尺，八欄高三尺。

(4)豬舍地面土築或舖磚石、洋灰，向外傾斜，四週開浅溝，糞水可流出舍外，以便掘坑收取。如地舖木板，則掘坑要深，板上常洒石灰，保持乾燥。

(5)豬舍牆用磚石或土築，屋頂蓋草加瓦或釘木板。

(6)門、窗、豬欄均用木料釘牢。

华西实验区总办事处为印发养猪贷款办法请查照贷款致璧山县第三辅导区办事处的通知（附：种猪饲养须知、华西实验区农业生产合作社养猪及贷款办法、种猪饲养志愿书、猪舍修建设计） 9-1-121（119）

华西实验区总办事处为拟定本区防疫工作计划及经费预算事宜致中央畜牧实验所公函 9-1-128（164）

中華平民教育促進會華西實驗區總辦事處稿

事由：请即拟定本区防疫工作计划及经费预算及附开办费由

受文者：中央畜牧实验所程所长绍迥

年月日：卅八年 月十八日發
字號：农字第〇二三號

查本区兽疫防疫工作经由农村复兴委员会委托贵所负责办理，现猪瘟蔓延，亟待防治，请按农复会补助该项经费之数，拟具本区防疫工作计划及经费预算及附开办费工作，相应函达，即请查照为荷。此致

中央畜牧试验所程技正绍迥

主任 孙○○

拟稿 袁

副本一份送达南京中央畜牧试验所

华西实验区总办事处为购制疫苗血清一事致农林部华西兽疫防治处函　9-1-128（165）

中華平民教育促進會華西實驗區總辦事處稿（函）

事由：為請購製疫苗血清由

受文者：農林部華西獸疫防治處

逕啟者：本處為防治猪牛疫病，急需用下列菌苗血清，擬請貴處代製，如有現貨即請價讓，檢交來人帶回。

一、猪肺疫菌苗　三〇〇〇〇cc　預防三〇〇〇頭

二、猪肺疫血清　三〇〇〇〇cc　三〇〇〇頭

三、猪丹毒菌苗　三六〇〇〇cc　三〇〇〇頭

四、猪丹毒血清　九六〇〇〇cc　三〇〇〇頭

五、牛瘟疫苗　二〇〇〇〇cc　一〇、〇〇〇頭

六、牛瘟血清　一〇〇〇〇cc　一〇〇頭

七、炭疽芽胞苗　一〇〇〇cc　二〇〇〇頭

以上各項如有製成現貨，即請價讓，檢交來人帶回，以備應用為荷。

主任 孫則讓

年五月廿　日發　字第一〇五號

华西实验区总办事处为成立兽医巡回防治队来区协助防治兽疫工作致中国农村复兴联合委员会公函 9-1-128（74）

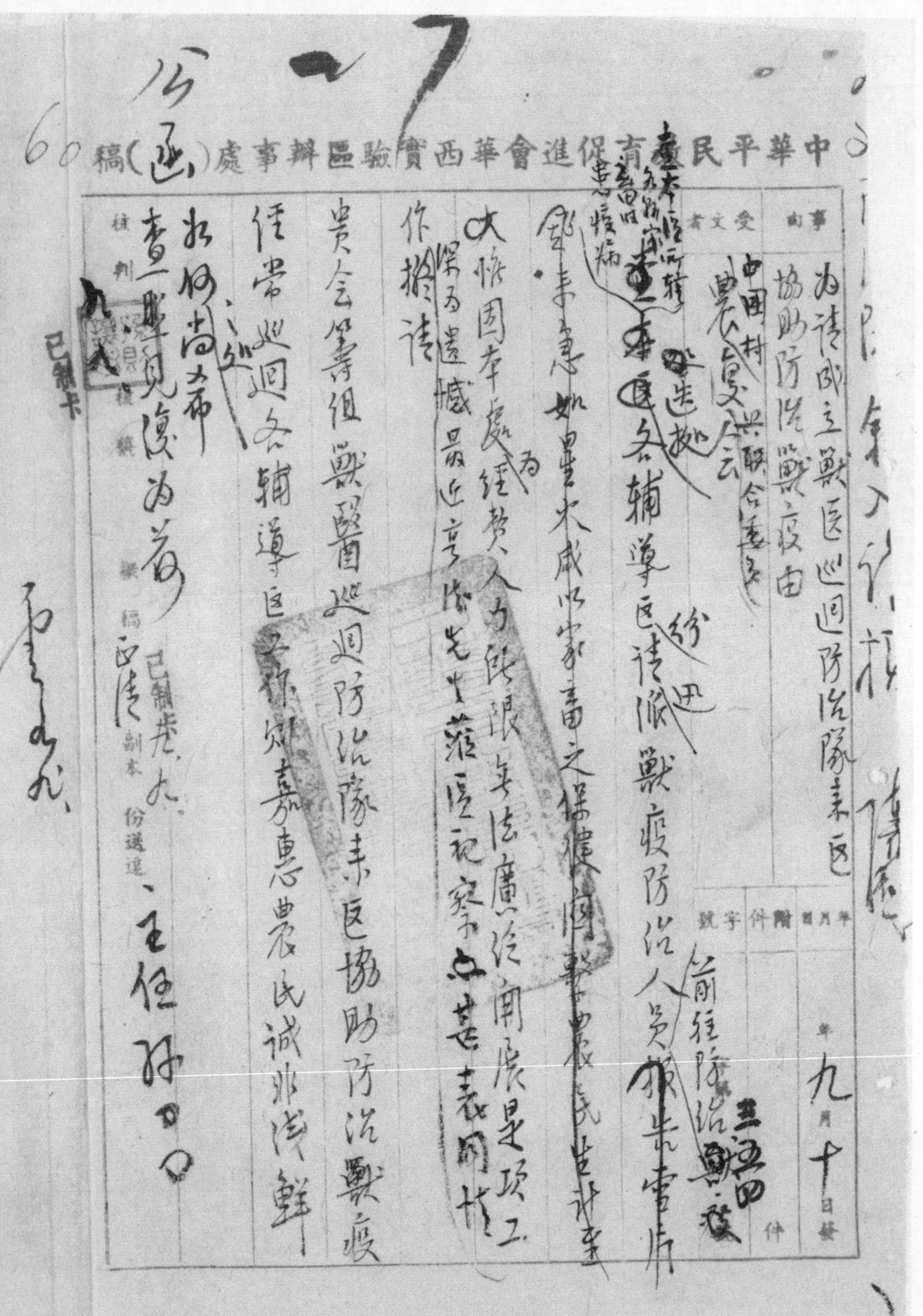

中華平民教育促進會華西實驗區辦事處（函）稿

事由：為請成立獸医巡迴防治隊來區協助防治獸疫由

受文者：中國農村復興聯合委員會

本區各輔導區請派獸疫防治人員前往防治獸疫者紛迅，查本年惠如豐大成以家畜之保健關係農民生計至大，惟因本處經費人力所限無法廣泛開展是項工作，深感遺憾。最近[illegible]先生蒞區視察亦甚表同情，特請貴會籌組獸醫巡迴防治隊來區協助防治獸疫，經常巡迴各輔導區工作，則嘉惠農民誠非淺鮮。如何尚希查照見復為荷。

[illegible]

年九月十日發

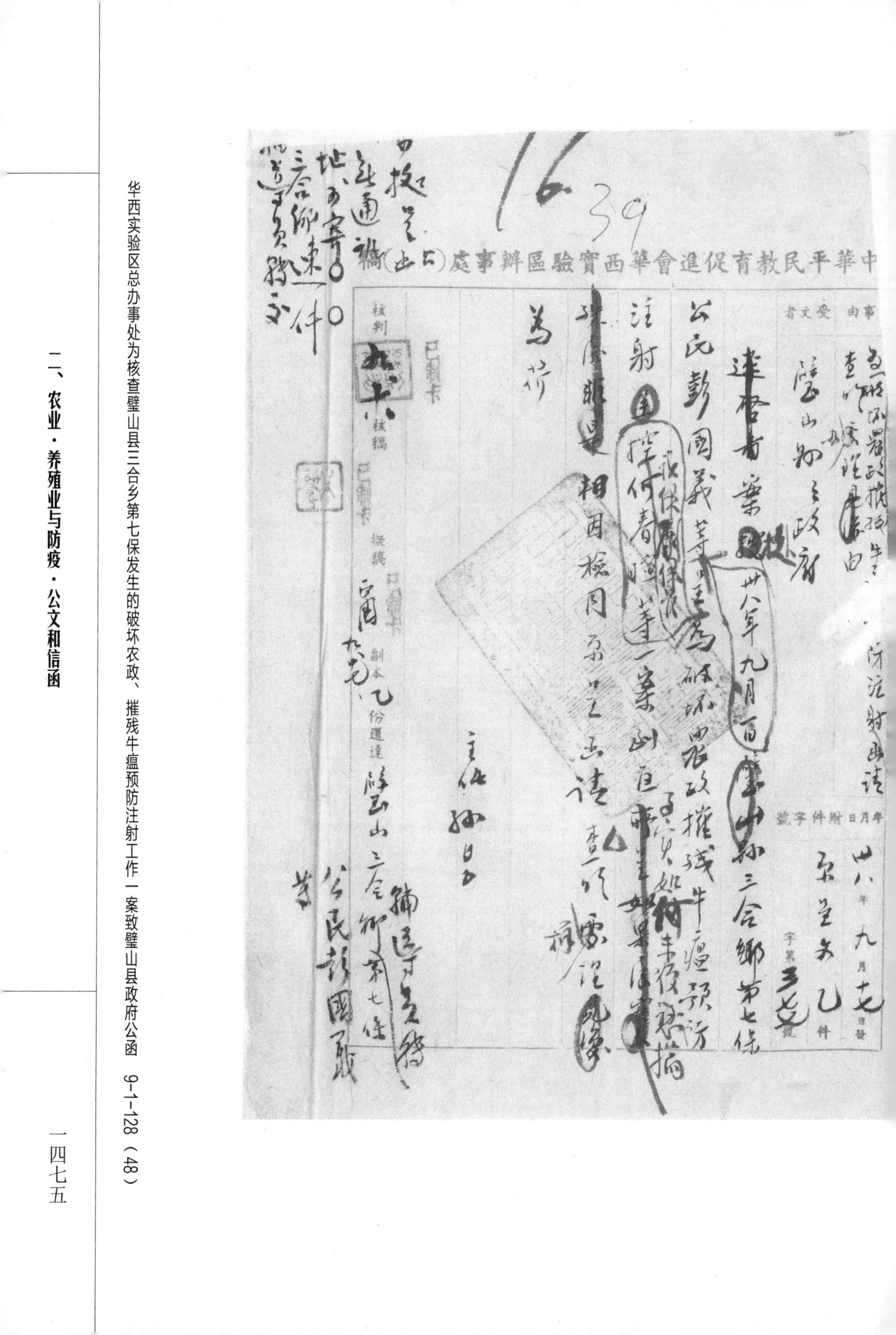

华西实验区总办事处为核查璧山县三合乡第七保发生的破坏农政、摧残牛瘟预防注射工作一案致璧山县政府公函　9-1-128（48）

中華平民教育促進會華西實驗區辦事處（　）稿

农林部为平教会华西实验区请求农复会派遣兽疫巡回防治队来区工作一事致中国农村复兴联合委员会四川办事处函 9-1-128（35）

COPY

September 23, 1949

Mr. James A. Hunter
JCRR Szechuan Regional Office
OMEA Building
Chengtu, Szechuan

Dear Mr. Hunter:

We are in receipt of a letter from Prefect L. C. Sun, concurrently Director of the West China Experimental District, Mass Education Movement, Pi-shan, Szechuan requesting the Joint Commission to send roving animal disease control teams to work and to circuit the places in his District. In his letter to the Commission, he also mentioned that you had visited that District and showed great concern over the matter.

Since this phase of work has not been included in your province-wide program of animal disease control for Szechuan and since it may be of real help to the farmers, will you kindly consider this request and prepare a working plan for it so that we can recommend to the Commission? As you are well acquainted with the situations in that District, I am sure that your plan will be a very valuable one.

A translation of Prefect Sun' letter to the Commission is herewith attached for your reference.

Sincerely yours,

(Signed)
T. H. Chien, Chief,
Agricultural Division

Encl.(1)

TTC/ttc

cc: RTMeyer
FLWoodard
YSTsiang
Division One(2)

华西实验区家畜保育工作站为呈请协助巴县第七辅导区各乡牛瘟防治工作呈华西实验区总办事处函　9-1-128（15）

事由：為据本站獸疫防治人員報告預防注射第七輔導區白市驛等各鄉鎮牛瘟情形祈鈞區轉請各輔導區協助由

明防字第〇〇三三號

民國卅八年十月十二日發

中華平民教育促進會
華西實驗區家畜保育工作站　呈

地址：北碚北泉馬路劉家院子

查本站獸疫防治人員茲由第七輔導區白市驛來函報稱該區所轄走馬場含谷鄉等等各鄉鎮牛隻大部份均未集中而地方保甲人員多未能協助合作致影响工作無法推進等情除經函致巴縣縣政府轉飭各該鄉鎮公所及地方保甲人員民教主任尽量將牛集中於適當地點並予切實協助本站防疫人員工作外謹將呈祈鈞區轉請第八及其他各輔導區和各輔導員等相继合作以利本站

华西实验区家畜保育工作站为呈请协助巴县第七辅导区各乡牛瘟防治工作呈华西实验区总办事处函 9-1-128（16）

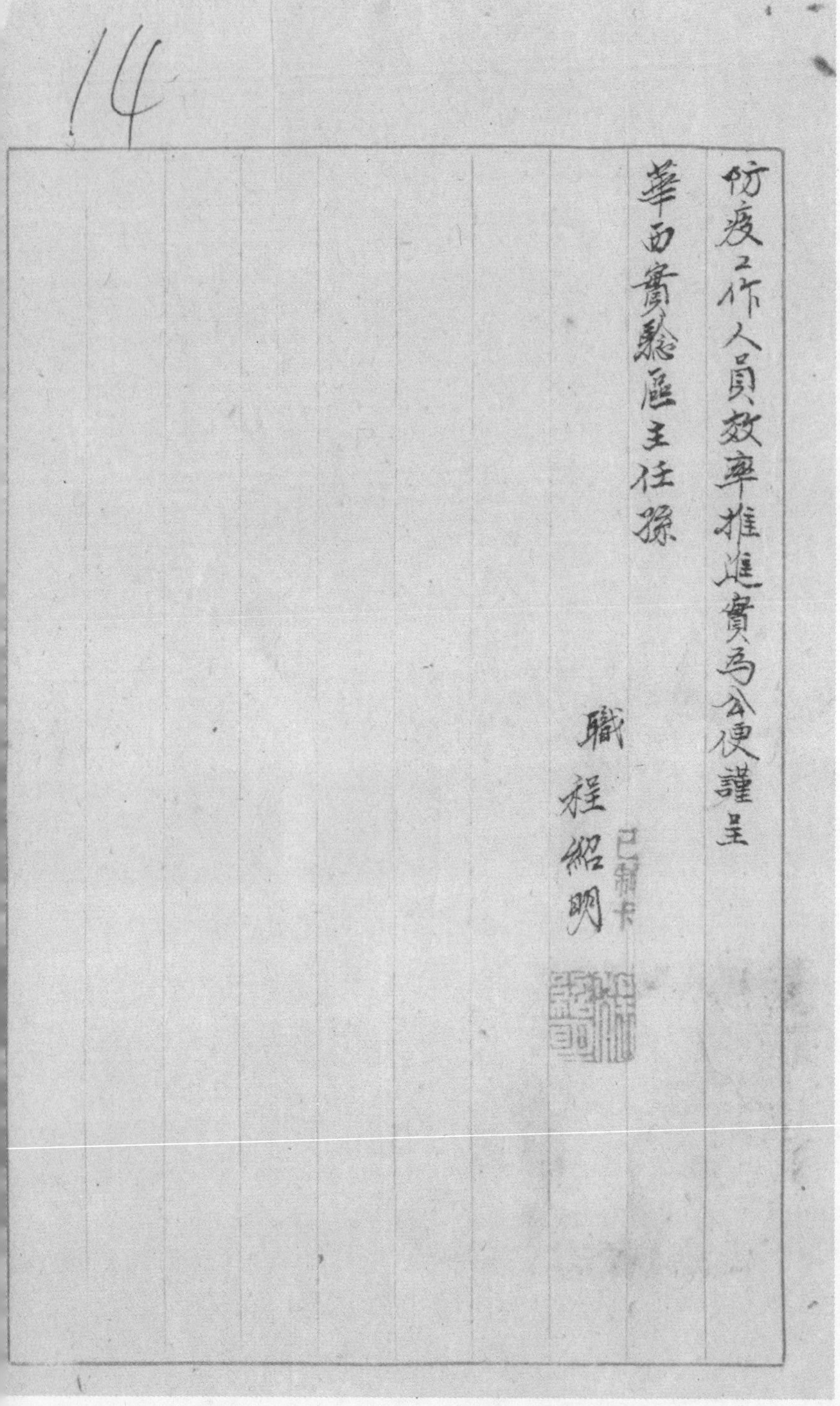

14

防疫工作人员效率推进实为公便谨呈

华西实验区主任孙

职 程绍明

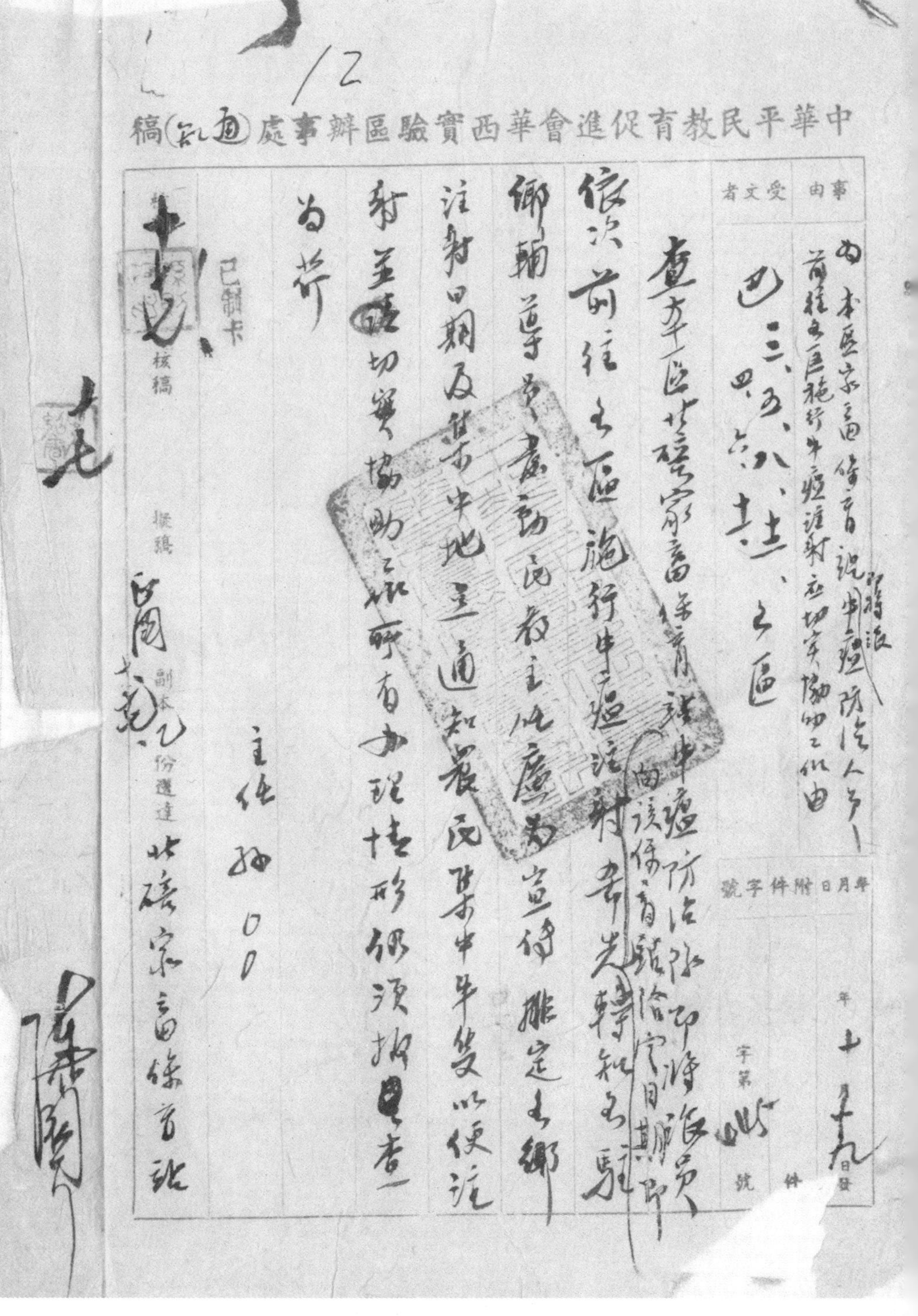

中華平民教育促進會華西實驗區辦事處通知稿

事由：為本區家畜保育站派員前往各區施行牛瘟注射希切實協助工作由

受文者：巴三、四、五、六、八、十一、十二區

查本區北碚家畜保育站為牛瘟防治派員（由該保育站洽定日期即）依次前往各區施行牛瘟注射希先轉知各鄉鄉輔導員應協助各鄉保宣傳排定各鄉注射日期及集中地點通知農民集中牛隻以便注射並請切實協助所有辦理情形仰須報查為荷

主任 孫〇〇

副本一份送達北碚家畜保育站

十月十九日發

华西实验区总办事处为该区家畜保育站派员前往各区施行牛瘟注射请予协助一事致巴县第三、第四、第五、第六、第八、第十一、第十二区通知　9-1-128（13）

华西实验区合作组李鸿钧为荣昌购买母猪未了案如何结案、璧山所贷母猪遗漏二社请予处分并请派员补办、供销处代购耕牛未了案如何结案、璧山第五区仔猪贷款未了案如何结案呈华西实验区秘书室的报告　9-1-160（181）

131

報告　一九五〇、十二、十二、

事由　荣昌购买母猪未了案如何结案由

一、一九四九年八月处中决定派员会同各辅导区人员前往荣昌购买母猪贷放各农业社饲养前后两次共购到五一五头计重八〇五二斤璧山区实贷放出二、三四七斤一五两巴县一辅导区实贷出四、二〇〇斤共贷出六、五四八斤一一两相差重量一、五〇三斤五两其所差斤数原因有四(1)在荣昌死亡三头送来途中逃亡一头果滩河[illegible]何农猪所收去一头均无重量可查

(二)巴县一区辅导员李请东往贷之最后一批係一九四九年十月廿八日解放前夕秩序混乱其未贷放之五头不获清出

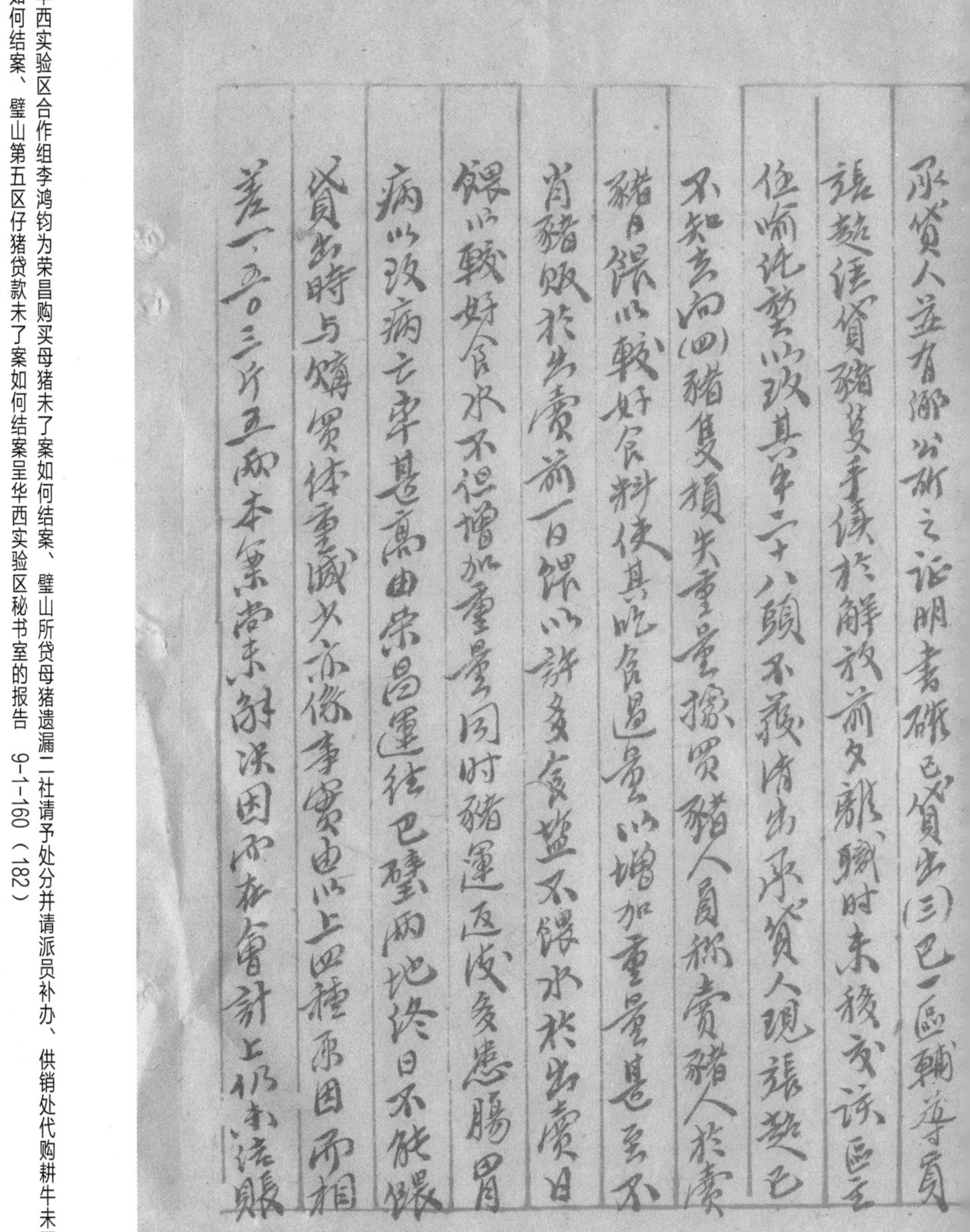
承貸人並有鄉公所之証明書確已貸出(三)已一區輔導員
張懿經貸豬隻手續於解放前夕離職時未移交該區主
任喻純熙以致其中二十八頭不獲清出承貸人現張懿已
不知去向(四)豬隻損失重量據買豬人員称賣豬人於賣
豬前餵以較好食料使其吃食過量以增加重量甚至不
肖豬販於出賣前一日餵以許多食鹽不餵水於出賣日
餵以較好食水不但增加重量同时豬運返後多患腸胃
病以致病亡率甚高由荣昌運往巴璧兩地終日不能餵
貸出時与購買体重減少亦係事實由以上四種原因而相
差一一五〇三斤五兩本案尚未解決因而在會計上仍未結賬

华西实验区合作组李鸿钧为荣昌购买母猪未了案如何结案、璧山所贷母猪遗漏二社请予处分并请派员补办、供销处代购耕牛未了案如何结案、璧山第五区仔猪贷款未了案如何结案呈华西实验区秘书室的报告　9-1-160（182）

华西实验区合作组李鸿钧为荣昌购买母猪未了案如何结案、璧山所贷母猪遗漏一社请予处分并请派员补办、供销处代购耕牛未了案如何结案、璧山第五区仔猪贷款未了案如何结案呈华西实验区秘书室的报告　9-1-160（183）

132

二、依照处中规定猪只贷出后一星期内死亡者由处中负责损失，璧山所贷之猪只死亡八十四头，计重一〇一三六斤五两，其中有已报告者，有当时未报者，在签订借据时合作社社员不承认借贷，因此死亡部份未签订借据，此项损失是否由处中负担，尚未定案。

三、一九四九年十月五日及八日梁正国同志在荣昌买猪时定购荣昌小公猪六只，用去定金银元十二元，王臻同志于十月十六日交来在荣昌买猪时存於荣昌甘懋良、苏向前二人手中谷米二石二斗八升七合（老量），因局势未能续买猪，以上两项款物因数量不多，拟派员前往清理，往返旅费所费不赀，拟

未收貸前往清理結案

以上未了案究應如何處理請

郭秘書 轉呈

軍事代表 鄭 核示

合作組 李鴻鈞 呈

詳情見「璧一區母豬貸款卷」

「巴一區 〃 」

「購買母豬卷」

华西实验区合作组李鸿钧为荣昌购买母猪未了案如何结案、璧山所贷母猪遗漏二社请予处分并请派员补办、供销处代购耕牛未了案如何结案、璧山第五区仔猪贷款未了案如何结案呈华西实验区秘书室的报告　9-1-160（184）

华西实验区合作组李鸿钧为荣昌购买母猪未了案如何结案、璧山所贷母猪遗漏二社请予处分并请派员补办、供销处代购耕牛未了案如何结案、璧山第五区仔猪贷款未了案如何结案呈华西实验区秘书室的报告　9-1-160（187）

報告 一九五〇、十二、十六

事由　璧山所貸母豬遺漏二社請予處分並懇請派員補办由

查前璧山一區貸放獅子鄉譚家壩社母豬十頭計重一一七斤六兩已報死亡四頭計重四八斤前經陳東相徐偉英兩同志被派前往洽訂借據均因負責之理事主席司庫均外出以致未能办理城東鄉林家莊社貸放母豬五頭計重八一斤已死三頭計重四九斤一二兩因該社未完成登記手續該社負責人（現住城中）豫部不知其事（原係王輔學員經手貸放）因而未能办理借據手續嗣後所將此兩案忘記處理不能辭咎請予處分並擬請派員前往

華西实验区合作组李鸿钧为荣昌购买母猪未了案如何结案、璧山所贷母猪遗漏一一社请予处分并请派员补办、供销处代购耕牛未了案如何结案、璧山第五区仔猪贷款未了案如何结案呈华西实验区秘书室的报告　9-1-160（188）

補办借據手續或即行催還貸款本利如何請

鈞秘書　轉呈

單事代表　向鈞

合作組　李鴻鈞　呈

华西实验区合作组李鸿钧为荣昌购买母猪未了案如何结案、璧山所贷母猪遗漏二社请予处分并请派员补办、供销处代购耕牛未了案如何结案、璧山第五区仔猪贷款未了案如何结案呈华西实验区秘书室的报告　9-1-160（189）

135

報告　一九五〇、三、十三

事由　供銷處代購耕牛未了案如何結案由

本處於一九四九年七月二日委託供銷處代購耕牛貸放各農業社，曾撥付銀元伍仟元，供銷處派陳錫施前往涪陵購買，先後三批共買到耕牛六十二頭，經據該員總結報告內有途中死亡五頭，各項開支亦嫌有不合理不實之處，經派何良中、楊秉風兩同志分別調查，據報僅死牛三頭，虛報二頭，經通知供銷處追究賠償，飼料費開支銀元八百另一元玖角，據楊同志調查報告確有浮報情形，係經通知供銷處對陳錫施依法處理，負責追還浮報款項，並派可靠人員逐一澈查另行清理，迄今供銷處尚

华西实验区合作组李鸿钧为荣昌购买母猪未了案如何结案、璧山所贷母猪遗漏二社请予处分并请派员补办、供销处代购耕牛未了案如何结案、璧山第五区仔猪贷款未了案如何结案呈华西实验区秘书室的报告　9-1-160（190）

未處理清處報處以致未能清賬務和適知供銷處轉飭
陳錫化限期清理完竣以了懸案如何之處請
郭秘書轉呈
軍事代表向部核示
合作組　李鴻鈞　呈
詳情見「購買耕牛」涪陵部份卷

华西实验区合作组李鸿钧为荣昌购买母猪未了案如何结案、璧山所贷母猪遗漏二社请予处分并请派员补办、供销处代购耕牛未了案如何结案、璧山第五区仔猪贷款未了案如何结案呈华西实验区秘书室的报告　9-1-160（193）

137

報告　一九五〇、十二、十二、

事由：璧山前五區仔猪貸款未了案如何結案由

前璧山第五區於一九四九年十月二十五日由該區主任張昫山簽註丞家灣劉家祠兩農業社借款書表並派該區輔導員朱執中持同該兩社借據領去貸款銀元劵二七三元嗣於本年二月十五日方呈報該項貸款當時兩社理監事不願承貸並私於改選理監事後再行貸放唯迄未貸出於呈報時璧山久已解放銀元券已成廢幣當時追究責任張昫山諉責於朱執中而朱執中解放前即已去職據傳已隨軍入藏以致本案無法解決究應如何處理請

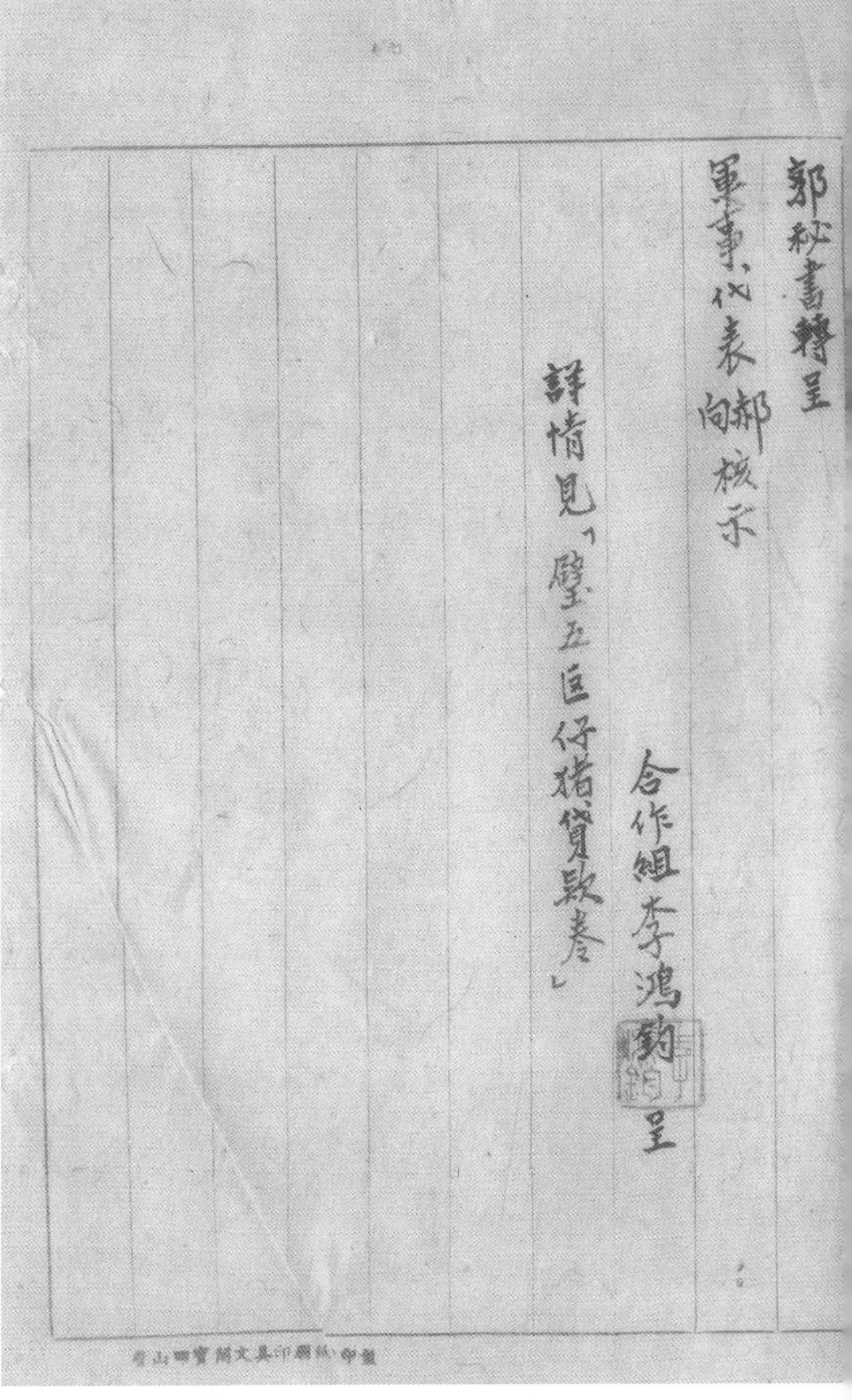

郭秘書轉呈

軍事代表向郝核示

合作組李鴻鈞呈

詳情見「璧五區仔猪貸款卷」

华西实验区合作组李鸿钧为荣昌购买母猪未了案如何结案、璧山所贷母猪遗漏二社请予处分并请派员补办、供销处代购耕牛未了案如何结案、璧山第五区仔猪贷款未了案如何结案呈华西实验区秘书室的报告　9-1-160（194）

巴县长生乡农业生产指导所关于家畜饲养情况的报告　9-1-188（90）

64

巴縣長生鄉農業生產指導所报告　生畜字第二号　一九五〇年十二月二十日

本月一号，川東人民行政公署農林廳，将原在梁灘河農指所飼养的約克公猪及荣昌公猪各一頭，配發我所，当由黄桷埡雇工運到長生鄉，暫交該鄉太平村（原第五保）農協會飼养。我所遷來後，经前往太平村瞭解飼养情形，發現以下问題。

一、猪欄太小，公猪时越欄而出，四處遊走，势必另作石頭猪舍，以便飼养。经与農協商量，石料可利用公主荒塚，木料可以征用，搬運可發动民力，壘砌可發动石工，但均应付给伙食费及一部分

農業組核發　十二．廿二

巴县长生乡农业生产指导所关于家畜饲养情况的报告 9-1-188（91）

65

二、饲养费據農協反映，二猪每日需餵豆麦一升，價二仟七百元，米糠四升，價三仟二百元，猪草一背篼，價一仟元，煮食用柴二十斤，價二仟元，两猪每日共用八仟九百元，每月饲料费约为二十七萬元。约克公猪体量较大，按此農家养猪饲料標準饲养，实乃最低限度之饲养標準。

三、约克猪与本地母猪交配需用交配架，此项交配架拟与農協商議，定製一架，工料费用，实支实报。

以上所需運费，猪舍修建费，每月饲养费，交配架工料费，

巴县长生乡农业生产指导所关于家畜饲养情况的报告 9-1-188（92）

66

經於昨日呈成書面報告，親到農林廳請示，承張副廳長暫借飼養費三十萬元，限期月底歸還，并囑猪舍須從速建好，以免影响種猪健康，并指示運費、修建費、飼養費等項，均应由原華西實驗區接管經費內支付，可報告軍事代表請示辦理等因奉此特造呈預算送請核示，以利進行。為提前完工，我們現已分頭發動，近日即可開工，盼速核示，并望於月底以前，將十二月份及元月份飼養費五十四萬元先兌黃桷埡農林廳收賬，以便償還農廳借款，並購買下月份飼料為禱

巴县长生乡农业生产指导所关于家畜饲养情况的报告　9-1-188（93）

67

謹呈

軍事代表郝向

附：（預算書乙份）

傅寵純親簽

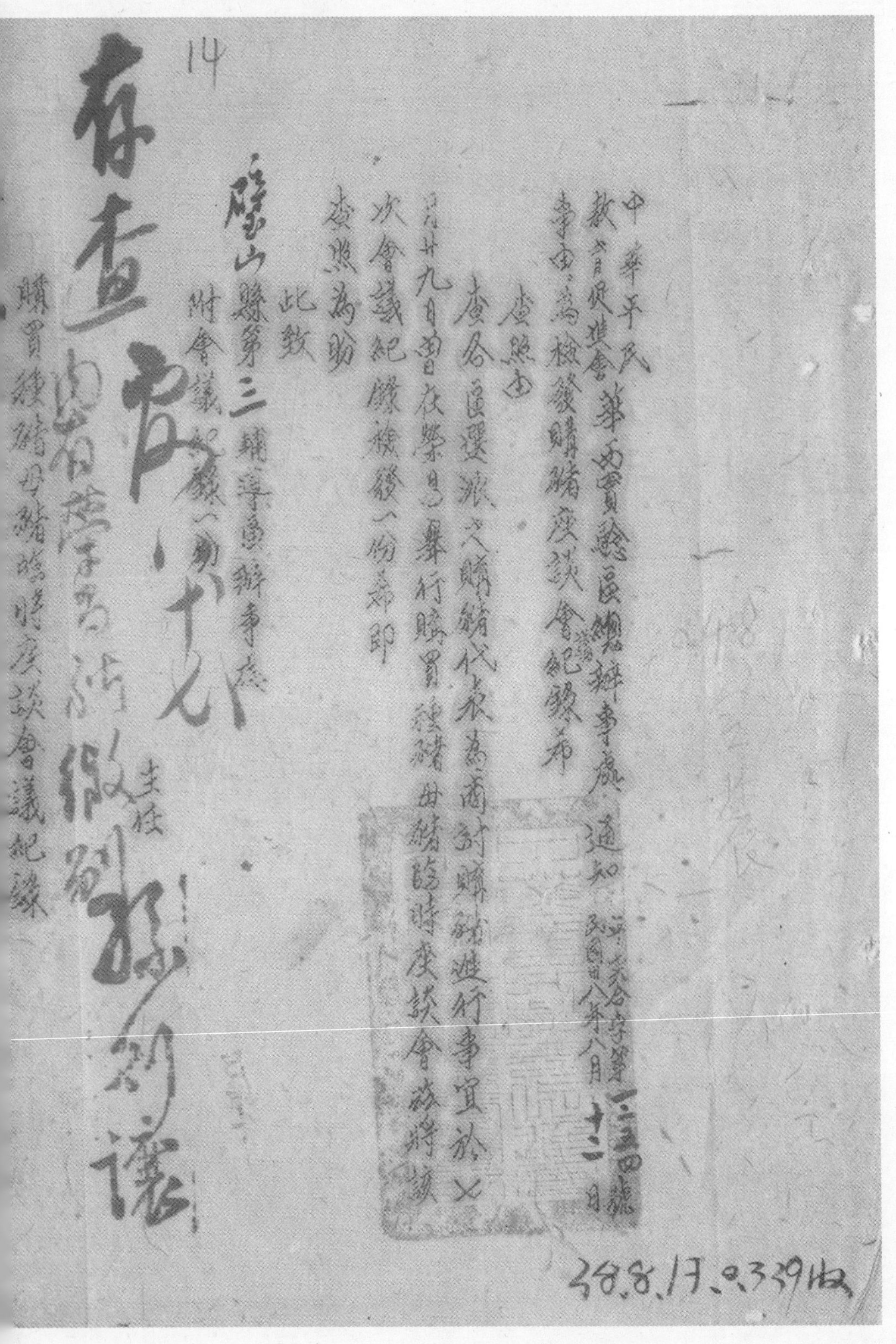

14

中華平民教育促進會華西實驗區總辦事處通知 實合字第一三五四號 民國卅八年八月十二日

事由：為檢發購猪座談會紀錄希查照由

查各區選派人員購猪代表為商討購猪進行事宜於×月廿九日曾在縣召舉行購買種猪母猪臨時座談會茲將該次會議紀錄檢發一份希即查照為盼

此致

璧山縣第三輔導區辦事處

附會議紀錄一份

主任 孫則讓

存查

購買種猪母猪臨時座談會議紀錄

38.8.17. 0339收

华西实验区总办事处为检发购猪座谈会记录致璧山县第三辅导区办事处的通知（附：购买种猪母猪临时座谈会议记录） 9-1-191（15）

地點：榮昌縣長發明旅社客廳

出席人

薛覺民　邱達夫　伍煒滋　王臻　徐達文

韓秀全　張歆華　陳宗驤　余繩祥　周英全（代農）

楊學光（代農）　楊國芳（代農）　胡驗欽（代農）　雷鳴　王淵

楊永言

主席　薛覺民

紀錄　雷鳴

主席報告　略

邱主任達夫報告　略

最後提供兩點意見：

1.請各代表報告到榮昌附近各鄉場收集情形

2.商討今後進行購買小豬具体辦法

余繩祥代表報告

华西实验区总办事处为检发购猪座谈会记录致璧山县第三辅导区办事处的通知（附：购买种猪母猪临时座谈会议记录）　9-1-191（16）

华西实验区总办事处为检发购猪座谈会记录致璧山县第三辅导区办事处的通知（附：购买种猪母猪临时座谈会议记录） 9-1-191（17）

15

1.我們一行七月廿三日住永川廿四日上午八時到達榮昌縣即帶着邱主任之介紹信拜會劉縣長將帶來之款項與棉紗交縣行庫與息保管并拜會有关各部門之首長

2.廿五日係舊曆六月卅日榮昌縣附近之鄉場均非場期各代表分自動自律分組到城附近之農家訪問改察最近小豬市價與當地交易情形

3.我們準備從廿六日起(1)三天内各代表分批改察榮昌附近三四華里之鄉場務綜合各代表改察實際情況擬具購豬具体辦法再電呈總處核示遵辦

茲據滋代表報告

1.廿六日同行四人到双河場改察此地離榮昌城卅華里到豬市場只見小豬三五頭北碚代表曾到過該鄉接洽故當地豬商对於我们購豬条件均甚明瞭逕到荣城交貨每斤發價九八九分

2.廿八日該鄉豬商送來小豬一批經北碚購豬負責人徐購避免抬高市價我们只好相讓下午與該鄉豬商議定購豬合約價格以當日榮昌各鎮市價為準若有操縱情事各(2)

华西实验区总办事处为检发购猪座谈会记录致璧山县第三辅导区办事处的通知（附：购买种猪母猪临时座谈会议记录）　9-1-191（18）

道經過雞榮城四十華里三次去豬市場均未見小豬一頭
蓋原因：一、天氣太熱，有小豬者憂來市場恐無買主；二、崇
昌各地之習慣，凡賣小豬與購買小豬者均得以豬商為
橋樑，到該鎮牲畜介紹所與負責人接洽，知北碚購豬
負責者曾先到此，他們每斤要價一斤四合，還價八合，後減為
一斤，因與各地相較價格仍高，故未成交，該鎮人民稱為
交通方便，覓豬辦與飼養亦尚便利，將來可設一種豬駐點

陳宗騤代表報告

廿六日同行四人到兜吼鎮，緊該鄉雞榮城三十華里，因不通
公路，北碚代表未到，出發後去豬市場三次均未看見一隻小
豬，後覓得豬商接洽，知當地小豬多運銷江津一帶，江津等縣
來璧購豬者城就地交貨，每斤發價六元七分，但從兜吼運至城
內每百斤運費約五六元

华西实验区总办事处为检发购猪座谈会记录致璧山县第三辅导区办事处的通知（附：购买种猪母猪临时座谈会议记录） 9-1-191（19）

16

廿七日同行四人到永興鄉孜察該鄉與永川交界地處偏僻一切交易均以米為準升斗大於常易各地猪販商談每場小豬可獲購三四十頭渠等咨詢常易商議價格結果未到

韓秀全代表報告

廿七日同行四人到廣順鄉見到的情形略如下

1、北碚購豬負責人未到過此鄉

2、第一次到豬市場未見有小豬出售第二次前往才見小豬二三頭

3、每斤價約七合米

楊永言代表報告

廿七日同行三人到蓁嵩鄉該鄉通成瑜公路離城六十華里豬市情形與各鄉場大致相若與豬商接洽價格談到八合五米一斤據告每場可送交小豬四五十頭該鄉可設一購豬地点

楊樂光農社代表報告

（三）廿四日邊易元鎮場期當日有小豬百條頭左右交易尚有限

华西实验区总办事处为检发购猪座谈会记录致璧山县第三辅导区办事处的通知（附：购买种猪母猪临时座谈会议记录）　9-1-191（20）

工人每天工價約米二升飼料則自備殘稀飯麥麩碗交

討論議决事項

一、北碚購猪負責人到過之鄉場與未去過之鄉場其小猪
價格相差極大又就地相隔半月價格亦極懸殊此實人為之
結果而非自然之現象避免人為之抬高市價决定遣回大部
工作人員

二、車運棉紗雖元來此大批購猪目標顯著猪商乘機抬高
市價避免猪商乘機漁利决定只留兩區之負責人在榮
城進行工作價格相宜可大量收買價格過高則應停購

三、留守榮昌購猪之負責人為代表總處收買以統購分
運為原則

四、留守榮昌人員每期暫定區代表二名該區無農社代表須
得同行合作若購猪價格平穩各區代表應遞增四區或
五六區當新舊工作人員交替時應同時工作三天以資联繫

华西实验区总办事处为检发购猪座谈会记录致璧山县第三辅导区办事处的通知（附：购买种猪母猪临时座谈会议记录） 9-1-191（21）

17

五、留守工作人員每期時間以購足小豬專車運回三次為準
六、第一期留守人員為璧一巴一兩區代表第二期為璧二璧三兩區代表第三期為璧四璧五兩區代表第四期為璧六巴二兩區代表
七、各區代表輪流應於榮昌購豬而不遵守時間到達地點進行工作者則以棄權論
八、榮昌縣飛機[illegible]少角[illegible]比璧山低落決定原款運回總處元只璧一巴一區可領款無息代存榮縣行庫其他各區則原數繳回總處

散會

附購豬標準優良豬

一、全白黑眼圈者　二、背直寬者　三、後腿直　四、盤骨寬大
五、肚向下垂　六、前腿開濶　七、乳頭成對排列整齊且最少十二個

以上　病豬：有眼屎、拉白屎、腹不飽　雜豬：一、全雜：白眼圈、白眼毛、　二、半雜：白眼圈、眼毛黑

璧山第一辅导区办事处为呈请核办本区各保（城北乡第十二保，城南乡第七保、第三保，狮子乡戴家塆、青义塆、谭家塆、柯家□、双龙桥等）农业生产合作社耕牛贷款事宜致华西实验区总办事处的报告　9-1-192（150）

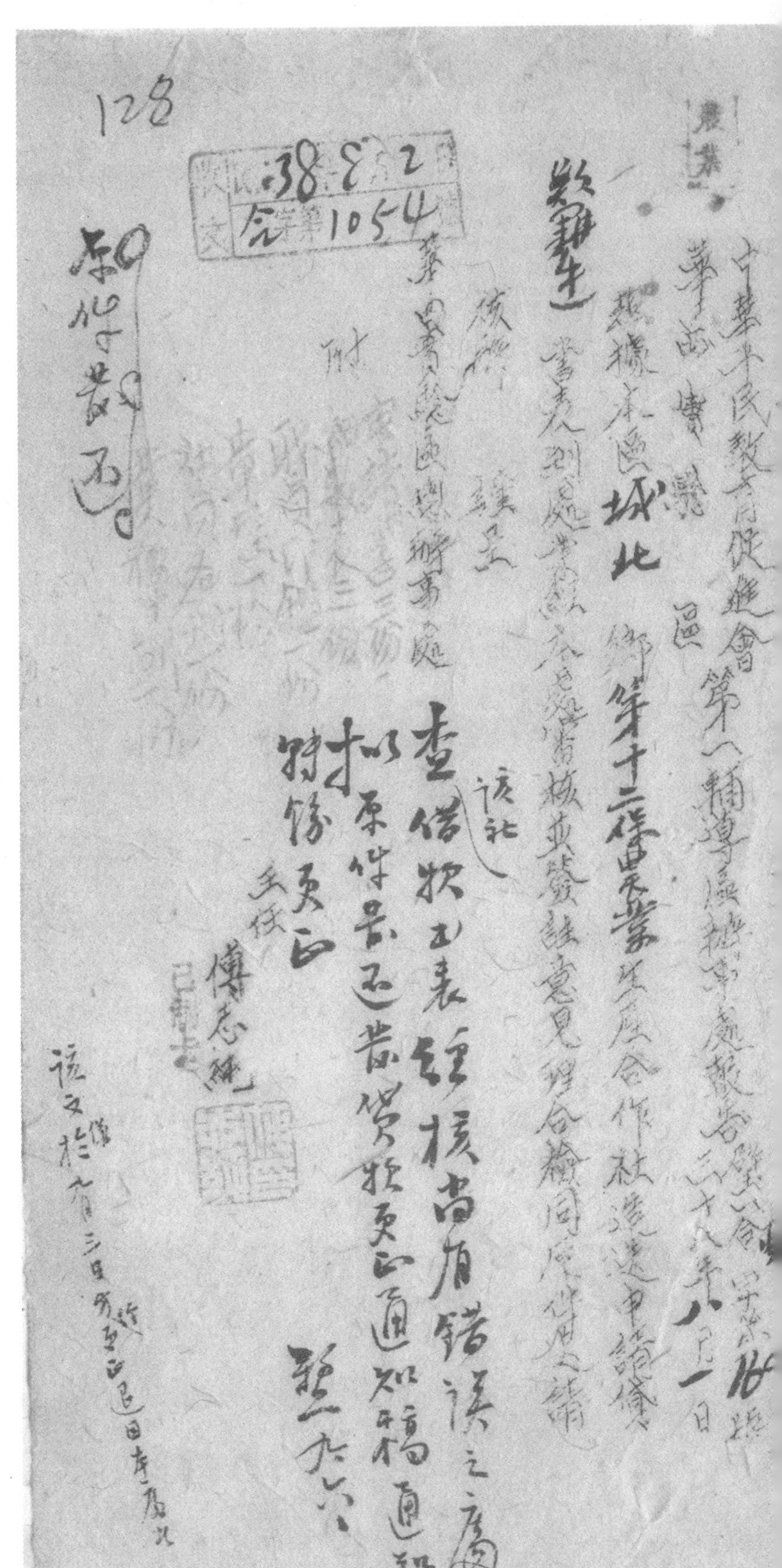

中華平民教育促進會第一輔導區辦事處報告　璧字第　號　三十八年八月一日

事由：

華西實驗區

茲據本區城北鄉第十二保農業生產合作社造送申請借……

鑒核

謹呈

華西實驗區總辦事處

附

主任　傅志純

璧山第一辅导区办事处为呈请核办本区各保（城北乡第十二保，城南乡第七保、第三保，狮子乡戴家塆、青义塆、谭家塆、柯家□、双龙桥等）农业生产合作社耕牛贷款事宜致华西实验区总办事处的报告 9-1-192（159）

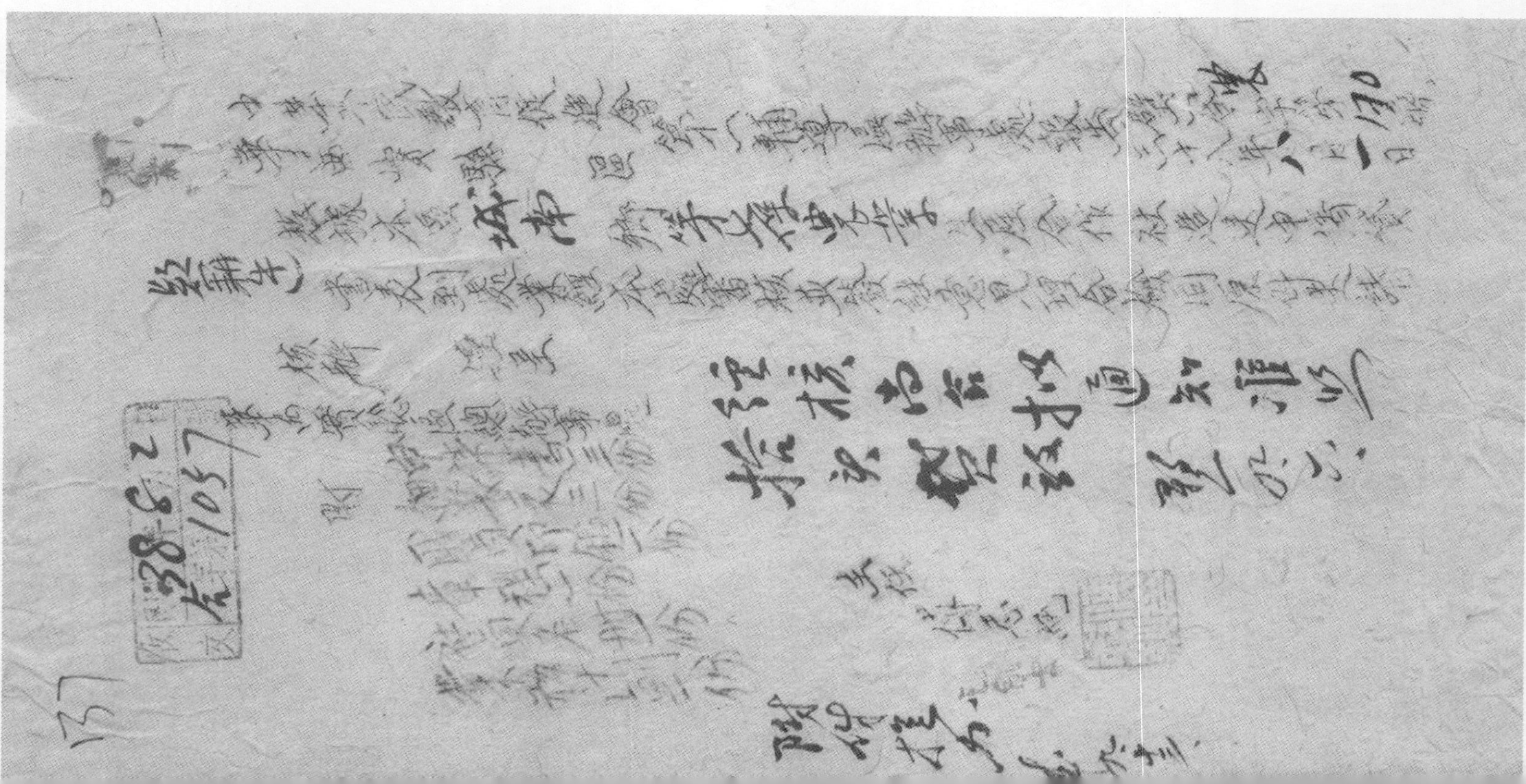
中华平民教育促进会第一辅导区办事处报告 璧字第130号 三十八年八月一日
事由 璧山实验区
兹据本区城南乡等七保农业生产合作社造送申请贷
款（耕牛）书表到处，业经本处审核并签注意见，理合缄同原件呈请
核办
谨呈
华西实验区总办事处
经核尚合，拟通知准照拾头贷款。

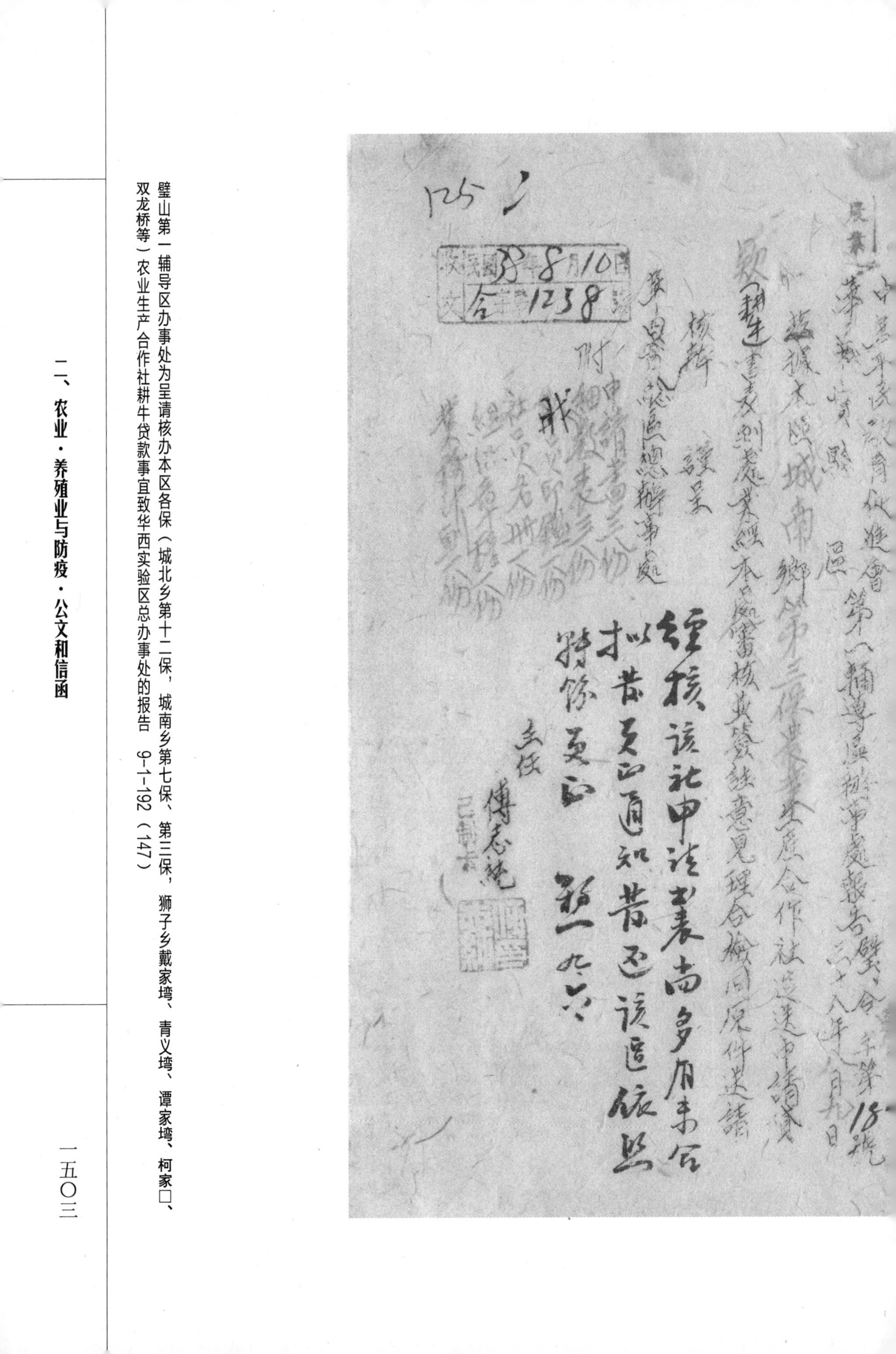

璧山第一辅导区办事处为呈请核办本区各保（城北乡第十二保，城南乡第七保、第三保，狮子乡戴家塆、青义塆、谭家塆、柯家□、双龙桥等）农业生产合作社耕牛贷款事宜致华西实验区总办事处的报告　9-1-192（147）

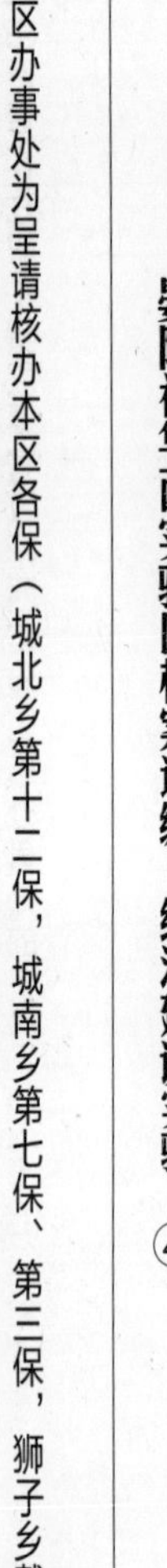

璧山第一辅导区办事处为呈请核办本区各保（城北乡第十二保，城南乡第七保、第三保，狮子乡戴家塆、青义塆、谭家塆、柯家口、双龙桥等）农业生产合作社耕牛贷款事宜致华西实验区总办事处的报告　9-1-192（156）

璧山第一辅导区办事处为呈请核办本区各保（城北乡第十二保，城南乡第七保、第三保，狮子乡戴家塆、青义塆、谭家塆、柯家□、双龙桥等）农业生产合作社耕牛贷款事宜致华西实验区总办事处的报告　9-1-192（155）

璧山第一辅导区办事处为呈请核办本区各保（城北乡第十二保，城南乡第七保、第三保，狮子乡戴家塆、青义塆、谭家塆、柯家口、双龙桥等）农业生产合作社耕牛贷款事宜致华西实验区总办事处的报告　9-1-192（164）

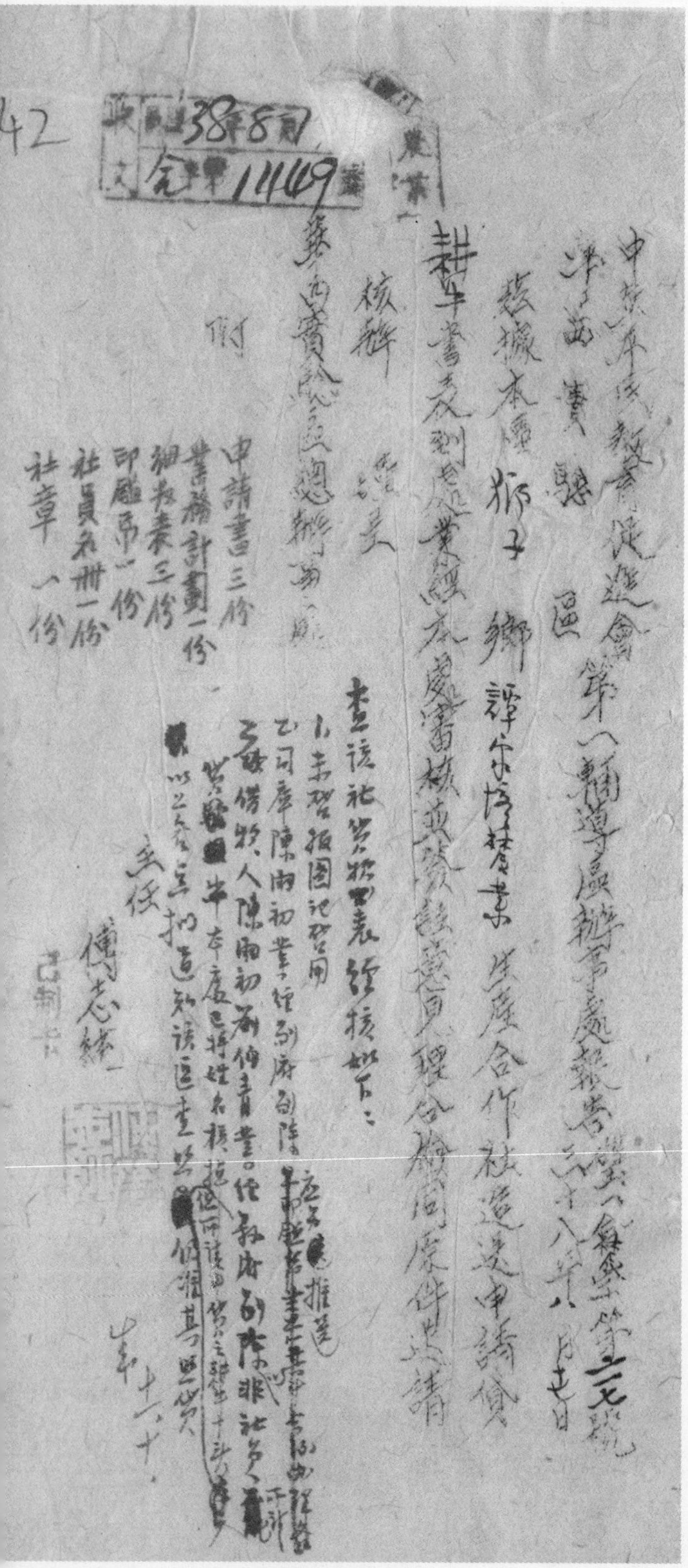
收文 38年8月 日 字第11409號

中華平民教育促進會第一輔導區辦事處報告 璧八會字第二七號 三十八年八月廿日

茲據本區獅子鄉譚家塆等生產合作社造送申請貸

耕牛書表到處，業經本處審核並簽註意見，理合檢同原件具文呈請

核辦 謹呈

華西實驗區總辦事處

附

申請書三份

業務計劃一份

細數表三份

印鑑紙一份

社員名冊一份

社章一份

主任 傅志綸

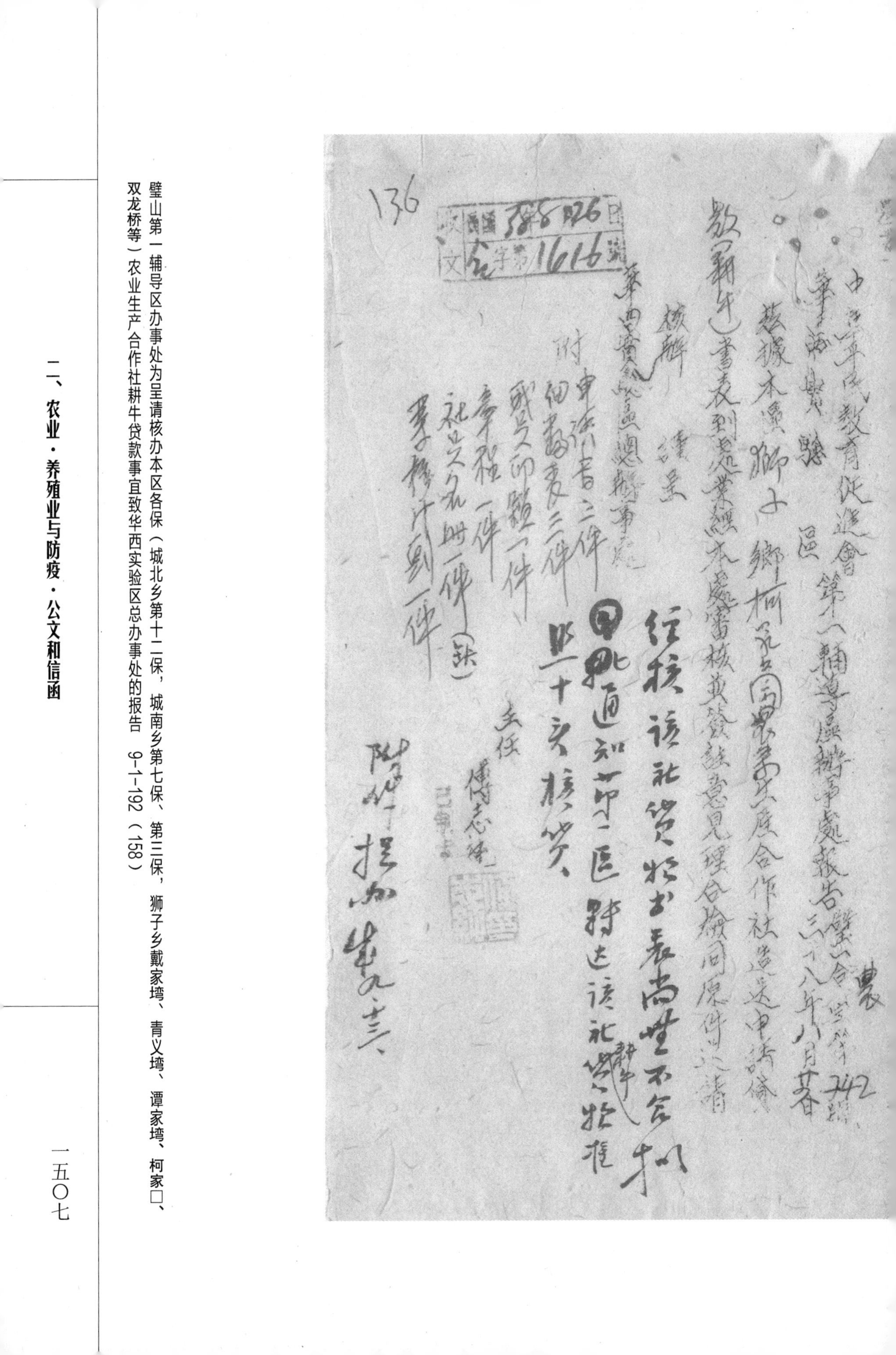

璧山第一辅导区办事处为呈请核办本区各保（城北乡第十二保，城南乡第七保、第三保，狮子乡戴家塆、青义塆、谭家塆、柯家□、双龙桥等）农业生产合作社耕牛贷款事宜致华西实验区总办事处的报告　9-1-192（158）

璧山第一辅导区办事处为呈请核办本区各保（城北乡第十二保，城南乡第七保、第三保，狮子乡戴家塆、青义塆、谭家塆、柯家口、双龙桥等）农业生产合作社耕牛贷款事宜致华西实验区总办事处的报告　9-1-192（157）

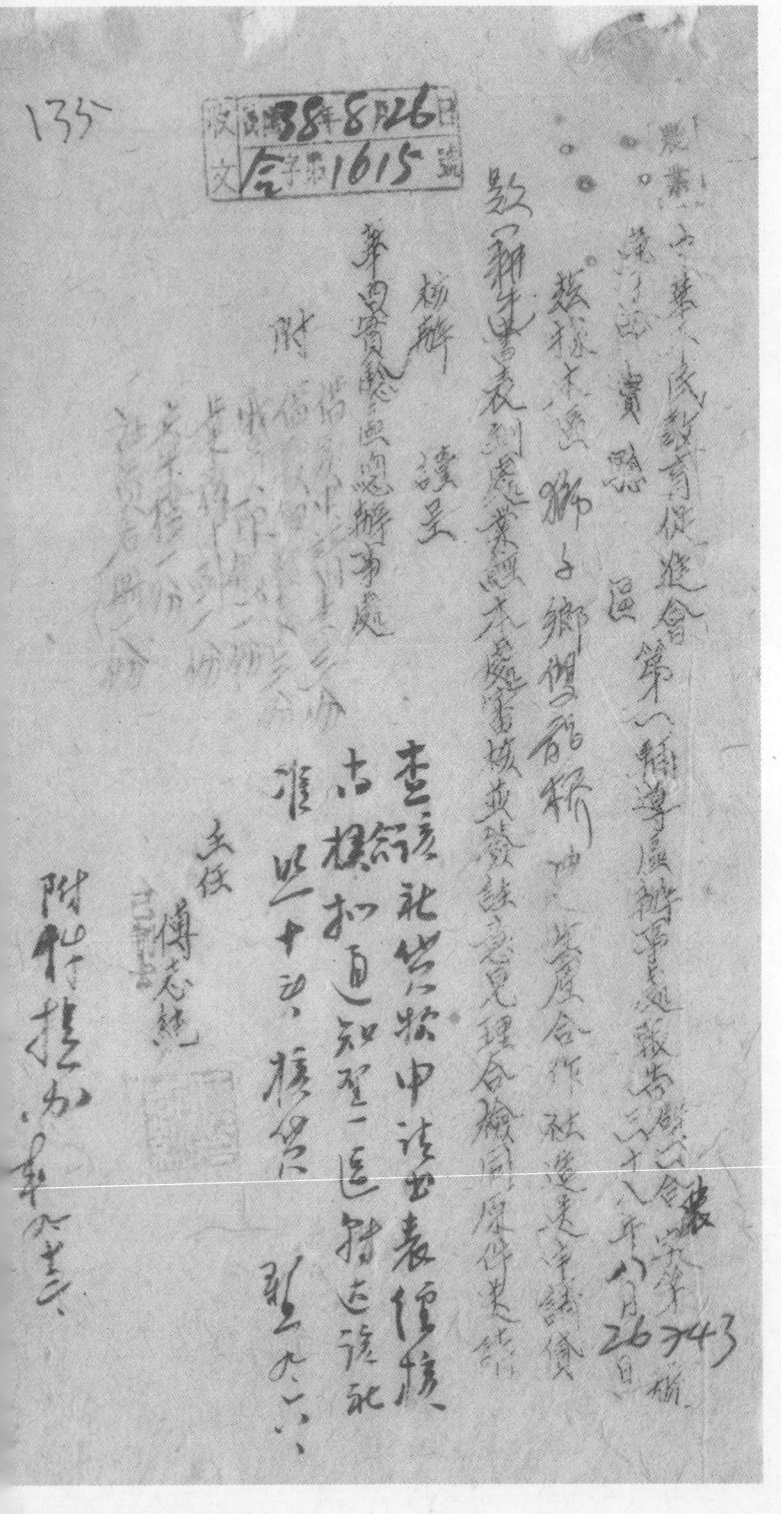

华西实验区总办事处与中国农村复兴联合委员会为核发该区家畜保育费用事宜的往来公函　9-1-128（28）

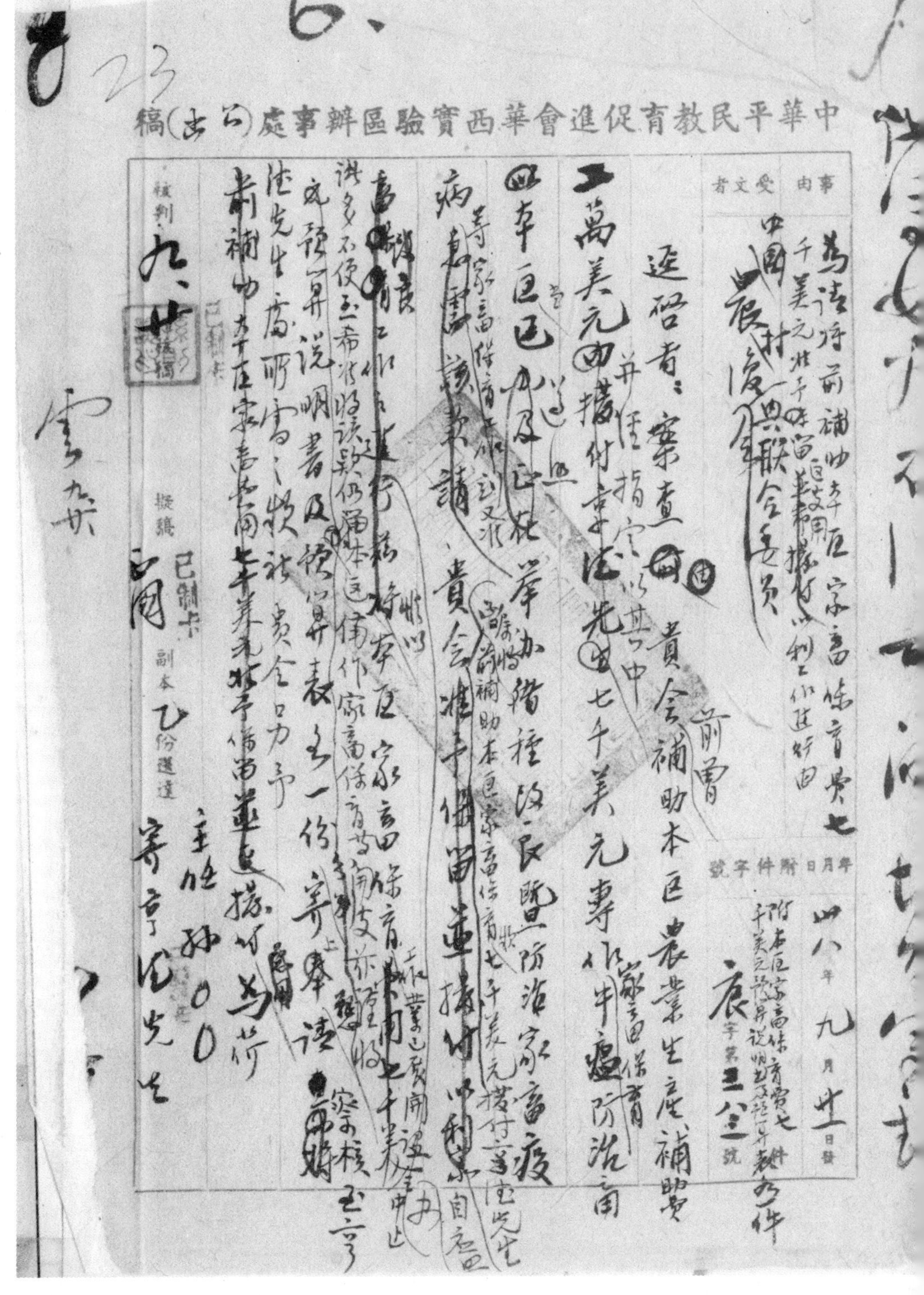
中華平民教育促進會華西實驗區辦事處（公函）稿

事由

受文者

年月日附件字號

核判

擬稿

副本　份送達

华西实验区总办事处与中国农村复兴联合委员会为核发该区家畜保育费用事宜的往来公函 9-1-128（29）

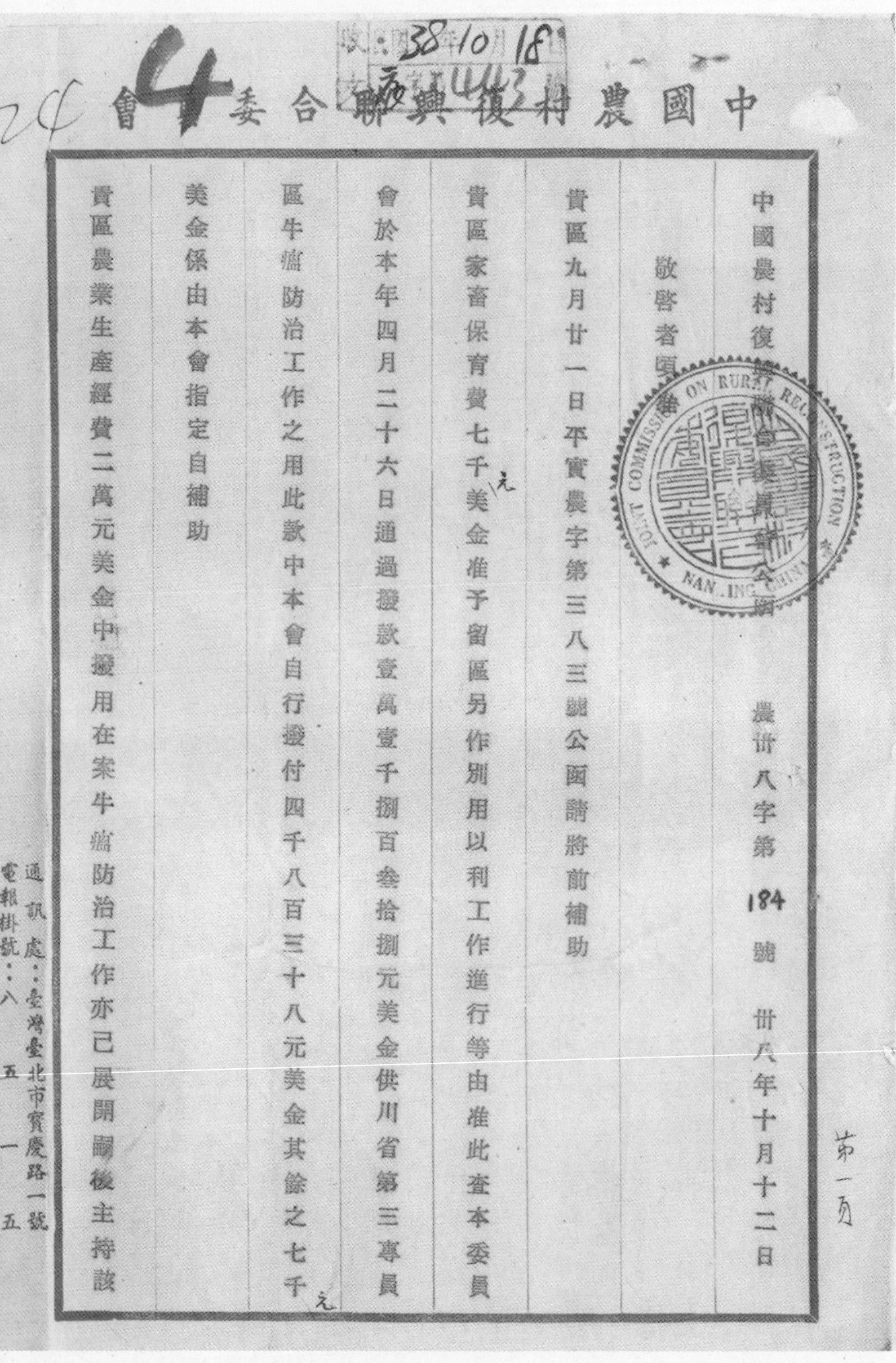

中國農村復興聯合委員會

中國農村復興聯合委員會函　農卅八字第184號　卅八年十月十二日

敬啓者頃准

貴區九月廿一日平實農字第三八三號公函請將前補助

貴區家畜保育費七千元美金准予留區另作別用以利工作進行等由准此查本委員會於本年四月二十六日通過撥款壹萬壹千捌百叁拾捌元美金供川省第三專員區牛瘟防治工作之用此款中本會自行撥付四千八百三十八元美金其餘之七千元美金係由本會指定自補助

貴區農業生產經費二萬元美金中撥用在案牛瘟防治工作亦已展開嗣後主持該

第一頁

通訊處：臺灣臺北市賓慶路一號
電報掛號：八五一五

华西实验区总办事处与中国农村复兴联合委员会为核发该区家畜保育费用事宜的往来公函 9-1-128（27）

中华平民教育促进会华西实验区办事处稿（出）

事由	受文者
为请核拨本区家畜保育费七千美元并早日核准由	中国农村复兴联合委员会

迳启者：关于贵会前曾补助本区农业生产补助费二万美元，并经指定以其中七千美元专作家畜保育牛瘟防治之用。当即遵照举办种种改良暨畜疫防治等家畜保育工作，惟以本区家畜保育工作业已开展，前曾于卅八年九月廿日以农字第三八三号公函请将该款拨付本区俾作家畜保育等用，并已附寄预算说明书及预算表各一份在案。

华西实验区总办事处为社员温吉森决定不贷耕牛应如何处理给温家湾农业生产合作社的通知 9-1-192（109）

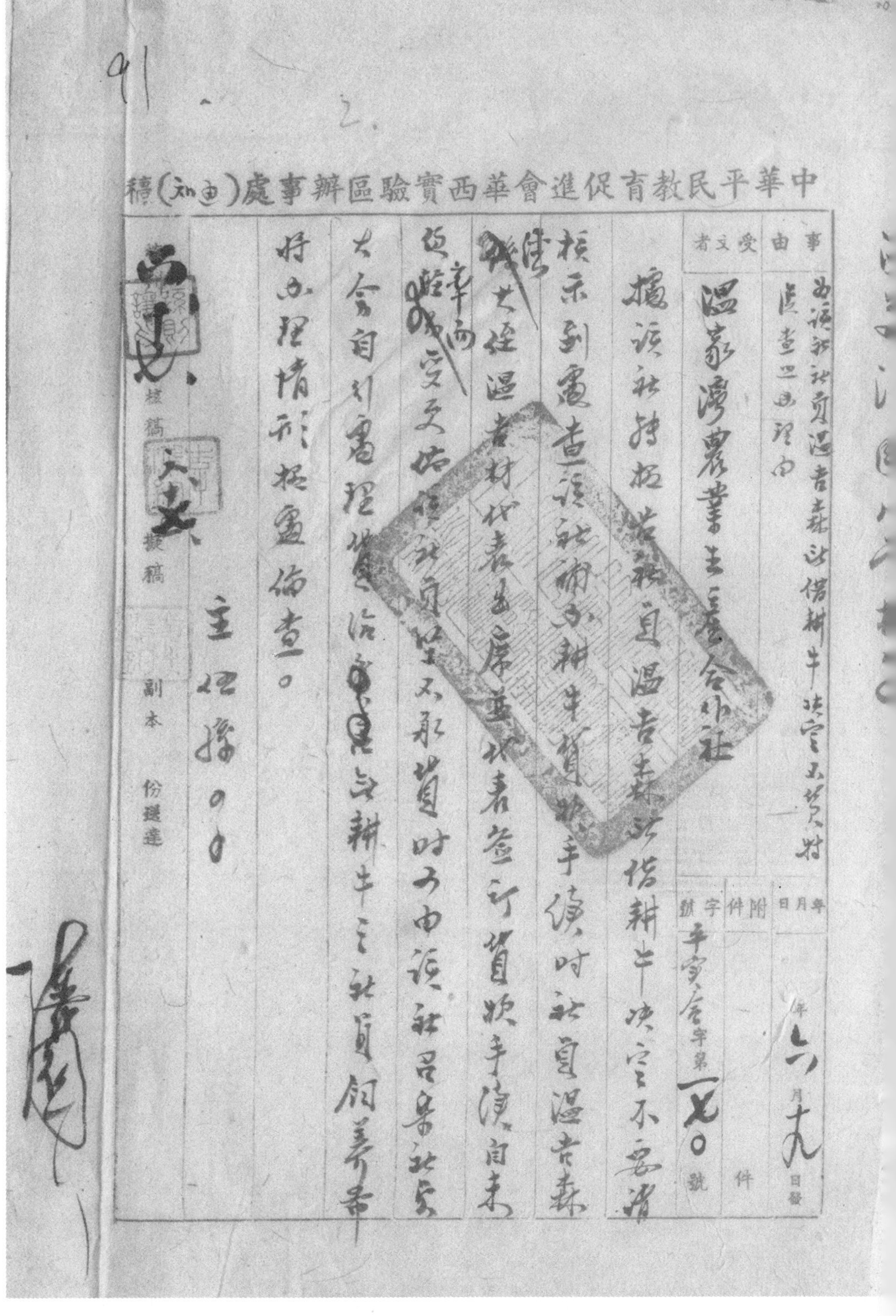

中華平民教育促進會華西實驗區辦事處（通知）稿

事由：为该社社员温吉森决借耕牛决定不贷，请查照办理由

受文者：温家湾农业生产合作社

据该社转报社员温吉森决借耕牛一头，决定不要借

接示到处，查该社耕牛贷款手续时，社员温吉森

并经温君材代表出席代表签订贷款手续，自未

转交该社员温吉森不取借贷时，可由该社召集社员

大会自行处理，借给其他需要耕牛之社员饲养，希

将办理情形报处备查。

主任 〇〇

年月日：六月九日發

附件：

字號：平实合字第一七〇號

核稿

擬稿

副本 份 送達

华西实验区病虫防治药械使用办法及病虫药剂领用单　9-1-116（86）

注油印叁佰份

中華平民教育促進會華西實驗區
病虫防治药械使用辦法

一、原則

1、器械　由農復會借用故各輔導區使用射亦為借用方式

2、药劑　由總辦事處表證施用方法以為示範各合作社如有需要應收回成本此項药款用為來年該社繼續購药之用

二、辦法

1、各種药械由總辦事處分運至各縣再待運至各輔導區由總辦事處[illegible]

指導并監督药械之使用

2、按实际需要分匯药械至各辅導區後由該區辅導員填寫借用單據用後即由各辅導區指定專人負責保管再由辅導員分借與各合作社使用如有遺失或損坏由保管人員負責賠償本區仍隨時收回之

3、各項藥劑除表证農家由本總辦事處派員表证表示範免費施藥外凡社員需要應向合作社購用

4、药劑每包一斤成本為白米老量二升以百分之五為合作社之手续费

5、前項藥劑貴為社員不克付現時仍按合作社貸放

华西实验区病虫防治药械使用办法及病虫药剂领用单　9-1-116（88）

50

實物辦法辦理之

6.收回之成本費由總辦事處統籌購置藥械繼續供應

7.其他未盡事宜由總辦事處派員酌量辦理

平教会华西实验区
病虫药剂领用单

年　月　日

药剂名称	数量	使用地区	施用面积	用途说明	其他

区主任　　县市 辅导 乡镇导员　　合作社负责人　　领用人

89

华西实验区病虫防治药械使用办法及病虫药剂领用单　9-1-116（89）

华西实验区病虫防治药械使用办法　9-1-224（132）

中華平民教育促進會華西實驗區病虫防治藥械使用辦法

一、原則

1、器械由農復會借用故各輔導區使用時亦為借用方式

2、藥劑由總辦事處表證施用方法以為示範各合作社如有需要應收回成本此項藥劑用為來年該社繼續購藥之用

二、辦法

1、各種藥械由總辦事處分運至各縣再轉運到各輔導區由總辦事處派員協同輔導區工作人員指導并監督藥械之使用

管再由辅導員分借與各合作社使用如有遺失或損壞由
保管人負責賠償本區得隨時收回之

5、各項藥劑除表證表演由總辦事處派員表證示範免
費施藥外凡社員需要應向合作社購用

5、藥劑每包一斤或半斤為白米壹斗二升以百分之五為合
作社之手續費

六、前項藥劑費如社員不克付現時得按合作社貸放
實物辦法辦理之

6、收回之成本費由總辦事處統籌購置藥械繼續供應

7、其他未盡事宜由總辦事處派員酌量辦理

中国人民银行璧山中心支行转请各区乡人民政府协助催收逾期稻种致华西实验区总办事处函　9-1-188（94）

68

收文 1950年11月24日 崔字第520號

供銷處現有五鄉催收貸戶，人五何鄉，而用擬即呈會請示。須有人負責，再設法派人。

中國人民銀行璧山中心支行

機字第四九號

公元一九五〇年十一月廿四日

事由：為轉請人民政府轉函各區鄉政府協催逾欠稻種一案請查照办理由

准一九五〇年十月十八日農字第457號函以函轉人民政府轉知各區鄉政府協助催收逾期稻種一案當經函請轉知縣府照轉在卷茲复以機字38號函詢辦理情形去後現據該府50/11/23建字第〈153〉號略以已於以建字第〈133〉號通知各區鄉飭所欠各户迅即歸還茲再行通知仍飭遵照前抄稻種户清册迅即來行繳清不得拖延等由相應函复希查照指派人員迅赴各該區洽办催收以期早清為荷！此致

華西實驗區總办事處

中國人民銀行璧山中心支行　啓印

校對文章

璧山专署梁滩河农业生产指导所为本县农业工作情形致华西实验区总办事处的报告　9-1-188（95）

璧山專署梁灘河農業生產指導所用牋

報告　一九五〇年十二月四日於
璧山專署梁灘河農指所

查我所本年度收水稻良種收支及存儲情形業
經呈報備查在案　查共收有穀谷九百四十六斤十三兩
除下秋地處作繳還前已運出並市價出售有七百
三斤售款按照當時價格總合元有二百四十三斤十三兩售元
穀按每石價格元共售價按照按原價格價格元正
除全數列入十二月份經費收入欄另案呈報核銷外
理合將出售情形報請

璧山专署梁滩河农业生产指导所为本县农业工作情形致华西实验区总办事处的报告 9-1-188（96）

70

璧山專署梁灘河農業生產指導所用牋

照稿保查

謹呈

主任孫

擬請會計室閱章後存 十一·九

戍 陶

送會計室閱核並記帳後存 十一·九

借出雜穀價款已本所帳

十一月十七

72

璧山專署梁灘河農業生產指導所用箋

報告 九五〇年十二月五日於璧山專署梁灘農業生產指導所

查我所於十月份推廣小麥良種一案業將收支情形及貸放名冊報請 鑒核在案尚存有小麥一三六〇市斤奉示就地作價徵還麥已遵照市價出售得人民幣八七五三二〇元除將是項價款列入十一月份收入經費另案報銷外理合檢同是項價款詳細表一份報請 鑒核備查示遵

謹呈

璧山专署梁滩河农业生产指导所为本县农业工作情形致华西实验区总办事处的报告　9-1-188（98）

璧山专署梁滩河农业生产指导所为本县农业工作情形致华西实验区总办事处的报告　9-1-188（99）

壁山專署梁灘河農業生產指導所用箋

呈孫

附呈小麥良種表一份詳細表一份

职陶一琴

拟准備查并請会計室閱章後存

十一、十九

送會計室閱核

記錄存

九

借出小麥種款八七五三二〇元已另收據

璧山专署梁滩河农业生产指导所为本县农业工作情形致华西实验区总办事处的报告 9-1-188（100）

74

璧山专署农场附设农推所出售小麦良种一三六〇市斤
价款详细如次
一、出售小麦三六〇市斤与高明轩，共合人民币贰
拾叁万柒仟陆佰元（以五十六市斤折合一大斗，每斗价
金叁万贰仟元）
二、出售小麦五四〇市斤又八两（合老石壹石零捌
斗七合，每斗价金叁万二千元）与高明轩，共合人民币
叁拾肆万柒仟捌佰元
三、出售小麦三三六市斤与高明轩，折合老斗陆斗柒
□，每斗价金五万叁仟元，共合人民币贰拾

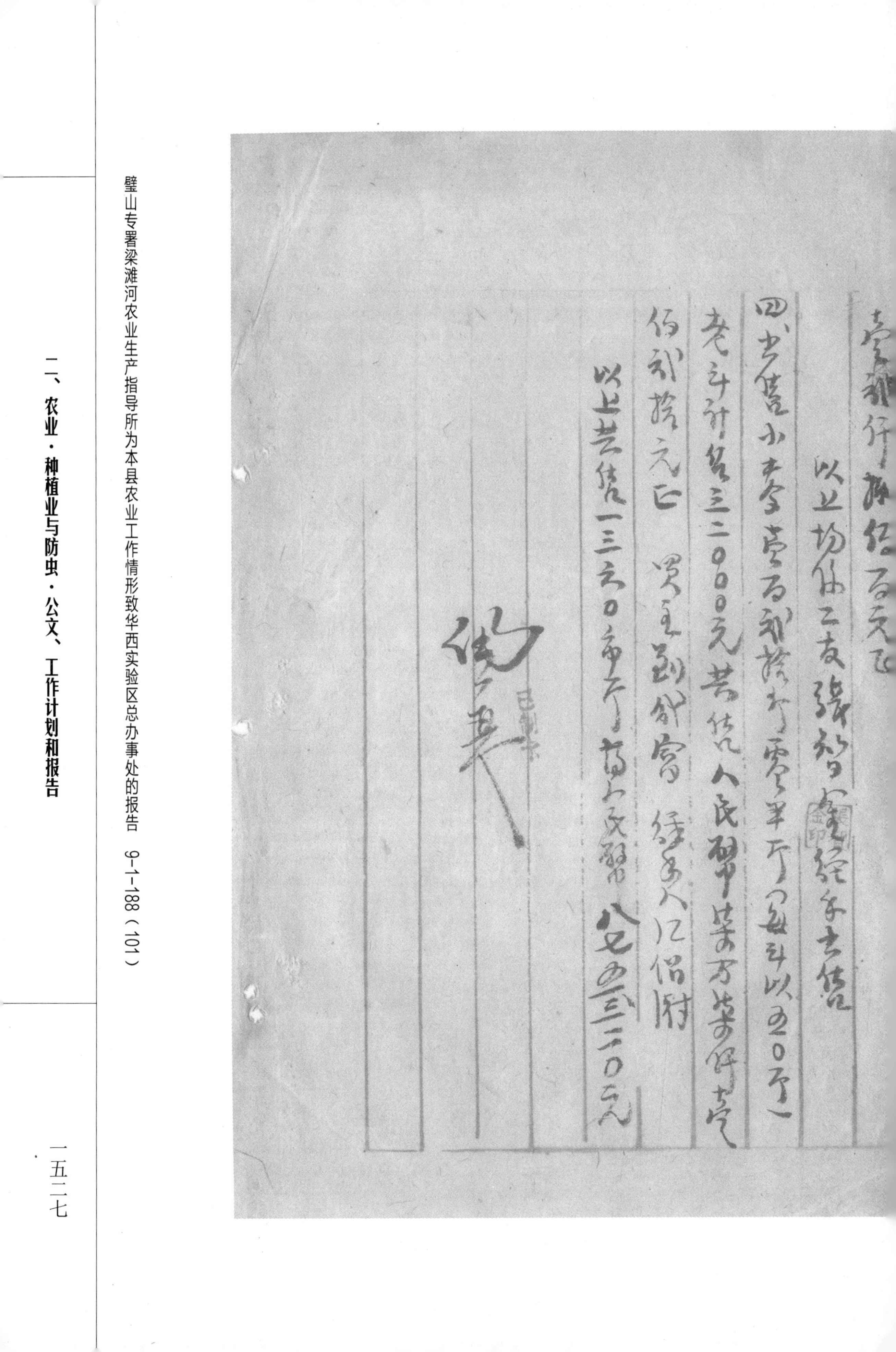

璧山专署梁滩河农业生产指导所为本县农业工作情形致华西实验区总办事处的报告　9-1-188（101）

璧山专署梁滩河农业生产指导所为本县农业工作情形致华西实验区总办事处的报告　9-1-188（102）

75

1950年12月8日
文農字第 5 號

璧山專署梁灘河農業生產指導所用牋

報告 一九五〇年十二月五日於 璧山專署梁灘河農業生產指導所

查十一月份業已終了謹奉上是月份工作報告表收購南瑞苕工作總結巴縣鳳凰鄉第五保去今年小麥播種面積比較調查表小麥品種比較試驗中農四八三號小麥播種期試驗小麥良種與本地品種產量比較試驗及紅苕儲藏試驗各一份共七份敬祈

鑒核備查謹呈

主任孫

附呈附件共七份

四川省银行璧山办事处为推广稻粳一事致华西实验区总办事处函　9-1-188（106）

78

1950年10月20日
收 462

四川省銀行璧山辦事處用箋

杭字第 引 號

事由：為推廣稻種案已函請人民政府協催請查照办理由

你處十月十八日農六字第477号函暨附件均經洽悉。本處已函請璧山縣人民政府轉函各該區政府照單到各户協催並查該項貸款係由你處承貸轉放，仍請你處轉飭各駐區办事處及工作同志洽同各區政府加緊催收，以期早清。准函前由，用特函復，即希

查照办理為荷

此致

華西實驗區總办事處

中心支行 代印

50年10月20日

璧山县政府为抄发防治螟害实施办法给青木乡农会的训令（附：防治水稻螟害实施办法） 9-1-272（109）（110）

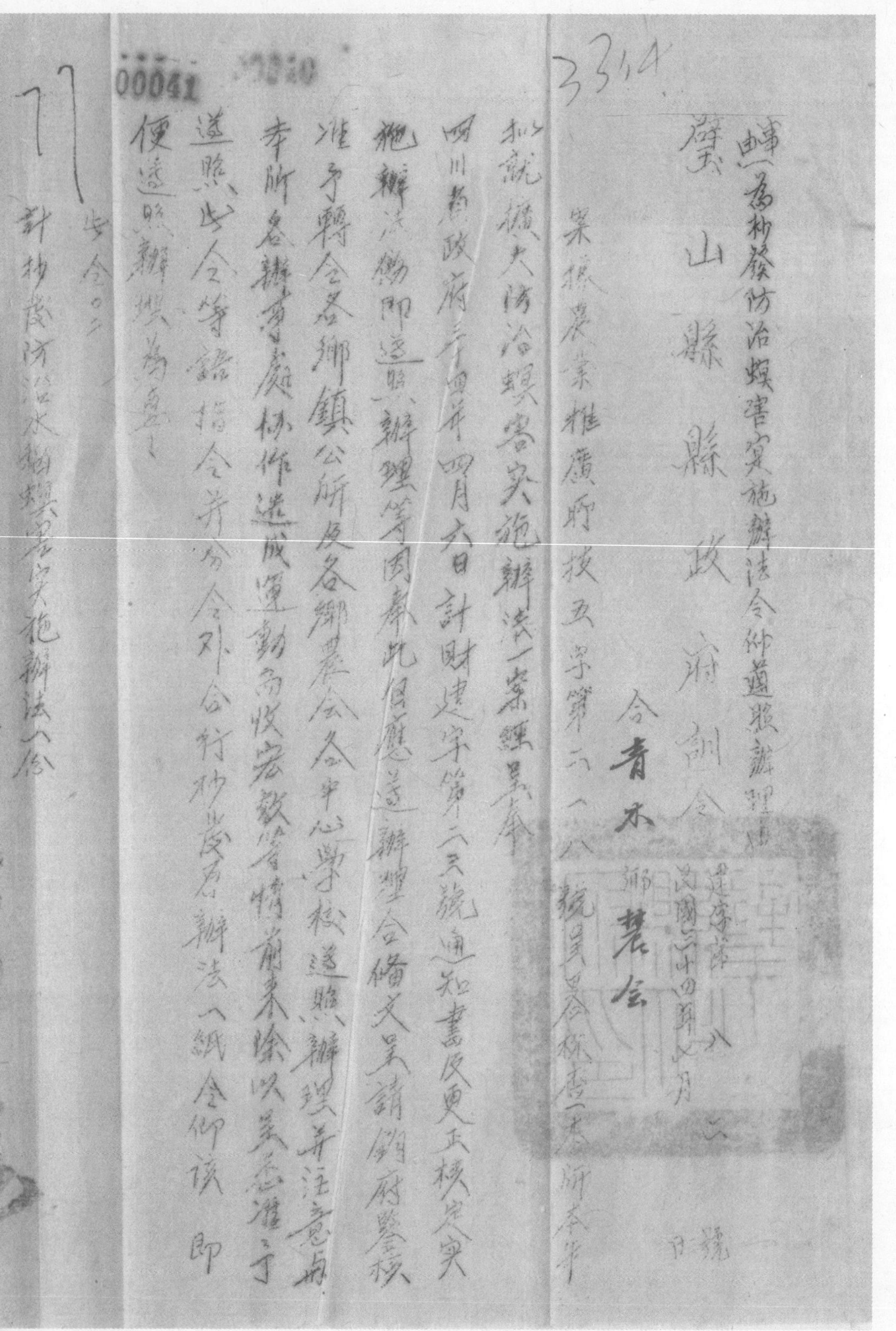

事由：為抄發防治螟害實施辦法令仰遵照辦理由

璧山縣政府訓令

建字第 八 號

民國三十四年五月 日

令青木鄉農會

案據農業推廣所技五字第六一八號呈，略以"案奉本所本年擬就擴大防治螟害實施辦法一案，經呈奉四川省政府三十四年四月六日財建字第八二一號通知書，更正核定實施辦法，飭即遵照辦理等因，奉此，自應遵辦。理合備文呈請鈞府鑒核，准予轉令各鄉鎮公所及各鄉農會、各中心學校遵照辦理，并注意與本所各辦事處協作，造成運動，而收宏效"等情前來，除以建字 號指令遵照。此令等語，指令并分令外，合行抄發原辦法一紙，令仰該 即便遵照辦理為要。此令

計抄發防治水稻螟害實施辦法一份

璧山县政府为抄发防治螟害实施办法给青木乡农会的训令（附：防治水稻螟害实施办法） 9-1-272（110）（111）

一、[illegible]組織

本縣組織防治螟害總隊部，由縣長任總隊長，建設科長及[illegible]推廣所主任為副總隊長，於各鄉鎮設防治螟害大隊部，由鄉鎮長任大隊長，鄉農會常務理事任副大隊長，各保設分隊部，保長任分隊長，鄉農會組長任副分隊長，層層督促農民實施防治工作

二、技術指導

防治螟害技術指導人員，由本縣防治螟害總隊部，就縣農推所指導員及[illegible]調派充任，并請四川省農業改進所第三農業推廣輔導區技術人員兼任督導責導各級人員推進防治螟害事宜

三、宣傳訓練

（一）舉行全縣治螟宣傳，由縣府邀集各機關[illegible]法團普遍宣傳，并印發防治方法

（二）於治螟宣傳中召集本縣防治螟害總隊部各機關[illegible]與大隊長，于出席村討論治螟事宜，會期定為一日

（三）各治螟大隊部分隊部分別召集治螟[illegible]人員講授治螟之法，會期[illegible]

（四）各級學校就宣傳週中第[illegible]治螟宣傳

（五）本縣防治螟害總隊部編印治螟宣傳品及訓練教材普遍分發應用

（六）治螟指導人員，宣導各鄉治螟實施及訓練活動

四、防螟示範

（一）本縣防治螟害總隊部督促所屬各大隊部分隊部會同鄉農保甲[illegible]

璧山县政府为抄发防治螟害实施办法给青木乡农会的训令（附：防治水稻螟害实施办法） 9-1-272（112）

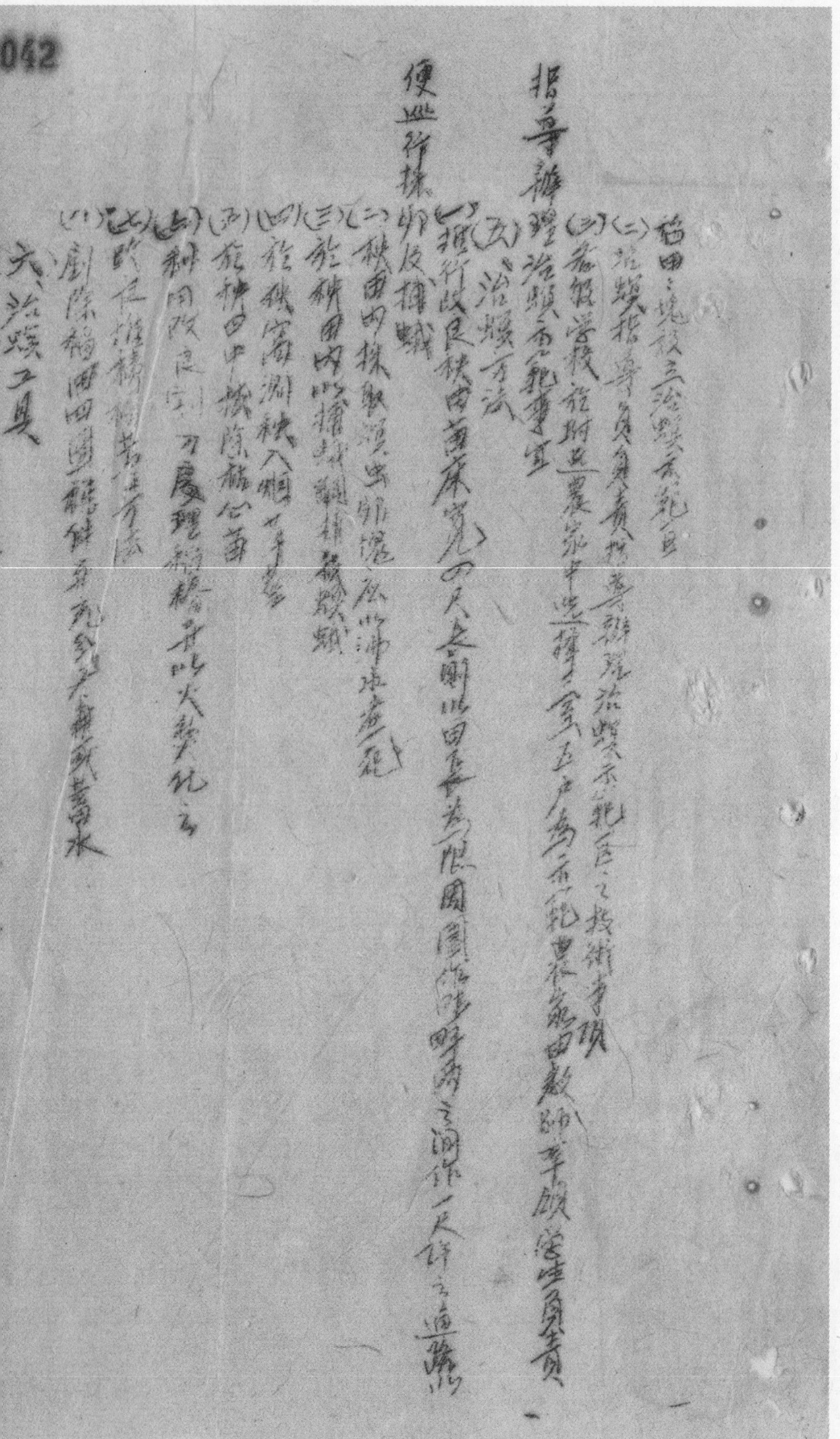

稻田一塊設立治螟示範區
（二）治螟指導員負責指導辦理治螟示範區之技術事項
（三）各級學校應斟酌農家中選擇三五户爲示範農家，由教師率領學生負責指導辦理治螟示範事宜
（五）治螟方法
（一）推行改良秧田，苗床寬凡四尺，左右兩邊田長不為限，圍時留一尺許之通路，便於行採卵及捕蛾
（二）秧田內採取卵塊，以沸水處死
（三）於秧田內以捕蛾網捕殺螟蛾
（四）於秧苗移秧入田前
（五）於秧田中拔除枯心苗
（六）耕田改良方法，可處理稻樁並以火熱死之
（七）改任播種期之方法
（八）剷除稻田四周雜草燒死或蓄水
六、治螟工具

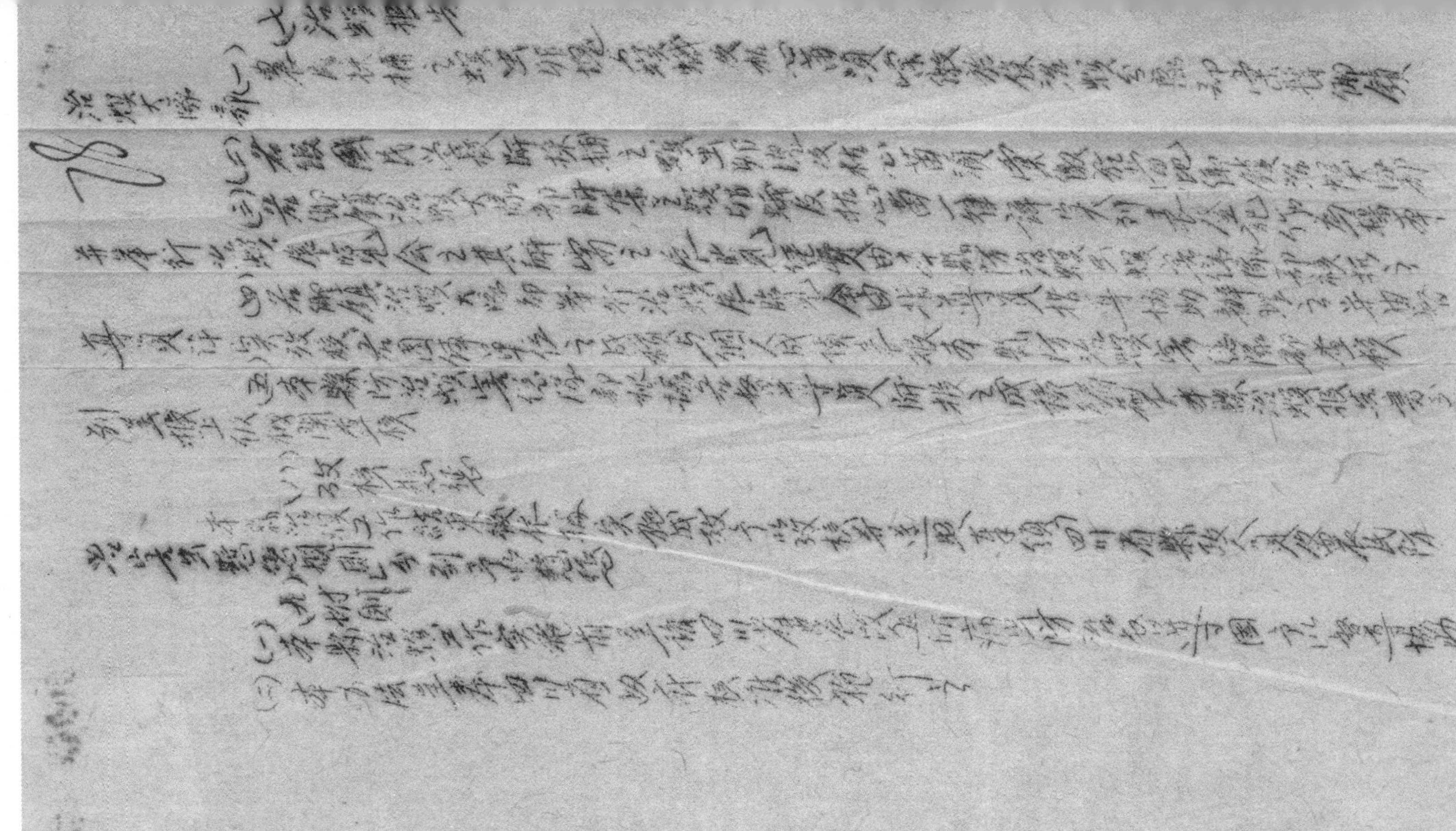

璧山县政府为抄发防治螟害实施办法给青木乡农会的训令（附：防治水稻螟害实施办法） 9-1-272（113）

重庆军事管制委员会接管华西实验区军代表办公室关于如何处理华西实验区原贷稻种的公函 9-1-188（145）

103

發 十

附件

隨件

重慶軍事管制委員會接管華西實驗區軍代表辦公室公函

准你行一九五〇年十二月二十日撤字第(65)號函內開於原華西實驗區一九四九年度在璧山轄貸予農民銀行稻種，

事茲奉覆如下：

(一)所借你行稻種數量為二四五.八五市石，當於去年[illegible]數配發各輔導區計璧一區六.三市石，璧二區一五.〇市石，璧[illegible]區又五.〇市石，璧四區[illegible]五市石，璧五區六〇.〇市石，共二四五.八五市石。

(二)各區配發數量經本年收回時查明璧一、[illegible]四區全部

出璧五區貸出四〇.九市石未收回[illegible]一二.三市石[illegible]

(三)[illegible]農民銀行[illegible]

重庆军事管制委员会接管华西实验区军代表办公室关于如何处理华西实验区原贷稻种的公函　9-1-188（146）

万县柑橘概况调查报告（一九五〇年） 9-1-1（128）

頌章老師：

學生 許建中、張遠定 敬贈

一九五〇年十二月

萬縣柑橘概況調查報告 一九五〇年

81

82

目錄

万县柑橘概况调查报告（一九五〇年） 9-1-1（130）

萬縣柑橘概況調查報告

—一九五〇年十一月萬縣專署農業生產指導所調查—

萬縣位於北緯卅度四十八分一秒，東經一百零八度廿五分五秒，當四川盆地的邊緣，境內多山，長江由西南方入境，折向東流，山中溪澗多流滙大江，形成許多山谷地，每當懸崖接近低矮的地域，或溪澗流入大江的處所，地勢變得平緩，土層也較肥厚，柑橘的分佈多在這些地方。萬縣的氣候，根據現有的氣象材料，七月平均溫度為二十七度，一月平均氣溫在五度以上，年雨量一千公厘，分佈均勻。如果以雨量同緯度兩項來說，與成都平原相當，成都柑橘的種類與栽培的普遍，在四川是首多的，也說明了萬縣氣候適於柑橘的生長，是無疑問的了。

一、柑樹的分佈

萬縣柑橘的分佈，可以說遍及全縣，如太龍、五橋、長嶺、新田、水池、熙、寧宾、護城、天城、瀼渡、武陵、高陞、余家、分水這些鄉仕太龍區的典型調查、及五橋、陳家、護城、犂安及大周一帶的普遍了解所得材料，估計各區的生產情況如下表：

表一 萬縣紅橘生產情況（一九五〇年）

地區	栽植株數	所佔面積（畝）	年產量（枚）	所值金額（元）
太龍鄉	五五五五九	一五一〇、二五	九〇二三六九六	二二五五九二四〇〇
五橋鄉	三七五〇〇	一〇八八〇〇	五〇〇〇〇〇〇	一二五〇〇〇〇〇〇
陳家壩	七五〇〇	二一七五〇	九七五〇〇〇	二四三七五〇〇〇
大周鄉	五五〇	一六〇〇	一一〇〇〇〇	二七五〇〇〇〇
犂安鄉	三八一〇	一一〇四〇	四九五三〇〇	一二三八二五〇〇
護城鄉	三五〇〇	一〇二〇〇	四五五〇〇〇	一一四二五〇〇〇
合計	一〇八四一九	三〇四四一五	一六〇五八九九六	四〇一五二四九〇〇

附：1.所值金額係根據太龍鄉一十二保已出售果實園戶卅八户實售金額計算

2.栽植面積估計係根據太龍鄉一十二保各橘園實際株行距（三三六）計算

3.表列各項數字除太龍鄉而外其餘各地區均按太龍標準估計得來，無精確的統計根據。

万县柑橘概况调查报告（一九五〇年） 9-1-1（132）

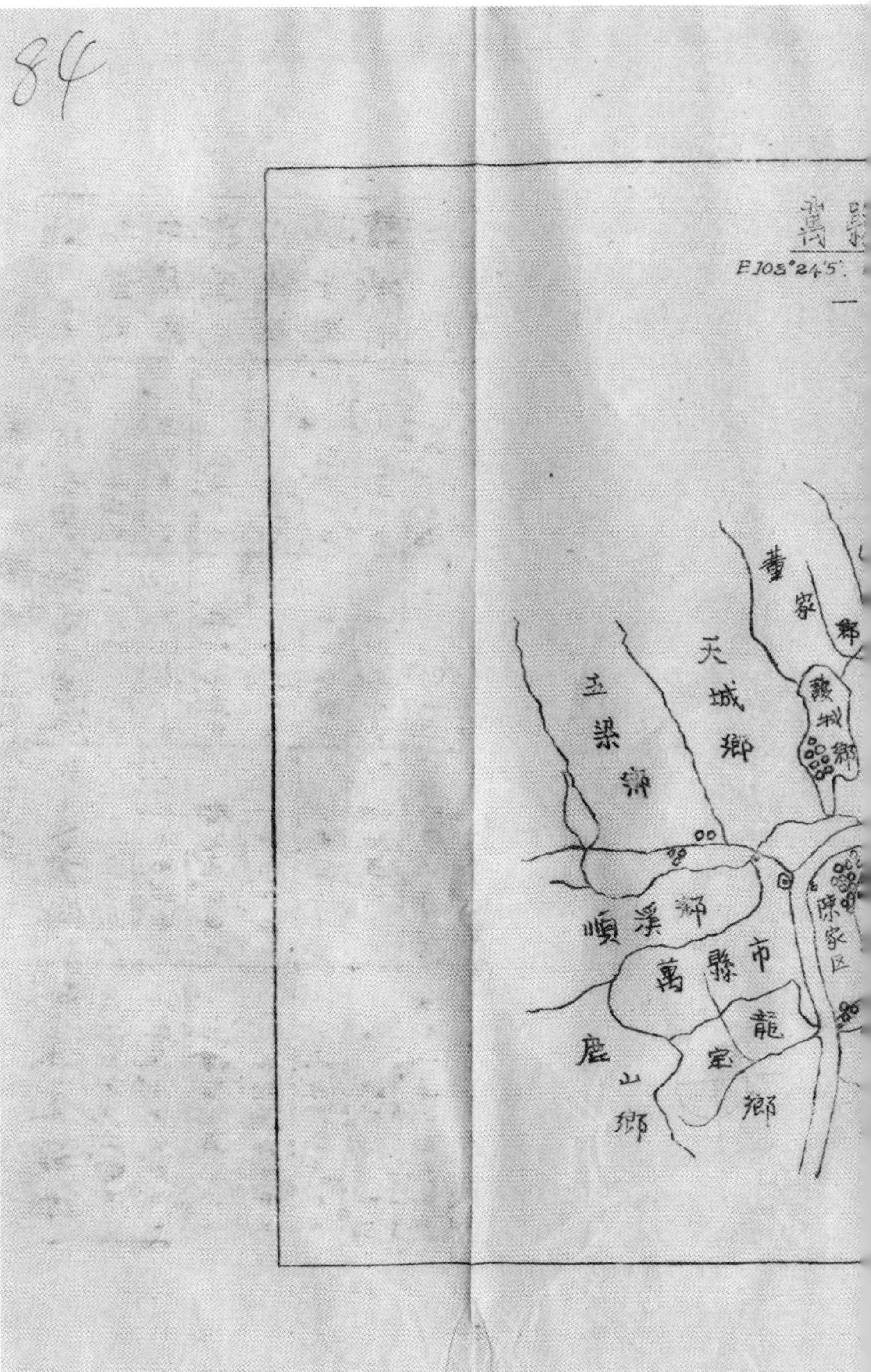
84
董家鄉
天城鄉
陵城鄉
順溪鄉
萬縣市
陳家区
龍宝鄉
鹿山鄉

由上表可知萬縣橘業的大體情況，在三千多畝的地裡，每年能產出可值四億多元的產品，若以同樣的面積換種小麥，以每畝產量一百四十四斤計算，可得小麥四十五萬餘市斤，每斤若折合人民幣七百元，與生產紅橘相較，少值八千多萬元，假如把橘樹下面的間作收益估計在內，數字當然還要大上很多，由此足見橘樹在萬縣農村經濟中的重要性，如果在土改以後，農民生產情緒提高，廢除了封建剝削制度，農民能對橘樹加以愛護，勤勞中耕間作，將來產量的提高，當為預計中的事。

二、紅橘的產銷情況

萬縣橘園在生產上存在着許多的缺點，其方式大多為橘樹歸地主經營，而樹間間作地則由佃農耕種，因此地主與農民間的矛盾，表現在橘樹的生產量上，這是一件極值得重視的事，現在我們將太龍鄉幾個典型保調查的材料列在下面：

表二、太龍鄉橘園間栽地出租與自耕的產量比較

（典型保調查資料）

万县柑橘概况调查报告（一九五〇年） 9-1-1（135）

出租或自耕	栽植株数	總產量	每株平均產量	所佔比率
出租	二四九七三	三六八〇六六八	一四七	八五·二
自耕	四三三八	六八一八一二	一五七	一四·八
合計	二九三一一	四三六二四八〇		一〇〇·〇

由上表我們知道橘園間作地出租者的產量比自耕者低百分之六、換言之即出租產量僅及自耕的九四%、但在整個橘產區中、出租者所佔比例竟高到百分之八十五以上、若按照這個比例提高到自耕者的產量標準、則可能增產八十六萬餘枚、值人民幣二千一百六十餘萬元、這個數字在包括三千餘畝的一個農村面積以內、是值得我們注意的。

地主與農民間存在着不調和的矛盾、農民為要自己的莊稼生長良好、將惡很地主橘樹的蔭蔽與吸取肥料、在有意無意中加以破壞、而地主們則強調農民們的破壞、對農民們的耕作加以限制、在這種情況下、出租的橘樹產量當然只有向減低的道路上走去、

万县柑橘概况调查报告（一九五〇年） 9-1-1（136）

86

万县在解放以後，地主藉無力經營為名，不加料理，而農民因惡恨地主時中對橘樹加以虐待，這樣被犧牲而減產的樹不在少數，希望今年負農村工作的同志們對這件事特别加以注意制止上述的情形發生，否則萬縣柑橘生產的前途將不可想像。

本來五橋鄉的柑橘生產在萬縣來説，比任何地區早，同時在過去的產量也比任何地區高，由當地群眾中很知，五橋柑橘興於前清道光年間，距今已有百餘年的歷史，在最盛時期常年產橘達五六千萬枚，以上超越全縣，現有產量數倍，可是目前紅橘的產量我們在第一表中可以明白的看到也比不上太龍，尚次產果只四百多萬，這地區裡橘樹的敗壞，據當地園户的反映，第一由於橘樹過老，生產力減低，沒有育苗更新的計劃，第二由於宜昌、沙市等市場為後起的大龍橘所佔據，漆山等市場因已有橘樹的栽植，而無法銷出，以致橘價下落，種橘無利可圖，第三五橋土質較瘠，需肥較多，肥料供給不夠，因此園户們對橘樹多放任不加料理，病蟲日漸猖獗，敗壞地就日亦加速了。近年來已有砍伐橘樹間栽油桐的事發生，據此五橋橘業將趨低[illegible]

訂出整個的復興計畫以大力來進行才行

萬縣柑橘的經營非常零散，沒有任何的集体合作的組織，有的橘園橘樹只有十餘株，或数十株，經營多属副業性，放任不加管理，病虫的滋生常波及附近橘林，而釀成鉅大的損失，一般有樹在千株以上的，在萬縣橘業中就可算是大園户了，致於小園户有樹十餘株或廿餘株的比比皆是，現在我們有一個簡單的統計寫在下面：

表三、太龍鄉橘園經營概況

園型	栽植範圍	户数	栽植株数
副業栽培	不及十株者	四	二七
	一〇株到廿株	一六	二八七
	廿株到四十株	三七	一五五六
小園户	四十株到九十株	三九	二八四九
	九十株到一百五十株	四三	六四八〇
中園户	一百五十株到五百株	三一	一一四〇〇
	五百株到七百五十株	一三	八四三〇

万县柑橘概况调查报告（一九五〇年） 9-1-1（138）

87

中園戶	七百五十株到一千株	一一	九八五〇
大園戶	一千株到兩千株	六	七三八〇
	兩千株到三千株	二	四四六〇
	三千株以上者	一	三五四〇
總計		六〇四	五五五五九

上面這張表，告訴我們，萬縣橘園的經營是很零散的，橘園一種富有技術性的農業經營，有許多問題不是單獨一個橘農的能力能够解決，譬如五橋的肥料問題，太龍的天牛為害問題，都是些整体性的問題，若不走上集体經營、合作管理的道路，我們可以斷定，是難於得到解決。

萬縣橘園，對果實的銷售販賣，可分為「賣山」與「躉將」兩種方式，前者是果實商人向園戶購買全園果實，由買方自行看守採收，其中又可分為兩類，園戶在果實未成熟前，即將全園果實出售的，叫「賣青山」，這種多在園戶經濟窘迫的情形下才採用，否則他們是不隨意遲早出售的，稍為富裕的園户，都要等到果實成熟才把它出賣，這種叫做「賣黃」，成熟後將全園整批出賣的叫「賣黃山」，但有時不整株出售，賣方可向園户購買一定數量的果實，這叫做「數籽」，賣黃與數籽的價格沒有多大的差異，但賣青山與之比較起來就有很大的差別了。現在把太龍鄉典型保調查的材料記在下面：

表四、太龍鄉橘園出售果實情形及價格比較

（典型三保一、二、三、四、五、六保抽樣卅一户調查）

販賣情形	户數	生產數量（枚）	實售金額（元）	平均每萬枚價值（元）	備註
賣青山	一四	六八一、五〇〇	一〇、七二九、五〇〇	一五〇、〇〇〇	
賣黃數籽	一五	七四五、〇〇〇	一三、四〇〇、〇〇〇	一八〇、〇〇〇	
直接零銷	二	五〇、〇〇〇	二、二五〇、〇〇〇	四五〇、〇〇〇	自行挑運萬縣市出售
合計	卅一	一、五七六、五〇〇	二六、三七九、五〇〇	一七四、〇〇〇	

三、橘樹的栽植管理與品種

萬縣柑橘的栽植管理與品種方面，固然由於百數十年來橘

万县柑橘概况调查报告（一九五〇年） 9-1-1（140）

88

農們創造的不少經驗使生產保持下去可是不合理的栽培管理方面也不少現在我們分為下列數項加以討論。

一、栽植問題

首先我們要談到栽植地的選擇，萬縣橘農們給我們提出了不少的教訓，太龍鄉第一保的大部橘園到現在都面臨着一個極嚴重的問題，他們都感到他們的土地不適合柑橘的生長，土地太瘠薄了，全部都是紅石谷子的山地，不耐旱需要多施肥，因為土層過薄，土壤蓄水力不大，又加地勢面臨大江，夏季常遭火風的為害，如埡口劉昌職的橘園自從民國八年開園到現在，就沒有得到過一年的豐產，全園橘樹二百多株，今年僅收果一千餘枚，這固然是的事實，給準備開園的人們提供了一個寶貴的教訓，可是我們還可看到有一些人還在不適合於栽植的地方進行開園的工作，這的確是一件冒險的事。

其次萬縣園戶栽植橘樹，為了想多種上幾棵，把樹與樹之間的距離縮到極不合理的地步，太龍鄉第三保李用西的園子橘樹之有丈的株間距離，五橋鄉橘樹更有縮小到七、八尺的，這是一個該被病蟲的發生生長衰與減低產量的主要原因。

乙、管理問題　談到萬縣橘園的管理，我們想到有幾点值得提的，第一解放到今天已經整整一年了，隨着解放，地主們為了逃避他們應有的負担，不顧一切盡量向橘樹進行掠奪式的爭取產品，他們裝窮，對橘樹不上糞、不修剔，還僅在開花的時候，就已經抵預期的果實出賣，據一位農民很痛心的給我們說，"橘樹第一是需要上糞，如果是不上糞、殺蟲的話，也管兩年就完蛋了"，但是今年太龍鄉的橘園在我們調查當中能看到修剔殺蟲的確屬罕見，這種現象若不設法制止，萬縣橘業的前途將不堪設想了。

其次，關於整枝修剪的問題，一般的修剪工作，都由一批修剪匠子來作，這種修剪的技術傳自澤評，他們都能把握着橘樹生長發育的規律來給以適當的處理，可是在五橋鄉的很多園子裡，尤其在院子崖一帶四五位澤橘的朋友介紹了一種人工盃狀形整枝的方法，橘樹是常綠性的果樹，用這種強制的人工方式整形成多餘少會影響到它的生長，一經過

89

這種放任的橘樹，生長大受限制，產量也形減低，不过其唯一的好處，是枝梢疏散，病虫害較少，這種整理的方法是否合理，現在沒有多的材料來應證，至少我們對這方面的發展，要加以審慎與注意，否則將会造成一個不可彌補錯誤。

丙、次是採收的問題：萬縣橘園採收果實，均由「搭廚匠」（即採收工人）爬在樹上摘取，這種方式對橘樹的破壞非常厲害，我們眼見到因採果而把樹幹压断的事，更值得注意的是地主與佃農間的矛盾，採果于橘園裡，就現着熱鬧，採果的、運果的，還有採摘屑果的，把佃農的農作物踐踏蹂躪，農民每恨着他們，他們便用竹桿擊落採收後遺留在樹上的屑果，這樣，不知橘樹的破壞，當不言而可得知了。

丁、品種的問題 萬縣紅橘的品種，有「帽盒盒」與「金錢柑」兩大系統，「帽盒盒」果呈扁圓形，縱橫徑之差不太大，果重平均四一五市兩，有的可達七兩以上，基部有凸出部份，另緣果實肩部有環狀凹紋一條，形如帽盒之盒，本種皮厚而紅，成熟早且均勻一致，耐貯藏及運輸，味甜富於水份，品質上，金錢柑果形較扁，縱橫徑相差大，基部無凸起及凹紋，頂端常有臍，皮橙紅而[illegible]成熟有遲，色多不甚一致，味甘[illegible]

方法的多為「金錢柑」，採用「米桔」的多為「帽盒盒」，可惜沒有人作專門的選種工作，否則「帽盒盒」柑是一種值得選拔的優良品種，假如能訂出一個整体的選種計劃，對萬縣柑橘生產事業的改進，是有着重大的意義。

四、橘樹的病蟲害

萬縣各橘產區的病虫害發生情形大体上均屬一致，一般病害不及虫害嚴重，橘農們對病虫害發生的損害束手無策，或燒香或打醮全諉之於迷信，這可算是我们所見的各個問題中最嚴重的一個。全縣橘園沒有一個能免於虫害，據我们在群眾中所了解到的，虫害問題也就是農民最期望於政府的問題，當然我們也曾經向農民解說過防虫治病是農村裡的一個群眾性的工作，決不能單靠政府來消極的防治，而須要自己組織起來作積極的根除才行，但是農民們究竟需要技術的帮助與組織領導，所以我們想把萬縣橘園病虫害發生的情形作一個簡略的報告

1、病害

病害的種類不多，嚴重的要算「煤烟病」、「石花」

90

及缺乏肥料的生理病象等等，其中最嚴重影響產量的是「火風」，這個名詞是當地農民的俗語，這種病究竟如何形成，究係生理病抑為寄生病，不得而知，我們在群眾中所得到的意見，一致認為「火風」的發生是由於夏至前久雨，夏至後又遭遇旱災所造成，如果園地在當江河的地方，夏季熱風吹襲，更易罹害，遭受此種災害的橘樹，葉黃萎，果實變黑，常常需要五六年才得恢復，如太龍鄉第一保的大部橘園都受到相當大的損失，農民們對「火風」沒有有效的防治，只有在受害後，多上肥料，希其迅速恢復罷了，致於煤烟病橘農常將其與介殼蟲總呼之曰「揚塵燕」，他們用「找樁頭」的方法舉行更新，「石花」就是地衣的俗呼，農民們用竹刷從樹幹上刷下，但是因為人力的不够，沒有做到徹底的防治，現在把病害發生的情况表列在下面：

表六、太龍鄉橘樹病害發生情况（典型材料）

病害種類	第一保	第二保	第三保	總計	百分比率
火風	一、八二七	一五〇	一、七五〇	三、七七二	二七七
煤病	八〇〇	一、一〇〇	四、一九〇	六、〇九〇	四五〇

地衣	二五〇	—	一〇五〇	一四〇〇	一・三
營養病	三〇	—	—	三〇	〇・二
健康樹	三〇〇	一六九九	二六四四	五六四三	四一・六

2.蟲害

蟲害的種類比病害多，而且受害的情形也較為嚴重。為害最兇的要算天牛幼虫的蛀食樹幹，其次是介壳虫的寄生，由其寄生常常引起嚴重的煤烟病，農民稱紅臘介壳虫叫「槽子蟲」。他們把受害的橘樹部份砍掉，讓幹上的不定芽抽出枝條開花結果，這種方法叫做「找樁頭」。除了這個方法而外，就沒有任何的有效防治法。另外「皮虫」同「跳跳虫」也是農民最感煩惱的兩種害蟲。「皮虫」究竟是那一類的虫，現在還不得而知，據一般的反映皮虫有幾種，有小至肉眼難於看見的「肉虫」，有大至一寸的甲虫，其說不一，頗難斷定（調查時沒有發現，因為不是發生的時候）。至於「跳跳虫」據說也有兩種，一種為長約寸許的「肉虫」，前部有足，行動時身體中部隆起，起伏前進，可惜在調查時沒有見到活物標本，據

91

我們想來，可能是天牛類的一種，具体的判定，還有待以後的觀察同研究。另外一種是鞘翅目的小甲虫，能跳，能飛，驚蟄前後幼虫出現，食害橘葉，數天後落地化蛹，在薅第二次鋤草時成虫發生食害花果。農民們曾作過很多的防治試驗，如鎮壓園土防止成虫飛出，或撒佈石灰，或用被單鋪地振動樹枝捕殺，種種方法效用均小，他們說：「這是運氣」，除此而外，農民稱剪葉虫為「黃虫」其為害不甚嚴重，現在把虫害發生的一般情況列表如下：

表七、太龍鄉橘樹虫害發生情況（典型材料）

害虫種類	第一保	第二保	第三保	總計	百分比（%）
天牛	八二〇	二五八〇	五五〇〇	八九〇〇	六五・六
跳跳虫	四〇〇	七二五	三六六〇	四七八五	三五・三
介壳虫	九三〇	一五〇〇	四〇一〇	六四四〇	四七・五
皮虫		三〇〇	四七一〇	五〇五〇	三七・二
黄虫			一一五	一一五	〇・八
健康樹	六〇七	三四四	九九四	一九四五	一四・三

五、結論

前面所提到的幾項，在我們看來，是萬縣柑橘的幾個重要問題，每一個問題都提出了一些不成熟的意見，希望由我們這一次的調查能引起一般的注意，據我們所了解的不僅萬縣柑橘存在着這些問題，可能四川的其他產區也有同樣的問題存在，假如是這樣的話，我們的工作就可算是沒有摸空了。

华西实验区柑橘产区农业、果园概况调查表及受害果实之识别　9-1-1（188）

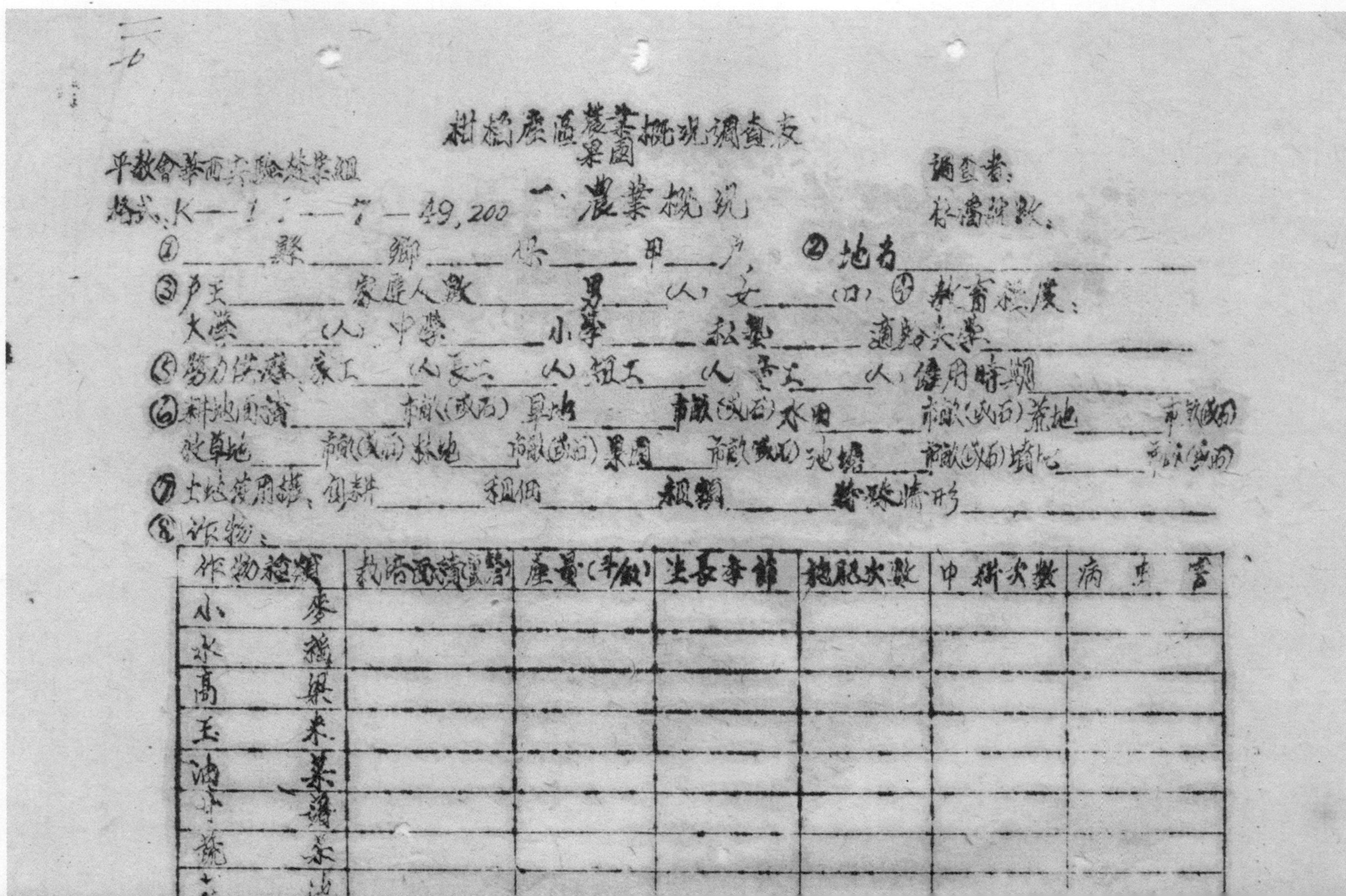

柑橘产区农业果园概况调查表

平教会华西实验区 调查者：
格式K—1—7—49,200 校对者：

一、农业概况

① ____县____乡____保____甲____户　② 地名______

③ 户主______ 家庭人数______ 男____（人） 女____（口）　④ 教育程度：
大学____（人） 中学____ 小学____ 私塾____ 适龄失学______

⑤ 劳力供应：家工____（人） 长工____（人） 短工____（人） 零工____（人） 雇用时期______

⑥ 耕地面积______市亩（或石） 旱地______市亩（或石） 水田______市亩（或石） 荒地______市亩（或石）
牧草地______市亩（或石） 林地______市亩（或石） 果园______市亩（或石） 池塘______市亩（或石） 塘堰______市亩（或石）

⑦ 土地使用权：自耕______ 租佃______ 租额______ 劳役情形______

⑧ 作物：

作物种类	栽培面积（市亩）	产量（市/亩）	生长季节	施肥次数	中耕次数	病虫害
小麦						
水稻						
高粱						
玉米						
油菜						
小豌豆						
蔬菜						
[illegible]						

第三年 第一季(大春)___ 第二季(小春)___ 其他___

⑩ 间作：夏季作物___ 冬季作物___

⑪ 家畜：水牛___(头) 黄牛___(头) 羊___(头) 猪___(头) 兔___(头) 其他___

⑫ 家禽：鸡___(只) 鸭___(只) 鹅___(只) 鸽___(只) 其他___

⑬ 肥料：

肥料种类	来源	施用作物种类	施用数量	是否缺乏	其他
厩肥					
人畜粪尿					
豆饼					
绿肥					

⑭ 副业：

副业种类	原料	来源	每年产量	工作时间	家用数量	出售数量	总值

115

华西实验区柑橘产区农业、果园概况调查表及受害果实之识别　9-1-1（189）

华西实验区柑橘产区农业、果园概况调查表及受害果实之识别　9-1-1（186）

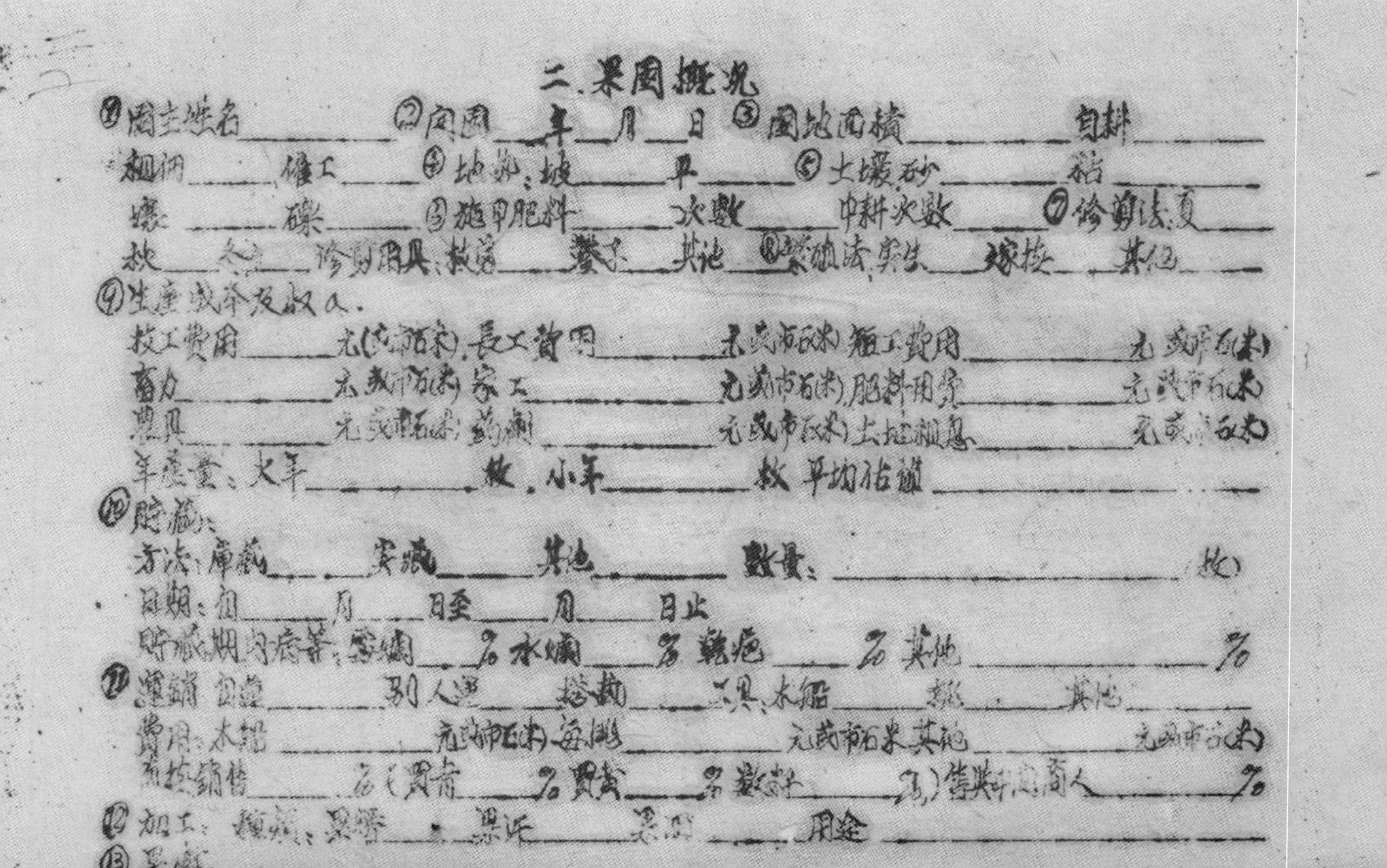

二、果园概况

①园主姓名____ ②开园____年____月____日 ③园地面积____自耕____
租佃____雇工____ ④地形：坡____平____ ⑤土壤：砂____粘____
壤____砾____ ⑥施用肥料____次数____中耕次数____ ⑦修剪法：夏
枝____冬枝____修剪用具：锯____剪____其他____ ⑧繁殖法：实生____嫁接____其他____
⑨生产成本及收入。
技工费用____元（或市石米）长工费用____元或市石（米）短工费用____元或市石（米）
畜力____元或市石（米）家工____元或市石（米）肥料用费____元或市石（米）
农具____元或市石（米）药剂____元或市石（米）土地租息____元或市石（米）
年产量：大年____枚，小年____枚 平均估值____
⑩贮藏：
方法：库藏____窖藏____其他____数量：____（枚）
日期：自____月____日至____月____日止
贮藏期内病害：青霉____%水霉____%软腐____%其他____%
⑪运销 包装____别人运____挑担____工具：木船____车____其他____
费用：木船____元或市石（米）每担____元或市石米 其他____元或市石（米）
直接销售____%（买青____%买黄____%数字____%）售与中间商人____%
⑫加工：罐头、果酱____、果汁____果酒____用途____
⑬果价：

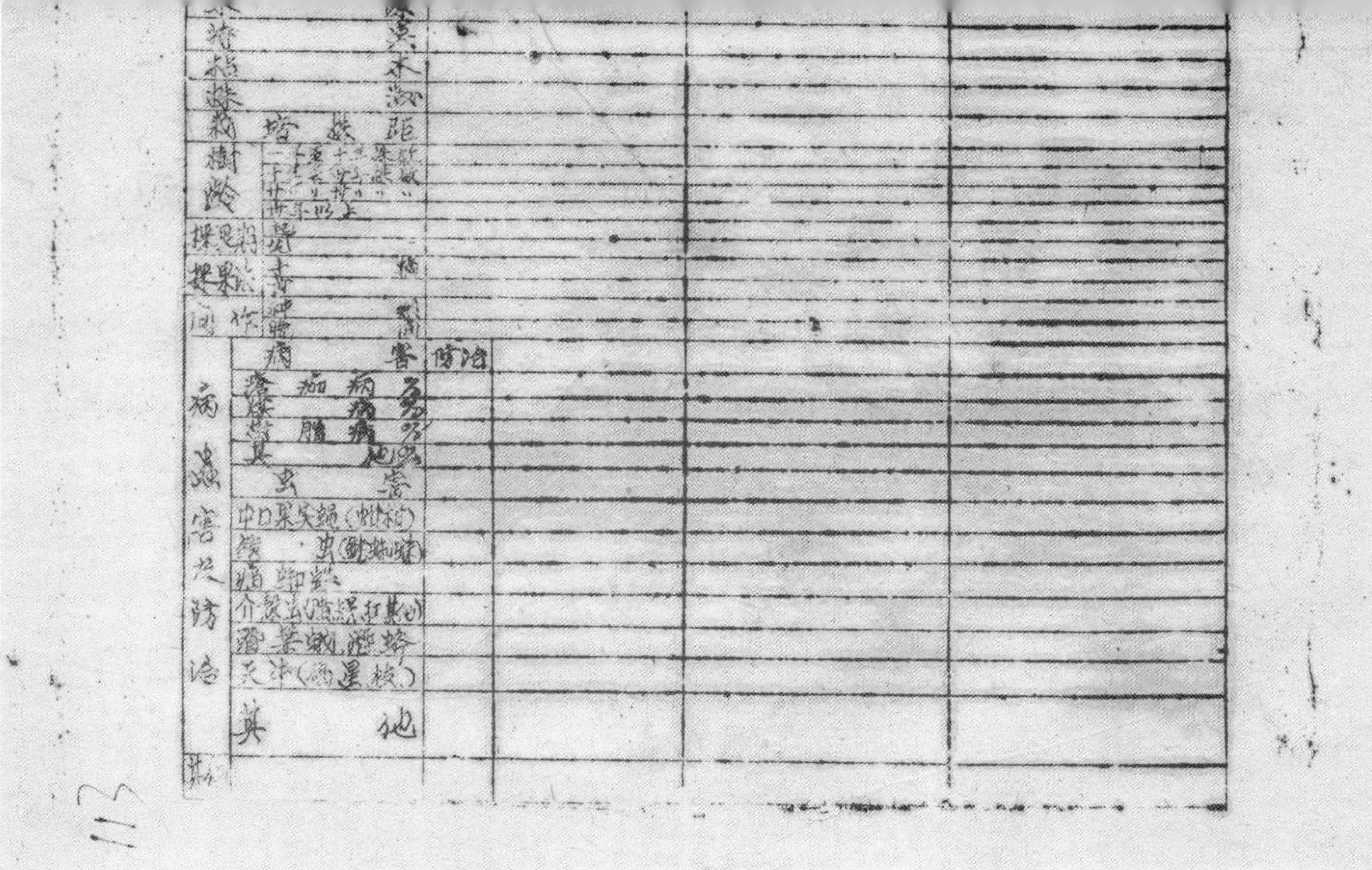

113

栽培					
土壤					
栽培距离					
树龄					
採果期					
採果量					
间作					
病虫害防治	病害	防治			
	疮痂病				
	病				
	脑病				
	其他				
	虫害				
	中口果实蝇（柑桔）				
	虫				
	介壳虫				
	潜叶蛾				
	天牛				
	其他				
附注					

华西实验区柑橘产区农业、果园概况调查表及受害果实之识别　9-1-1（213）

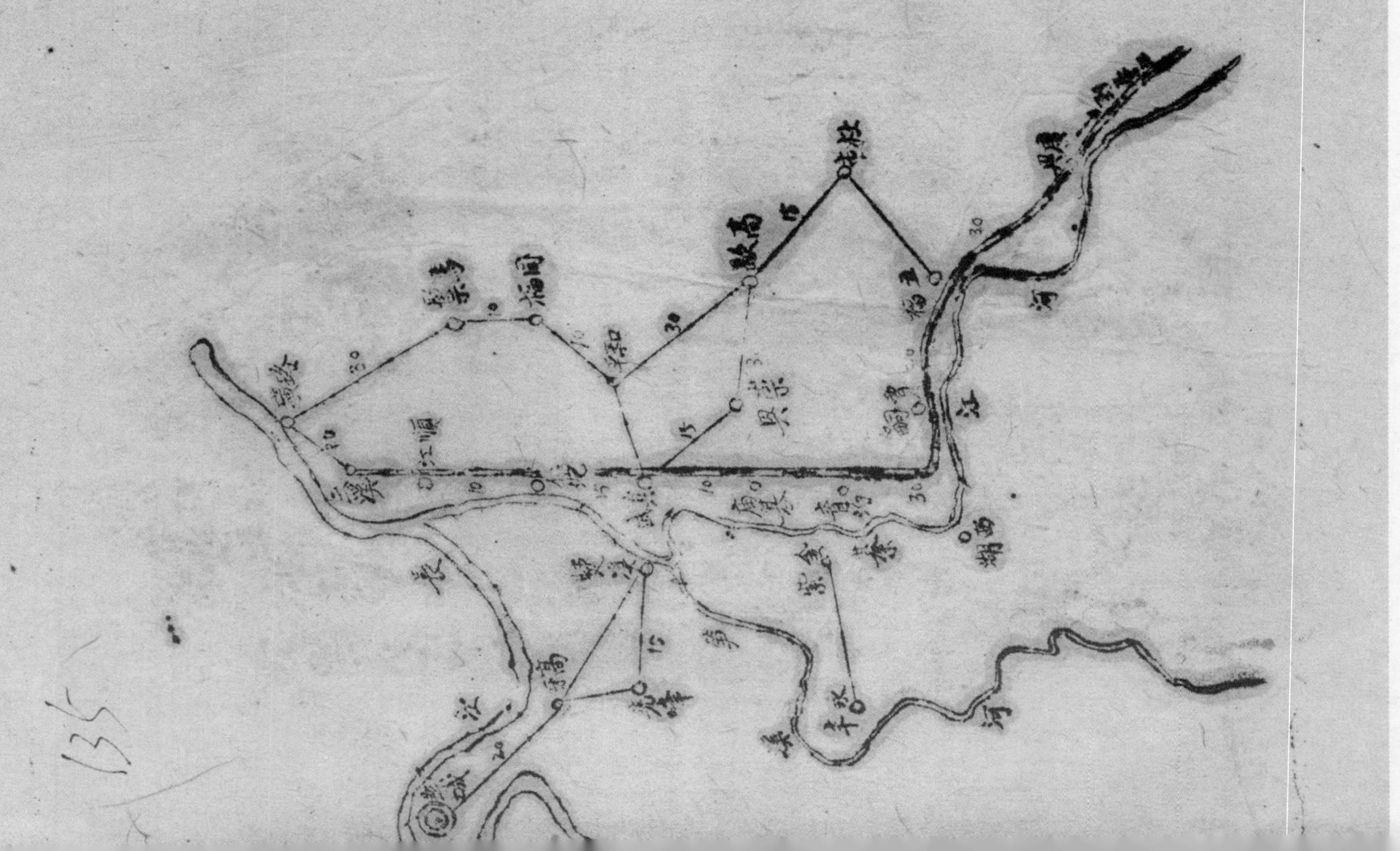

受害果寔之識別

一、第一期流膠——每年陽曆六月小廣柑上（約一吋直徑大小時）可發現果寔蠅雌蟲附在表皮上以輸卵管鑽穿表皮達果瓤中產卵，雌虫離開後受害部份流膠，溢若自流膠處剖開即可見到輸卵管鑽入之路綫，並於綫路下纖色之間以顯微鏡透視尚可見到白色小卵。

二、第二期傷口膨成凸起小瘤——果寔再長大約半月或一月，產卵傷口癒合成凸起小瘤，如仔細檢查即可辨別。

三、第三期現紅——至九月底或十月初受害部份（凸起處）周圍現紅色，以手指試之有軟化狀態，剖開後內部有蛆與蒼蠅蛆類似，此為最易識別時期，以其他未受害果寔仍為綠色完好留在樹上。

綦江县柞蚕业推进计划　9-1-83（19）

18

綦江縣柞蠶業推進計劃

綦江县柞蚕业推进计划　9-1-83（20）

19

綦江縣柞蚕業推進計劃

巴　若愚代擬

一、緒言

綦江縣遍地高山峻嶺，但土質肥沃，物產豐富，特產尤多，除甘蔗、桐油、菜油、橘柑而外，更饒柞蚕之利。在往年清代最盛時期，以扶歡一鎮而論，年有千萬元之進益。貴州遵義所產之柞蚕絲亦皆齊集綦江轉售他省，是以綦江非特為柞蚕生產區，並為他省柞蚕絲之集散地，是証綦江柞蚕業頗有一時之發達之名。惟以蚕種不佳，飼法欠良，因之疾病繁多，成績大減。似此天然利源，若不急起改良，設法推進，殊

為可惜
柞蠶業與他種產業不同凡山場不能種植其
他作物之處皆可植柞育蠶且飼養時期極短僅
月餘之久即可見利不仿農事不費良田其絲質
優者出口外洋次者自備衣料既雅觀又省錢更為
飛机上之重要需品現據扶歡調查所得每萬繭
可換谷子一石每人照飼養一千蛾計算約收繭八萬
換米八石此誠為國計民生最速最經濟之事業矣當
此抗戰勝利之後百廢待興新政開端之際應宜急速
設法改進挽回利權補助民艱今該縣縣長參議會議

綦江县柞蚕业推进计划　9-1-83（21）

20

長以及地方士紳對於謀地方農村福利事業異常注意尤以柞蚕改進特别重視曾與胡縣長陳劉正副議長會談幾次囑擬計劃爰不揣謭陋參照以往經驗斟酌就地情形著斯計劃以供參考其有不適宜之處尚望斧政為荷

二、試驗場所之設立

綦江縣境内柞林繁茂品種佳良極適育蚕茲為推進便利起見可仿山東烟台市蚕種改良場之辦法設總場於烟市設分場於各縣成績照著為全國之模範查綦江縣城為全縣民衆会萃之處

即以該縣城為中心設一總場為研究改進之總所在鄉間覓柞蚕繁盛區域籌設分場多處培育種子供應農村蚕戶之需如此技術之改進日新月異分場之生產漸漸增多既便蚕戶用種又可補助經費之收入

甲、總場

總場為全縣分場技術支配之中心為研究技術改進便利計可在城郊或城外覓柞數株作一小規模之試驗場不求生產專為研究方法之改進及供民眾參觀之所如此俾便育蚕者得以仿效育柞

未育蚕者藉以提倡增加生產且縣城交通便利此後關於種子之更換及實驗用品之採購隨時办理不悞工作

乙、分場

鄉間柞蚕發達區域覓其適中地点設立若干分場例如扶歡鄉柞林極多養食蚕最盛可先由扶歡鎮附近設立一場培育蚕種經選製檢查后分[illegible]予蚕户應用俟該場成立後再依次成創其他分場如此一面試驗一面育種一面指導場中推進較速蚕户獲利亦快且場中育種愈多蚕户

綦江县柞蚕业推进计划　9-1-83（22）

周種愈便

三、設備

設備為研究事業之重要事项設備情形如何影響於成績之良否至大但经费及實用之情形有關難有定也茲暂就初創一總場一分場之簡單設備如下

甲、儀器

顯微鏡 六百倍以上 五——一〇架

乳鉢 二五〇——五〇〇個

研蛾架 二〇——四〇架

綦江县柞蚕业推进计划　9-1-83（23）

品名	数量
蓋玻片	一〇—一五盒
載玻片	五〇—一〇〇塊
解剖鏡	一架
解剖刀剪	二—四套
擴大三腳鏡	二—四只
燒杯　大小各種	五—一〇個
試驗玻管	一〇—二〇個
酒精燈	二—四個
噴霧器	二個
乾濕計	六—一〇只

液温计　二只

標本瓶（大小各種）　三〇—五〇個

其他零星儀器　臨時規定

乙、藥品

福尔莫林　一〇—二〇磅

酒精　一〇—二〇磅

其他　臨時規定

丙、蚕具

蚕架　長　一〇—二〇套

蚕箔　一〇〇—二〇〇個

綦江县柞蚕业推进计划 9-1-83（24）

23

防蜂網	一〇〇一一五〇套
丁、傢具	
办公桌櫈等	臨時規定
蚕房用具	臨時規定
其他	臨時規定
戊、房屋	
办公室及宿舍	暫定七間
煖黄種室及製種室	暫定十間
貯藏室	暫定四間
檢查室及試驗室	暫定六間

四、技術之實施

甲、蚕種

蚕之品種及製造對於飼養之成績關係甚巨，而蚕桑經各國学者之研究已有绝好之成績，唯柞蚕為我國特產，尤無書籍可考，故研究者極少，歷經年代皆聽諸自然，致品種駁雜，蚕之体质不健，蚕之品质不良，且時有変異，飼養困難者欲改進，非先由種子之製造方面着手不可。但以各地之氣候及品種之不同，研究方法亦異，茲參照山东崗蚕種改良場之研究所得結果如左

綦江县柞蚕业推进计划　9-1-83（25）

24

(一)選種　選蛾、選茧、選蚕等以期劃一

(二)交換品種　我國柞蚕區域為山東遼寧河南四川及貴州等省　遼寧省所產之茧種稱關東種、河南省產者稱河南種、山東省產者有兩種　在威海衛產者稱艾山種、在文登縣者稱可蒼種、川貴所用之蚕種向皆採自河南種、該等蚕種之体質比較之以艾山種為強茧形小　疾病少飼養容易關東種較艾山種畧次茧形畧大　可蒼種最弱疾病多茧形特大艾山種與關東種為交之最適間蚕成績極佳又曾以之與可居種行交雜製種所成績特優河南種比原產地時起有異當稚小時實强健與他種交雜製種方佳查綦江距產區域稍遠目前又以時局及交通關係新種尚不易採購祗可以目前所用之種子加以選擇供交通惟須每照上述原種區域採種交換之

（三）製種　用紙於產卵製法以便易於鏡檢

（四）檢查　用顯微鏡檢查產卵後之雌蛾無毒者之蚕卵用於飼養有毒者之蚕卵燒之棄

綦江县柞蚕业推进计划　9-1-83（26）

25

之以除母体传染之路径

五　消毒

镜检除无毒蚕卵一律用福尔莫林

消毒以除卵面附着之病菌

（六）煖种

拟用低温以保持野生动物之原有抵

抗能但蚕蛾之交配时期须用高温俾

充分发挥作用免损卵子

乙、饲蚕：

柞蚕饲养之方法其不似家蚕完全支配于人工之周密

但人力所能及者又不可稍有忽略如孵化蚕卵、蚁蚕饲

养、[illegible]、[illegible]、[illegible]、以及对于蚕场土质、地势

暨柞林剪伐方面作種子重要鄉間飼蚕者多墨
守舊法不知改良成績優劣不明其根源祇聽諸
天命任其自然致我有攸久歷史之柞蚕未能發達殊
為可惜茲以研究經驗所得簡述其要点如下

(一)孵化蚕卵　時期須參照柞芽之發育勿早勿晚
溫度切忌过高以保持其野生抵抗力

(二)蟻蚕飼養　蟻蚕上山注意外溫及陰雨若溫低則
漸緩出室陰雨則以家飼暫避法

(三)剪移　無論稚蚕及壯蚕葉盡剪移時注意
天氣早作準備

綦江县柞蚕业推进计划　9-1-83（27）

26

（四）保護

依各地害敵之情形設法防除在一二齡最重要之蜂害可備保護網其他用葯物或人力隨時斟酌之

（五）補救

如遇天氣过旱久不下雨柞葉變老蚕伏葉上徘徊遊行不食易現軟化病（俗空腹病）而斃者損失至鉅可以人工佈水法補救之但非普通生熟水慎勿乱用

（六）旱澇天氣選土質地勢

澇天勿飼於蚕場地勢低窪土質肥沃柞樹發育旺盛之處旱天勿飼於地勢高燥土質瘠薄柞樹發育悪劣之所處理得當病症既少收

五、組織行政及技術人員之訓練

上述計劃本為復興農村生產建設之一縣政府可正式設立一机構專責办理以為農民永久輔導改進之所在新的縣政中增此一頁非特有關綦江之繁榮亦可為外縣之藉鏡至於經費方面可由縣政府籌劃專款以為開办及常年經費如果縣府不能以全力担負之際其開办費可由热心地方紳商樂捐補助之常年經費可呈專署籌撥補助之縣府專款办理時可定名為綦江縣政府柞蚕業改進所有捐款加入時可定名為綦江縣

綦江县柞蚕业推进计划　9-1-83（29）

28

柞蠶業改進委員會其下設試驗場技術人員由場中負責訓練分發場中服務茲將辦法分述如下

甲、綦江縣政府柞蠶業改進所辦法

改進所列入縣政府机構之內由縣府呈請備案劃撥專款辦理之組織行政系統如下

縣政府（縣長）——改進所（所長）
- 分場（場長）
  - 事務（場長兼）
  - 練習生　一人
  - 蚕工　一人至二人
- 庶務、會計、文書　一人兼
- 技術員　一人至二人
- 蚕工　一人至二人

由县政府参议会地方绅商及专署共同会商办理之组织行政系统如下

改进委员会（主任委员）

├ 委员
├ 秘书
├ 会计
└ 总场（场长）
　　├ 分场
　　│　├ 庶务（场长兼）
　　│　├ 练习生一人至二人
　　│　└ 蚕工一人至二人
　　├ 技术员一人至二人
　　├ 庶务 ┐
　　├ 会计 ├（一人兼）
　　├ 文书 ┘
　　└ 蚕工一人至二人

丙、技术人员之训练

由各蚕区选送初中毕业无力升学之学生来场实地练习后派赴分场工作练习办法临时另行规定

綦江县柞蚕业推进计划　9-1-83（30）

28

六、總結

（一）上述計劃中對於建築方面須視經費情形規定之但此種學術研究改進事業與普通營業不同必須各種條件適宜方可便於進行以綦江縣城情形看來在中山公園一帶選其地勢高燥空氣流通陽光充足之所建築總場應用房屋較為適宜至於分場須視蚕場係公地或係臨時租用而不同如係公地可直接選其靠近蚕場及村鎮適中地点建築蚕室及住室如係臨時租用性質即可租用就近民房或不得已必須建築時須與山主訂立租約以免中途生[illegible]

二）筹設此種事業因限於時間性今年時間已趕办不及最好先設筹備處作詳細計議將各種設備筹劃齊全茧種蚕場及茧屋等備妥後翌春即可開始進行

(三)經費分開办費及經常費兩種在筹办時期之一切設備人工及茧種等開支概屬於開办費之列開办後之一切開支概屬於經常費每年製造之蚕種及出蛾之茧皮出售後之收入可以備為擴充事業之需必要時亦可補助經常費之一部

(四)綦江縣境各蚕户对於出蛾後之茧皮（俗称茧口）多

70

製成絲綿出售繅絲織綢者尚少亦須加以研究及提倡俾便利益增厚

（五）綦江縣境內有未種田未植柞亦無其他林木之荒山頗多在本計劃柞蚕改進實行後亦可將無用荒山墾植桑樹附帶提倡家蚕不須另行設備

（六）場中進行有餘力後亦可附帶辦理其他有益於農村生產事業例如猪種雞種及養蜂等畜牧事業並此外对於山東所產之蘋果洋梨葡萄桃子等果樹園藝事業皆可藉以研究提倡以增生產

綦江县柞蚕业推进计划　9-1-83（31）

21

此等柞蠶事業之選種育種及推廣運銷、加工、諸事概可依照本實驗區精神及行進方式推行之：

（一）組織柞蠶專營事業合作社——（將蠶户組織一起推行業務以及于加工等、）

（二）選擇表證蠶家——設立柞蠶育種繁殖站

（三）推行柞蠶事業傳習教育教材——訓練社員

（四）協助輔導一般事業內、設立柞蠶選種檢定研究組、以執行由表證蠶家得到之蠶種的檢定工作。

至所陳之機構組織，似未顧及工作效率之計算，蓋育種檢定工作並非常年經常可有者，易流於首目官僚化也。

中華平民教育促進會華西實驗區區本部用箋

华西实验区璧山第五区办事处关于推广小米桐苗报告（一九四九年四月二十五日） 9-1-120（110）

中华平民教育促进会华西实验区璧山第五区办事处推广小米桐苗報告

三十八年四月二十五日
壁五字第四二五號

甲、準備工作

奉得 區本部通知及發下教材後當即轉知各駐鄉輔導員並將教材發予各民教主任就已有之傳習處分别講授結果民衆反應極為良好。

乙、推廣辦法

推廣辦法除遵照區本部指示各點辦理外適二月二十五日舉行本區輔導會議席間交換意見之結果當決定本區單行原則於后：

一、發予自耕農戶。

二、不平均分攤酌量集中栽植以便監督指導。

三、栽植地區不能過於偏僻。

丙、領發經過

二月二十五日得悉桐苗業已運抵璧山之消息後二十六日張主任即趕赴璧山具領當日下午運抵狐狸樹及青木關二十七日分送各鄉及時栽植。

丁、分配情形

此次桐苗以運璧之總數過少本區僅分得六千株除大路鄉輔導員調任無人負責外其餘各鄉平均分配各一千株茲表列分配情形於后：

璧山专区小麦生产概述摘要　9-1-182（21）（22）

璧山专区小麦生产概述摘要

壹、小麦在本区粮食作物之地位

贰、本区小麦的生产环境

一、地势

二、土壤

三、气温

四、降雨

叁、栽培方法

一、整地

二、选种

三、播种

四、施肥

五、中耕

六、收获

肆、生产成本

伍、病虫害

陆、品种

一、本地品种

二、优良品种

柒、近年本区内小麦良种推广情形

一、政府推广制度检讨

(一)推广机构未予统化

(二)行政农业部统农业工作

壁山专区小麦生产概述摘要　9-1-182（23）（24）

(三) 基层推广机构不健全

(四) 工作人员误解推广意义

二、过去小麦良种推广的困难及经验：举出实验区推广制度的优点：

(一) 即繁殖即推广

(二) 有试验及示范作用

(三) 便于发育组织农民及指导检查等工作进行

(四) 合于经济原则

~~过去制度~~ 推行过去制度的经验

(一) 农民保守

(二) 豪绅土劣从中把持阻碍

(三) 推广前未调查生长环境

(四) 未适当指导栽培技术 → 未合理集中推广

(五) 农民将种子混杂

(六) 农民普遍欢迎良种

肆：对今后良种小麦推广工作的意见

一、建立合理制度

二、推广应健全并适应农民组织

三、推广应採重点方式

四、充实推广工作内容

五、工作应根据群众的经验及需要

六、从推广工作中选育新的优良品种

璧山专区小麦生产概述摘要　9-1-182（25）（66）

七、根据实地情况订定推广方式

八、确定推广任务

九、拟续实计划并掌握工作步骤：

(一)进行区域试验及特约示范工作

(二)根据各特情况确定应推广良种名称数量~~及面积~~

(三)各乡应根据具体情况拟定推广细则~~及~~先行登记

(四)通过农协会评议送发种

(五)避免种子自行混杂

(六)指导栽培技术并解决农民困难

(七)选定典型农家登记生长情形

(八)注意农民反映

(九)发动农民参与除害

(十)拟定收购办法或指导农民换种

(十一)作出工作总结。

十、结论。

(一)改良栽培方法问题

(二)减低生产成本问题

(三)品种改良问题

(四)良种选育及普及问题

35

七

璧山专区小麦生产情形概述　9-1-182（26）

璧山專區小麥生產情形概述

壹、小麥在本區糧食作物之地位

本區共轄璧山巴縣銅梁合川江北綦江江津永川榮昌大足等十縣土地總面積共為二八〇六二六四五市畝其中耕地面積水田為五二一七九〇〇市畝旱地為四二〇五四〇一市畝共為九四二三三〇一市畝水田與旱地百分比約為五五、五比百分之四四、五農業方式夏季作物以水稻高粱玉米紅苕為主冬季作物以小麥胡豆大麥油菜豌豆為主在冬季作物中又以小麥佔最重要之地位根據四川省農業改進所卅七年統計全區小麥栽培面積為一一九八〇〇〇市畝佔其他冬作物栽培面積之百分之三〇、二全年產量為一九六六〇〇〇市担佔其他冬作物總產量之百分之五九、七再就其與一般農民之食糧之關係來看以水稻為第一

璧山专区小麦生产情形概述　9-1-182（27）

作物中除水稻即為小麥僅次於水稻而居於重要之

地位也。在本區農產品中的佔於極重要地位。

在抗戰前因川人每食小麥之習慣，故除農民春荒時作

度荒食糧及一般人作零星食品外，並未以小麥作主要食糧，迨自

東抗戰期中由於稻米價格飛漲及受外來同胞之影响，漸

次養成食麵習慣，因之小麥之需要量大增，據根原

中央農業實驗所一九三一年至一九四〇年以一九三六為基期

之統計，四川省小麥之生產指數抗戰前由最低之八七逐年

增至一四八，於此可見小麥在本省糧食作物之地位亦日趨重要矣。

就食物營養之觀点上看，小麥的營養價值遠較稻米為優，並且

在穀類作物中，小麥為最標準的糧料，糧食含量多，蛋白質、鈣

及磷質的成份最高，而稻米所含蛋白質少，鈣最少，故就

現在今年全國農業生產方針，是以增產糧食和棉花為主，在

新解放區除應保持舊有的生產水平外，還應爭取提高。在本

區內水稻與小麥的栽培產量並不衝突，而適用輪作的範圍為了

鄉府政府的號召，故今年秋季進行各種小麦增產工作實為當前的要務

貳、本區小麦的生產環境

一、地勢：全區地勢多由山脈起伏構成的丘陵地形，農作物多分佈谷地及坡地上，凡多山之處則多植桐木及油桐等，而小麦則多栽植於壩田或較好之旱地，雖在耕作及施肥頗不便利，但尚適應此種地形之土地利用之情況而言尚稱相當宜

二、土壤：本區土壤多為幼年紫棕壤或棕紫色森林土，其特性為弱度酸性或中性，故就小麦生長而言尚能適應，惟其因受沖刷甚烈，程度甚大，頗見瘠薄，故對施肥方法應多注意，

三、氣候：小麦為耐寒作物，但因性喜溫燥，較喜溫暖之地方，亦可栽植，惟不適於炎熱季節，尤其對最適宜之氣候條件

發芽期平均氣温為　度，成熟期為　度，全生育時期平均氣温為　度，與最適宜之氣温條件尚稱相近。

四、降雨：本區雨量多集中於夏季，約佔全年雨量之四十分之四七·二，冬季降雨稀少，約佔年雨量百分之四·七，且以夜雨為多，此等氣候特適於小麥生長。

叁、栽培技術情況：

本區農民栽培小麥多甚粗放，頗有應改良之處，茲將本區最通行栽培方法略述於后：

（一）整地：通常在前作收穫後，即將土壤翻轉，再用鋤將土打細即行播種。

（二）選種：多用簸箕風車，實行風選。

（三）播種：時間多在寒露（十月九日）前後到霜降為止，因此時氣温降至二十度以下，對小麥之發芽及生根甚為適宜。播種量每畝約四升半至五升（約合七至八公斤）。播種方法多行點

璧山专区小麦生产情形概述　9-1-182（30）（31）

播每穴约置种子十粒，

（四）施肥：施肥每次较约为二次，一次在播种后，一次在十二月中旬，施料多用人畜粪、草木灰，用油饼者少，内亦有之。普通农民多因肥料缺乏，施肥均嫌不足，且土种小麦施肥较多则易倒伏，影响产量至为钜，故农民有畜倒如仓装麦倒一之谚（意即种子不实）。

（五）中耕：多在第二次施肥后中耕一次。

（六）收获：多在谷雨后十余日立夏前后施刈。

县生产成本：本区小麦生产成本除交付地租外，每亩田土约需种子四、五市斤，人工八、八或九个，牛工半个，肥料：人粪一五〇斤，猪畜粪六七〇斤、草灰四五九斤。各项费用所占百分率以土地费用为最高，约占百分之三十，肥料费用次之，约占百分之二十三，肥料费用再次之，约占百分之一三·四，农具费用占百分之一二·〇，税捐占百分之一百，种子占百分之四·二，畜工占百分之一·三

伍、病虫害：（俟后回来再写）

陆、品种：本区小麦品种

壁山专区小麦生产情形概述　9-1-182（31）（32）

璧山专区小麦生产情形概述 9-1-182（33）（34）

22

草帽秆分蘖力弱，播种宜稍多，产量比本地品种约高百分之十九，麵粉成
份多，但麵筋成份低，據城北鄉農民云：反映去年他的田都換種本
地麥品，每收到三斗四升，今年種六二號，打了四斗零，但是我把它磨成麵
粉來，放鍋裡煮，本地做成麥粑，放在鍋裡要煮就化了。（好像沒有韌性）

（四）（三）中農四八三號：早熟，種植於稻麥兩作田，在土中桿細，穗大，有
芒，稃細長，好像草帽種，子粒薄，充實，麵筋成份及出粉率均佳，與大（穀粒四粒，產量稍少）
麥同時收穫，惟栽植零散，成熟特早，花實被損失甚大。
本區目前栽植大麥，稻田均可換種此項品種。（永川江津）

（四）川福麥：系產瀘州，一九四四年引入本區推廣（一九四三），穗長粒大，成熟後莖稈成白色，
抗病力強，抽穗期早而整齊，適於肥土，產量亦高，惟成熟後遇搶種
宜至寒露前行之。

（五）中大矮立多：系意大利由中央大學農學院引進，其特點穗有芒，粒大，（上中熟種）
早熟，成熟後粒種多，宜種於肥土，產量約較本地產高17%。

（六）中大二四一九：（早熟種）系意大利育種家潘萊伍氏世界小麥之一，一九四二年由金陵大學
引進本區種植，其特點生長青，穗長有芒，葉片深綠色，粒[illegible]細

（九）英字一〇一：係原浙江农业试验场杂交种之一，一九四一年在合川开始……成绩颇甚好。

（九）合場五号：係合川稻麦改良场用蕎麦霞（即中农廿八）与美国玉皮杂交育成之中熟种，穗顶具有微芒，粒白色，质良，秆矮，种宜平坝地方，特抗锈病，产量约高15%。

（十）金南麦：为江宁（？）与英字一〇一之杂交种，成熟特早，金南时可收，故名。此麦穗长有芒，麦粒较稿，但抗病，产量约高一百斤，与水稻田轮作。

（十一）光头麦：

（四）本区四十麦良种推广概况

过去推广计划及结果（形成）的检讨

本区过去良种推广除原四川省农业改进所派人会合推广所推广外，其余推广机构有合川稻麦改良场、中农所北碚农事实验场及中华平民教育促进会华西实验区根据现有情况自行推广种子约……

目前栽种面积约有……市亩左右，所以上述农家自行换种，大部良种均在农民心中已有信仰，但材料推广效果西言不能如理想者，其原因有

璧山专区小麦生产情形概述 9-1-182（36）（37）

因此我們觉得对推广制度实有检讨之必要：

（一）推广機構未能予统一化：例如本区小麦良种之推广有由专员政府直接派人推广者，有由农業推广辅導区推广者，有由粮麦推行所推广者，有由省地政事務機構推广者，各機構之权责虽有明文规定，但实际[illegible]至複杂，各行其政，对缺乏整個计划。

（二）行政官吏鄙视农業工作：以往官吏全付精力多在征兵征粮，对农業工作人員既不重视，且[illegible]农業機構[illegible]組織为然，读不上配合工作，增加生產了。

（三）基層推广機構組織不健全：本区鄉保[illegible]交通困难，無以往推广方式[illegible]人决不[illegible]致使造成推广機構[illegible]主要部门不健全，而使整個农業推广工作成斷續局面，[illegible]推广事業都不能[illegible]下層推广工作機構形同虚设及虚报数字之情形出来。

（四）误解推广意義：一般从事推广工作人員都以為只要把良種送到区域试验的良種[illegible]农民即達目的，殊不知推广不僅是推广种子而已。

璧山专区小麦生产情形概述　9-1-182（38）

种而不为农民所采纳，皆因农民的栽培方法未为农民合作户如

所造成的。

二、推广小麦良种推广的困难经验：本会华西实验区建设乡村，自当承认联合农民生活团体，倡导农业工作置为全部工作的一环，因华北为好

推广计划　国民党政府推广制度缺乏由下而上、联系实际的推广方式

过制度未了，由上而下的推广制度，缺有欠健全，致良种莫法运来实惠

农民。故本会以增产种子推广方式设计，以农本为由为对象，设计了一套

良种推广制度，在保持良种之高度纯洁及推广普遍有计划的农业生

产技术，此项推广由研究、繁殖及推广等机构配合工作，以求保持良种

的高度纯洁及改善现有的栽培技术，以达到增产的目的。

兹将全部推广系统及工作机构关系如下图（图见）

南充农业辅导手册

这个推广制度的特点在：

（一）即繁殖即推广：将原种由繁殖站繁殖后直接由各乡农

推所及农业推广繁殖站通过农民组织的农会推广

璧山专区小麦生产情形概述 9-1-182（39）

7

生产合作社中的表证农家，由农业推广站加强指导下，严厉（大量繁殖良种）
田间去杂除劣的保持种籽百分之九十八以上纯度，由大量繁殖再均
植株普遍推广给其他农民。
（二）有试验及示范作用：推广材料的良种必即在该区域内是有适合
其适应性也不相同，但优良种籽繁殖适合当地表证农家的繁殖工作
中即可由试验出来，决定良种对该地是否适合，为其成绩良好即
能起示范作用，利于将来可普遍推广工作之进行。
（三）兼有教育组织指导农民及指导检查等工作的进行：
~~农业推广站设立生产合作社之上~~
一农业推广站强站附设立个
农业生产合作社的表证农家之外，又要将合作社的社员因此工作人员
由可随时由农业推广站掌握由表证农家的实地经验，适应
合作社的组织使有将农业科学常识进步与技术改良栽培
方法向农民讲解，并对良种的栽培的技术加以加强
推广栽培技术的指导与生长情况的检查等工作的进行
也很便利

24

璧山专区小麦生产情形概述　9-1-182（40）（41）

璧山专区小麦生产情形概述　9-1-182（42）（43）

三（四）在推广前对各地区农家田土状况未能好好调查了解，犯了盲目推种的毛病，因此对[illegible]限于人力及时间仍也未能将各种良种的特性及适应的土壤等内容，向农民较详细介绍，以致有部分地方良种生长不佳的现象。

（五）推广区域[illegible]乡村将逐株重点推广，由未到群众中，种度因此在技术管理上，在本区交通困难的情况下，技术指导上亦因交通不便感困难。

（七）解放前许多地区推广势强，诸种撤毁，致对中耕施肥等工作的另外，一般农民思想上认为经济情形，管理后良种未表现理想结果。

（六）机力种子发出后未能普及，使农民分散混杂，致有农民欲回种子后将良种与土种混杂栽种。

（八）在推广的良种品种中一般说来都比本地土种为好，受到农民欢迎，中收获后自行换种的很多，虽然影响了政府收购的任务，但在良种普及的立场来说是很好的现象。

璧山专区小麦生产情形概述　9-1-182（45）（46）

捌、对今后良种小麦推广工作的意见：

在华西实验区的良种小麦推广工作中发现了不少的困难，
上节所述这些困难，有些基本上已经防止，有些却依然存在。
根据以往经验，特对今后良种小麦推广工作提供下列几点意见：

一、建立合理推广制度。首先对种子根据本区推广应有适当
确定，对良麦机构对种子配之区域及推广人事经
费等均应有适当计划，然后统一领导，按步进行，完成任务，推进良
种普及任务。

二、推广工作应通过农民组织：过去推广工作之未能收到良好效果，主要的
是没有依靠农民组织，只注意方面，推广工作人员单纯推广，由于组织的不健全而告失败。
因此仅靠推广机构及推广人员单方面的努力，而群众没有觉悟及不感
觉需要的情况下，就会造成被推广者缺乏的方面，只接受推行某些生产指
导。所以经验告诉我们，在农民中组织起来的组织使良种的推广能够解决一些困难，这
感觉到组织农民的重要。今后必须经过宣传教育与督促及培养积极分子
等工作后，将农民中健全的组织建立起来，……

璧山专区小麦生产情形概述　9-1-182（47）

本年由内专辅陈方的彻底执行收购小麦工作中在十级农协内的工作

同志们传授推广良种的纯度及快不良辅这些都是已经推广工作的意

不到的事情，所以今后的推广工作应特别着重组织成立或健全这来并

四、农种栽培技术指导及辅种方换种这种事工作都可以依

靠广大群众的力量去完成现有人力不能收集广费又能收到实际效果。

三、推广方法重点的方式：以目前现有良种设备测验推广在全区农家

快不可能且据我们的了解全川东区除璧山专区的合川璧山已经基本

江铜梁江北江津永川等有改良的麦种外，其余仅广安潼南武胜达县

广安等有少部份……全面起见我们……为某川东区的小麦

良种普及工作仅光以在现有种子分配的为了照顾全面起见我们觉得应

将大部种子分配给现由已有基础的进行选择几个乡作为示范

及的典型工作，同时将农民自行留种及换种的农家这评比……

农民组织指导农民采用新式栽培方法及收获后进行田间去杂除劣

以保证种子的可度纯洁，而备将来其他各地推广之用

在其他未有推良种小麦的地区应负责成农推所负专责以特约农家

方式在本区……选择接近……作区域试验一〇〇亩左右的区域试验以为将来

璧山专区小麦生产情形概述　9-1-182（49）（50）

植及域等地应详细登记，并应根据本年良种推广计划的③

九、对今后在新品种技术方面群众中进行继续选种的推广工作步骤：推广工作的

农业技术上更多困难，有一不能即合适，造成全般失败的

因此应全部推广适宜中至大应按照下列步骤拟定计划并随时

检查其推广工作的正确进行

（一）进行试验及特约示范工作：为获得某项良种推广于某地区之必

须该地区内进行区域性试验以确定此项良种对该地区是否适宜为原

则，宜特约示范，农民信心以利将来推广工作之顺利进行④

此在本年川东各县未能进行推广的县份设有试种种的小麦的

县份本工作应在本区之南部在本区以此项工作为主。

（二）就已经推广良种小麦的县份应根据过去工作经验及各县种

麦区域的特性确定各县适宜推广良种品种名称及数量④

通知各县推广机关④拟作出工作

（三）各县推广机构接获上项通知后应根据当地农业具体情

璧山专区小麦生产情形概述　9-1-182（48）

先确定推广区域及拟定推广细则，通过农民协会选择有工作精神（注意精神方法）

良种习性及所需栽培条件详细向农民讲解，使他们结合自己具备的

条件申请登记领种，所需良种名称及数量。

（四）登记完毕后推广人员应根据自己了解的情况通过农民协会评议

审核申请登记的条件适否与品种要求相符，数量是否适合

以决定是否发给良种

（五）发种前应切实说明应注意农民种子自行混杂及是否全数播

种，以免种子浪费

（六）播种后对农民栽培方法应随时加以指导，予以适时合理，如

农民有困难（如资金缺乏）（肥料缺乏等）应设法代为解决，若本身无权

决定应报请上级处理

（七）对良种之生长情形应（选定典型农家）有精密记载，并与本地品种比较，以便农

民了解优良土种及今后推广良种之参考

璧山专区小麦生产情形概述　9-1-182（52）

（十）并欲收购者先拟定收购办法[illegible]如不收购应指导农民换种。

（十一）会同推广人员及栽种良种农民作出工作总结。

璧山专区小麦生产情形概述 9-1-182（54）（55）

壁山专区小麦生产情形概述　9-1-182（55）（56）

村耕牛缺乏，政府对于耕牛的政策了解不够，因而缺乏之原因其
次就是有耕牛的就出卖，贫雇农本身资金困难，都
还是应当有资金去买耕牛，现在贫困中的个人作为资本
除解决的办法是依靠组织起来的力量和政府贷款通合
农户，发扬互助精神，坚持生产
（二）减低生产成本问题：依靠增加生产，减低成本调查中，土地
费用仍成本最高的部份，这一点是农民普遍上一大障碍因素，为农民接
耕种作的来源，按照地主经济的周边，组织利用劳动
的减租减息和的土地改革，实行从而达到减低成本的最高效
农业方法
合理使用劳动力，在农村中由家庭不分，只在农村劳力的方面，缺乏的条件
下其中伸缩性很大，例如是一个最重要问题，本就有农民组织，就统
互助换工、插田依靠人工成本，所以自然可以减低不少
肥料，施肥，是在适当的施适度的肥料，和合理用合理的轮作制度，还
是有的办法，增加肥料用费

璧山专区小麦生产情形概述 9-1-182（57）（58）

（13）

种子费用在经济上不在种子的减少，而在使用优良品种的种子，因良种

栽培方面可以适应该地域的生活条件，治种（的）可以减低自然灾害的损

害，能保证即可以产量增加而相对的减少其成本矣。

总之，从生产成本因素研究本区［illegible］推广小麦减低成本的方法，除

在技术上努力增加产量外，［illegible］佳经营方式，明明以上两项的增加，例

如改良小麦［illegible］方法及推广城乡交通等。

（三）品种改良问题：

本区本地小麦品种一般说来，适应（左）右能力强，产量稳定，（乃）其优点，但

其缺点有：

（甲）成熟较迟：［illegible］许多稻田可以栽培小麦的，都因成熟较迟而妨碍

不便［illegible］，因此而改种大麦，因［illegible］成熟［illegible］收获［illegible］下一季节［illegible］

四、产出［illegible］品质不良。

（乙）抗病对病害之免疫性及抵抗力：本地品种易受黑穗病及

锈病危害，而缺乏免疫及抵抗能力。

（丙）因耐肥力弱且易倒伏，常［illegible］产量

（丁）产量低

璧山专区小麦生产情形概述 9-1-182（58）（59）

缺点就特别显著，仍为二级半熟有牛头性，程度差于白麦子产量

与红麦筋成作方，因此本区小麦品种改良应为小麦增产工作最

重要的一环。

根据本区小麦所需要的生长特性，选育良种的目的应为要具备下列条件：

（甲）成熟早而整齐，以便与水稻及玉米轮作。

（乙）耐肥力强：茎秆坚硬具耐肥能力以免倒伏。

（丙）产量高：产量应该达到二四〇至三〇〇斤

（丁）对病害有免疫或抵抗能力

（戊）面粉佳良，便于磨粉出粉率高及面筋成分高，皮要薄以

便于加工。

（四）良种选育及繁殖问题：在良种选育方面[illegible]

根据前述政府所作指示的良种繁殖的计划，我们的[illegible]

要求所[illegible]的推广制度的基本精神全部这个计划所指示的符合本区

在本区目前[illegible]所需要来充实[illegible]改革而来实行的时候[illegible]

完这个制度可以作为[illegible]本地[illegible]

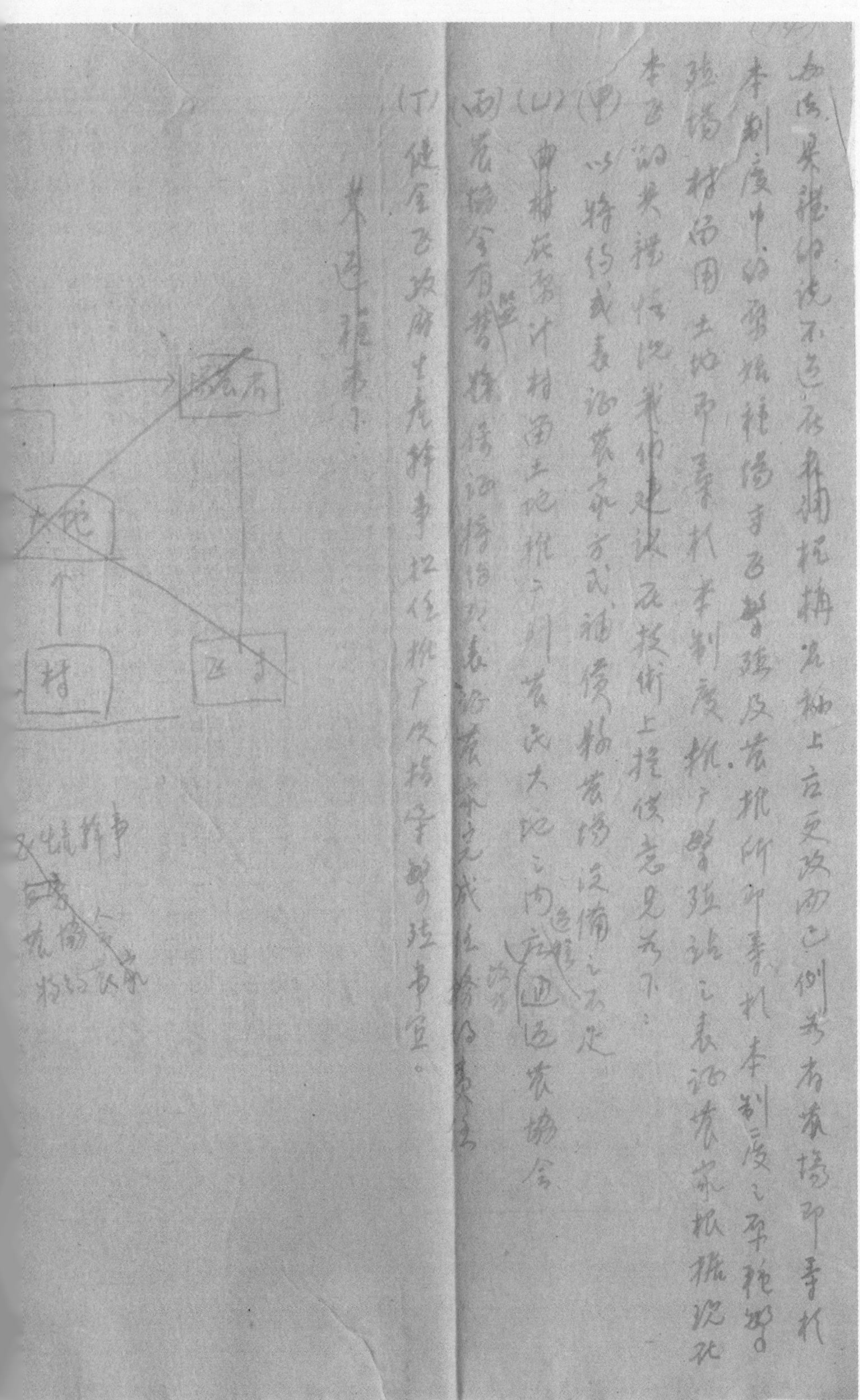

[illegible]

本区的[illegible]在技术上提供意见如下：

（甲）以特约或表证农家方式[illegible]

（乙）[illegible]

（丙）[illegible]

（丁）健全区政府[illegible]事宜。

璧山专区小麦生产情形概述　9-1-182（60）

壁山专区小麦生产情形概述　9-1-182（61）

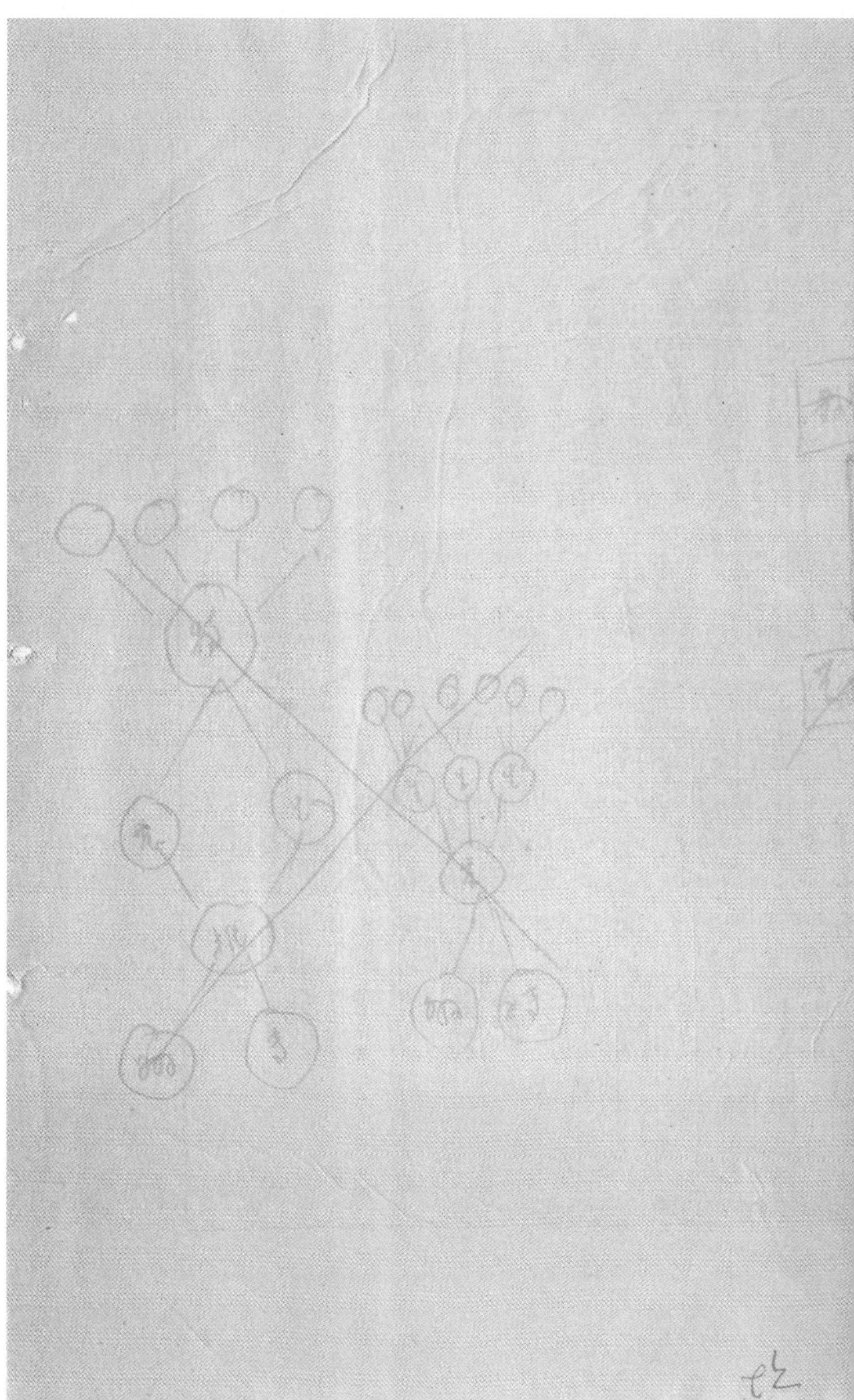

璧山专区小麦生产情形概述 9-1-182（62）

33

适宜土壤	比土种之产量百分率	备考
愈肥愈佳，田瘠地则生长不良	20%	成熟较晚而整齐（合川，江津，巴县，~~铜梁~~，江北，綦江，璧山，）
宜於坝田，及较肥土，	19%	成熟中等（~~合川~~ 江 ~~綦江~~，巴县，璧山）~~合川~~
宜栽於稻麦两作田	18%	栽植於本区多地方面又要较耐易遭虫害，（璧山，巴县，綦江，铜梁）
味宜较大之沙壤土黄土坝田等	20%	[illegible]（合川，江北，江津，巴县，璧山，~~铜梁~~ 永川）
稍肥之壤土沙壤土，黄泥土等	17%	播种宜较早（合川，巴县，）江津，永川，璧山）
稍肥土壤	18%	成熟中等，（合川，铜梁巴县，）
中等沙壤土普通黄泥土	20%	成熟中等宜早播种（10月上旬）否则对锈病不能免疫（合川 巴县）

璧山专区小麦生产情形概述　9-1-182（63）

品種名稱	來源	引進年度	習性狀	特
中農28號（勝霞）	意大利，為[illegible]世界小麥之一	1942	1.穗緊密，頂部有短芒 2.麥粒紅皮，麥殼紅褐 3.植株低矮健壯 4.莖稈堅硬 5.成熟時植稈麥粒棕褐色	1.豐產 2.耐肥 3.抗病害[illegible]病及黃[illegible] 4.冬季生長[illegible]迅速 5.出粉量[illegible]
中農62號	中農所	不詳	1.粒白稈高 2.穗長而頂有短芒 3.麥粒肥大 4.分蘖力弱，播種宜多	1.豐產 2.稈細[illegible] 3.麵粉白[illegible] [illegible] 4.出粉量[illegible]
中農483號	中農所	不詳	1.穗有長芒 2.粒形中等 3.稈細長	1.成熟[illegible] 2.種子重[illegible] 3.麵粉[illegible] 4.麥粒[illegible]
中大2419號	意大利，為[illegible]世界好麥之一	1942	1.穗長有芒 2.葉深綠色 3.植株高 4.麥粒色白肥大	1.早熟[illegible] [illegible] 2.豐產 3.耐肥
川福麥	原產澳洲[illegible]品種之一	1943	1.穗長粒大無芒 2.成熟後莖稈成白色 3.植株高大	1.抽穗[illegible]熟較[illegible] 2.抗病[illegible] 3.適應[illegible]
中大[illegible]	原產意大利，中央大學引進	不詳，但在1944以後	1.穗有長芒 2.粒大色棕 3.成熟後植稈呈棕褐色	1.產量高 2.適耐肥[illegible]
合場[illegible]號	以川福麥為母，以勝霞與美國玉皮雜交育成	1947	1.穗頂略有短芒 2.粒白	1.豐產 2.麥粒[illegible]

璧山专区小麦生产情形概述 9-1-182（64）

34

川北壤土壤最适	15%	不适於川东区及本区,坡地等（合川）
稍肥土壤	17%	结实率高（合川）
壤土,砂壤土,		（江津）
		（合川）
又应施大量肥料		（江津）

金大2905号	原产宿南卅号 金陵大学育成	1938.	1. 植株高大 2. 穗长而疏有长芒 3. 白壳麦粒红皮颗粒肥大	1. 成熟早[illegible] 2. [illegible] 3. [illegible]
谷雨麦	江东门与英字101杂交种	1948.	1. 穗有长芒 2. 麦粒較稀	[illegible]成熟[illegible] 可与小[illegible]
美国玉皮	原产美国	1944. （1211）	1. 粒白 2. 稃硬	1. 不倒[illegible] 2. 抗[illegible]
英字101号	浙江农業試驗场杂交种	1941.		
成都光头				

璧山专区梁滩河农业生产指导所繁殖与推广优良品种工作总结　9-1-227（65）

璧山專區梁灘河農業生產指導所繁殖與推廣優良品種

工作總結

一、為什么要繁殖與推廣優良品種？

（一）繁殖稻種　為了完成來年川東區各縣擴大生產優良品種的準備特繁殖已著成效的優良稻種如中農四號中農卅四號與勝利秈等及南瑞苕一種。

（二）推廣小米棉苗。平教會華西實驗區於去年與鄉建學院洽商代育的小米棉，已到一年生了，現當移植時期我們從業推廣由農民領種，藉以增加生產。

二、繁殖與推廣優良品種的區域與數量。

璧山专区梁滩河农业生产指导所繁殖与推广优良品种工作总结　9-1-227（66）

在決定繁殖地區條件上，以交通便利，土地適中，灌溉
便利，水源無缺，土質中上等，有代表性，又便於管理指導
為標準，特選定巴縣四區梁灘河沿渠的鳳凰鄉第一二三
四五保田地約定農戶繁殖稻种与麥种，又於同區安隆
鄉第三四廿並四保繁殖稻种，推廣稻苗區域也在這兩鄉（
繁殖与推廣稻种麥种稻苗的數量面積（詳見附表）
三、工作是怎樣進行的？
（一）宣傳教育　為了通過宣傳教育，使農民能自願繁
殖良种，除在鳳凰場作街口口頭与文字宣傳外，並在安隆
鳳凰兩鄉分別分保舉行農民座談會，並隨時隨地宣

璧山专区梁滩河农业生产指导所繁殖与推广优良品种工作总结　9-1-227（67）

行個宣傳，宣傳內容着重在政府農業生產政策的解釋，繁殖优良品种的意義與优良品种的介紹。

(二)勘察登記　農民既經過宣傳教育，樂於繁殖但為了澈底了解他們的田地是否合乎我們的條件與適种那种种籽和需要的數量，於是進行實地勘察逐戶登記。

(三)种籽來源　与平教会華西實驗區洽商，決定將他們原在璧巴兩縣各區繁殖站繁殖的純种運來計：

稻种：①中農四号自璧山八塘運來八六.五石，巴縣陳家運來三六.七四石，共一二三.二四〇市石

②中農卅四號自璧山楊家祠堂運來八.二三一五市石

③勝利和白鄉建院運来三五、四九二五市石

總計三六六、九五四七市石

南瑞苕①中農所運来二〇〇〇斤

②在北碚市場購約二一〇一斤

共四一〇一斤

（今年教会華西实驗區原与中農所洽定南瑞苕伍〇〇〇斤

後因北碚管理区亦同作繁殖种籽作明年大生產用故

只能出售一部，不足之数乃另向市上購買）

四、協議繁殖規約分發种籽

与農民開会協議繁殖規約如下

60

（一）凡该良种繁殖户该接受本所指导，如耕作技术施肥去杂等项务要精耕细作，如有因不适合风土而遭受损失者本所当保证其收益，负责赔偿，反之如因耕作懈怠，或遇人力所不能抗拒的天灾，本所即不负赔偿责任。

（二）繁户在收获与储藏时，绝对不能与其他品种混杂并须风晒乾净，以保持纯种。

（三）繁户在收获后除留种籽外其余收获数量，本所依照市价，在不使繁户亏的原则下，繁户要求总本所收购。

（四）在秋收后，须将繁户所贷原料种，必须照政府规定利率本息一次还清。

璧山专区梁滩河农业生产指导所繁殖与推广优良品种工作总结　9-1-227（69）

璧山专区梁滩河农业生产指导所繁殖与推广优良品种工作总结　9-1-227（70）

凡同意上項規约的農户，即須登記蓋指纹或私章領

取种籽，该項手續在三月廿二日完成。

五、督促檢查是否泡种：

种籽發完，随即檢查是否泡种，我们的种籽，以免将种籽

吃掉，或廿种着不合我们要求情事發生。

六、工作中的体會：

①從三月四日到三月廿六日能迅速順利完成繁殖推廣任

務的原因如下：

人、農民对政府有初步認識，以相信人民政的態度

来相信种籽。

璧山专区梁滩河农业生产指导所繁殖与推广优良品种工作总结 9-1-227（71）

61

2、农民今春有的缺口粮领到种籽可以将自己的种籽吃掉。

3、栽种优良品种，平教会与中农所已推广数年，部分农民直接间接对之有些认识，平教会曾在这个地区作过工作，人事较熟，农民信赖也较高。

4、工作同志多能在工作中积极努力，不怕艰苦，紧张突击做到了不违农时（如杨勤谦何子清余远文吴师铭等）

(2) 与群众建立了初步联系，经过了不断的宣传教育揭发谣言，农民的顾虑减少，生产情绪安定下来，对我们工作同志，亦较接近和反映问题。

(3) 这段工作，同志深入群众，接触了实际，了解了农业生产以及围绕农业生产的一些问题，并从而探求如何去解决实际帮助解决这些问题，同志们的阶级立场在开始明确了。

④工作任务繁，人数少（大部分时间只有七人）又怕过了农时，加以匪特造谣，在宣传教育上差，因此有部分农民有这几种顾虑。

1、怕种籽不好，影响收成，不愿或少种一部分，试试。

2、怕利息重（特务造谣，说借一斗要还三斗或一石）怕将来还不起，不敢种。

3、担心将来收获吃亏，政府不能保证他们的收益。

璧山专区梁滩河农业生产指导所繁殖与推广优良品种工作总结 9-1-227（73）

62

4、稻种须注意鉴定，如胜利秈就很杂，稗子也很多，农民不愿种。

5、嫌麻烦，既要接受技术指导，又要收购，挑来挑去，麻烦太多，不如种自己的省事。

⑤由于计划不够周密，时间迫促，更加与地方政府结合及依靠群众组织（治安生产委员会委员是上次曾农民小组又未建立）推动工作上差，以致在登记分发上发生许多错误，据现在得到的材料如：稻种登记为某种李四写成了张三，登记的没有领，领过的又没有登记。

⑥种籽发过，紧接进行检查，以弥补我们在发种前的看

當不周，并免掉他们當作口粮吃了不种少种或其他偏向，这些登记工作很為重要一切问题可在檢查中發現与糾正，这步工作尚在進行俟得結果，另作總結。

⑦因对農事缺乏深入的调查了解，把不需要突击的工作变成突击的了，如農民泡种大致在春分前後，可是農民怕得不到种籽，问他们了解时，却说是时间到了，并不發便不能种了，於是我们慌了该作的也不能作了，思想上认為發下种籽是第一要着其他只有等待以后弥补了，又如勘定青木関附近的繁殖區，嗣后發觉是冷浸田，只好匆匆另行勘察在争取时间上也是一个失败。

璧山专区梁滩河农业生产指导所繁殖与推广优良品种工作总结　9-1-227（74）

璧山专区梁滩河农业生产指导所繁殖与推广优良品种工作总结 9-1-227（75）

⑧平教會在这個地區，过去作过不廿貸放工作地方政府在征粮中又曾宣佈：因土粮致無种籽的，政府将来要貸放因此雖由我们不断宣傳了繁殖良种的意義和條件，并强调繁殖是農民的一种任務要在这种任務中才享受到种籽的权利并非救濟等貸，但不少農民仍有反映：為什么不貸給我？，為什么不貸給我们这个鄉保？，并且[illegible]出要政府貸耕牛肥料等过份要求来。

⑨小米推廣遇到下列幾个问题

人谁种谁收的地权问题，佃户種在地主地裡怕不歸已有鳳凰鄉二保的一家地主陈永福將田户领栽的枝桿。

2、植桐容易，保护难，桐苗很容易，被放牛的残伤，所以对植桐不感兴趣。

3、推广的时候较晚，桐苗已发芽很长，成活率可能不高，并且正值农忙，要照种植故有不少把领条退回。

璧山专区梁滩河农业生产指导所繁殖与推广优良品种工作总结 9-1-227（77）

42

	殖推廣								備攷
	勝利籼				南瑞苕			山桑桐苗	
	繁殖數量	預收數量	係	户	繁殖數量	預收數量	係	數量	
	4.7666	381.328	1	32	480	14530			公路旁合种水稻一公頃、九五號七市石，預計收穫量為一三三石，以三七五市石
	0.3925	31.4	2	26	449	13470		10.000	人水稻以市斗為單位
	3.8061	304.488	3	79	971	29130	3	1800	
	16.5	1320	4	44	817	24510	4	1100	
	4.092	327.36	5	93	1380	41400	5	5565	
0	29.5572	2364.576	合計	274	4104	123030	合計	19461株	
	0.926	74.08							
							4	2500	
2	5.0093	400.744					21	480	
							123	1520	
3	5.9353	474.824	合計				合計	4500	
3户	35.4925石	2839.4石	總計	274户	4104斤	123030斤	總計	22965株	

繁

鄉	保	户	中農四号稻		保	户	中農卅四号稻	
			繁殖數量	預計收数量			繁殖數量	預計收數量
鳳凰鄉	1	38	14.5794	1166.352				
	2	63	25.9252	2074.016				
	3	64	23.7375	1899				
	4	30	11.5362	922.896				
	5	54	16.592	1327.36	5	1	0.351	28.08
合计		249	92.3703	7389.624	合计	1	0.351	28.08
兴隆鄉	3	8	2.8704	229.632	3	11	4.9444	395.552
	4	11	3.5926	287.408	4	4	0.741	59.28
	21	28	12.9630	1037.04	21	6	2.1851	174.808
	23	18	11.4444	915.552				
合计		65	30.8704	2469.632	合计	22	7.8705	629.64
總计		314户	123.2407石	9859.256石	總计	22户	8.2215石	657.72石

璧山专署梁滩河农业生产指导所工作计划 9-1-209（101）

璧山專署梁灘河農業生產指導所工作計劃

本所工作計劃擬定了一個總方針隨時靈活的結合具体情况定出短期的工作計劃依照進行現將本所總方針半月工作計劃（四月份下半月）及在工作進行中幾個基本原則分別如下：

一、本所總方針

遵照上級農業生產指示[illegible][illegible]各地農業經驗生產、根據本區現有農業生產水平，在勞動組織及技術改進上創造經驗指

導全專區從當前農業生產基礎上逐
步的發展農業生產

二、半月工作計劃

（一）建立農業組織

建立農民小組並從而醞釀研究変工互助
勞動組織起來為首要工作與本所計劃方
針的勞動組織問題為逐步工作是當前
（當前勞動組織是農民小組或変工隊）與將
來農業生產上領導推動的基本組織農
業生產的勞動組織與技術改進等一系統難定

68

加強提高

各組在進行這一工作中必須掌握重要性於吸收經驗推動全面

（二）良種繁殖試驗

1、繼續檢查繁殖良種

繼續檢查繁殖的優良稻種和苕種並完全作到插秧栽秧爲止如對保証没查性疑而不顧種的可將規約手續通过農民組織重新中以以堅定信心、和加強他們的責任心

進步之作爲本所本年度壓倒一切的中心以

作、建立農民小組工作擺到首要地位在本年度說都是為了保證這一重大任務尚進行的

2、繁殖小米桐、種定苗圃準備播種。

3、優良品種比較示範試驗

的實農民作的粗放式的及本所自行作的較精細式的都應抓緊時間計劃進行播種

（三）整理渠道爭取放水

梁灘河灌溉渠增水工程正在計劃中工作，適應廣大群眾要求擬爭取於播秋時儘可能作到放水

放水前作好整修疏渠灌溉組織管理

璧山专署梁滩河农业生产指导所工作计划　9-1-209（105）

69

筹準備工作

對當前農業生產情况毫不了解，為了便於計劃進行工作暫定先由繁殖區各保內分别作重點調查（每保先調查幾個甲或一個農民小組）

五、如何解決春耕、春荒、剩餘勞動力、

春耕春荒中的困難及剩餘勞動如何處理，可遵照政府指示，結合具体情况，通過農民組織，作適當解决。

六、約克夏猪与本地猪交配，產生下一代雜

繁殖增產，小春農業生產展覽會的準備都可繼續的注意進行。

七、政策宣傳 上述工作，在現階段遍特造逢農民生產情緒不够高漲的情況下，要結合農業政策，大力展開宣傳教育，特別是減租減佃保佃自由，借貸自由，獎勵勞動等各項政策，要深入的反覆的解釋說明，逢風趁場趕場，最好能作到口頭或文字上的宣傳。

本工作計劃，只舉一細目，詳細內容，當待各組討論制定。

璧山专署梁滩河农业生产指导所工作计划 9-1-209（107）

70

三、在工作進行中幾個基本结合原則

（一）工作進行與調查了解相結合

（二）工作與學習相结合

（三）完成任務與掌握政策相結合

（四）本所工作與本所總務科相结合

（五）每种工作與發動群众相结合

（六）掌握典型與推動全面相结合

（七）使用積極份子與聯繫群众相结合

（八）佈置工作與檢查、督促、總结相结合

（九）科學理論與農民实际相结合

(十)智识份子与工农群众相结合

(十一)本所工作与地方政府相结合

(十二)群众路线与阶级路线相结合

扯草堆集绿肥问题 9-1-227（78）

扯草堆集绿肥问题

我们在三月初，拟用小型贷款方式发动农民扯草堆集绿肥，其动机在于：

一、春天来了，遍地都是青草，扯草堆集绿肥是很容易办到的

二、有些农民在解放前夕，受国民党的反宣传的欺骗，任意浪费宰杀牲口，是多是猪，弄得现在多缺肥料，堆绿肥，可以解决一部份。

三、在乡间有些农家虽感到劳动力的不足，但同时农村中还有许多剩余劳动力无处安置，这些人往日靠短工、挑滑杆、挑煤炭等劳作来维持生活，解放后这些人

扯草堆集绿肥问题　9-1-227（79）

会成廿了他们的生活困此成了问题，我们想在这青黄不接的时间提倡集绿肥为的剩余劳动力暂时想一条办法。

但经我们一方面调查了解一方面在三月廿至廿四日在安隆凤凰两乡共召集了九個保的农民座谈会与及個别了解所得到的是利少害多，不宜举办自然死草源多的地區又另作别论，农民们对此问题告诉我们的意见是这样的。

一、绿草宜于直接撒在田中，犁田时将草翻入泥底易于腐烂

二、除麦杆草外凡柔嫩的草都很適宜。

三、每石田以撒二百斤至四百斤为適宜。

华西实验区水稻良种推广状况表、水稻良种来源及用途表　9-1-254（93）

81—50

水稻良種推廣狀況表

鄉區	品種	原領數量	貸出數量	備考
璧1	中農11	30.0市石	28.3市石	餘數存陳克廷家
璧2	〃	15.0	15.0	手續已清
璧3	〃	75.00	55.05	據報結存15.45市石与原領數不符
璧4.	〃	130.0	67.55.	未貸出數不明處理情形
璧5.	〃	60.0	37.498	未貸出數不明處理情形
璧6	〃	30.0	30.0	以四本谷36市石連同收穫存入錢[illegible]家
巴1	〃	36.0	35.75.	處理情形不明
巴2.	勝利秈	25.6.		35.75

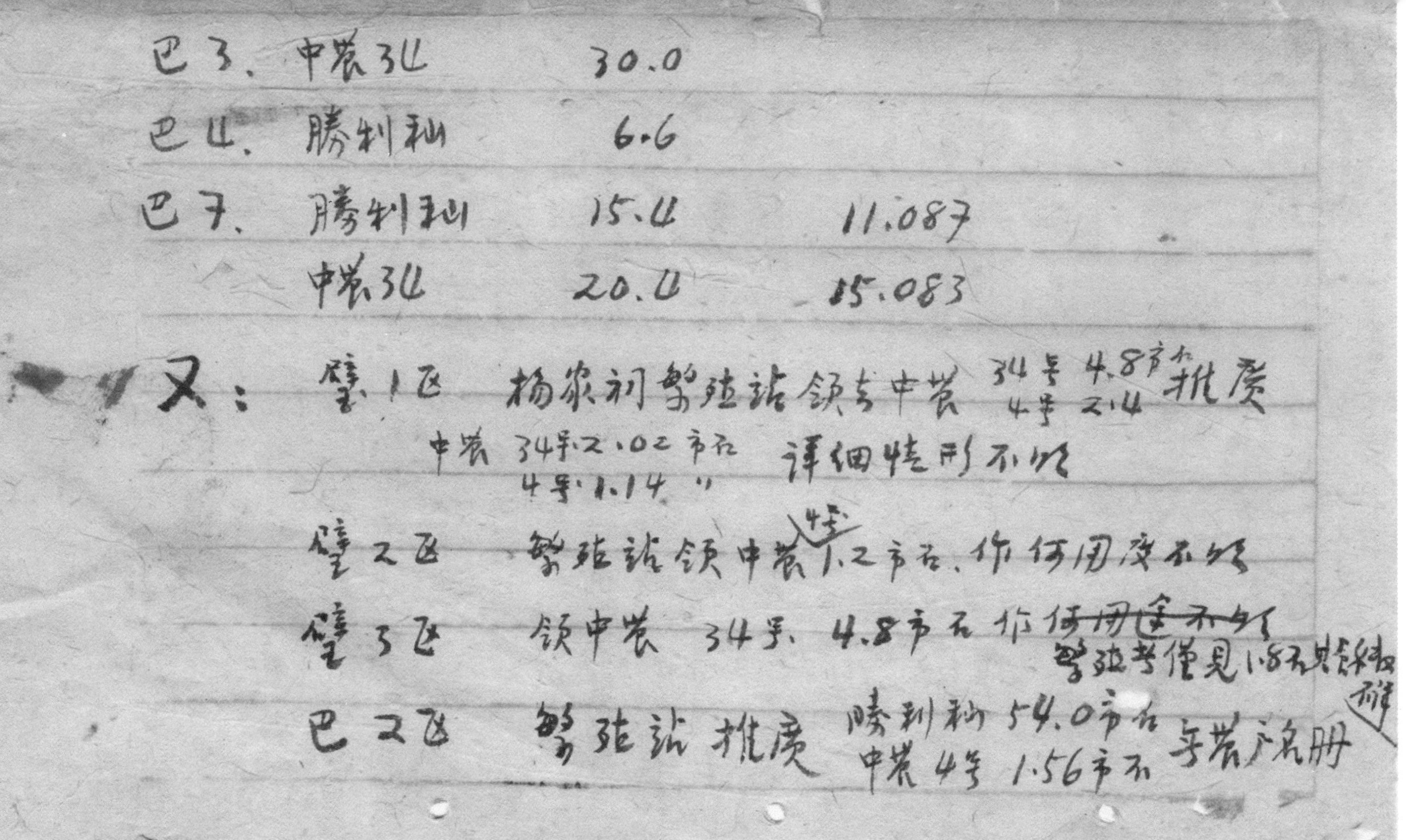

巴3、中农34　30.0

巴4、胜利籼　6.6

巴7、胜利籼　15.4　11.087

中农34　20.4　15.083

又：璧1区　杨家祠繁殖站领去中农34号4.8市石、4号2.4　推广

中农34号2.02市石、4号1.14〃　详细情形不明

璧2区　繁殖站领中农4号1.2市石、作何用途不明

璧3区　领中农34号4.8市石　作~~何用途不明~~　繁殖考察见1.8石

巴2区　繁殖站推广　胜利籼54.0市石、中农4号1.56市石　另有广汉册

华西实验区水稻良种推广状况表、水稻良种来源及用途表　9-1-254（93）

华西实验区水稻良种推广状况表、水稻良种来源及用途表　9-1-254（94）

水稻良种来源及用途表

	中农4	中农34	勝利秈	共计
中农所	73.80	85.16	47.66	206.56
农行	245.85	—	—	245.85
共计	319.65	85.16	47.60	452.41
繁殖	18.00	2.02	1.10	21.12
推广	301.65	83.14	46.50	431.29
共计	319.65	85.16	47.60	452.41

华西实验区水稻良种推广状况表、水稻良种来源及用途表　9-1-254（95）

83

52

璧六区

收购中农四号稻种三十四市斗（老量）

贷出蓉稻叁拾市石

只收回本息三十六市石

共暂封入农家让农家钱洗

储（振风四保五甲水井湾）

余存共四十六石二斗（老量）

华西实验区水稻良种推广状况表、水稻良种来源及用途表 9-1-254（96）

已有报告存村?? 廖?? 忠义?

区名	品种名称	贷出数量	实领数	处理情形
璧1区	中农34号	28.3	30	存陈克迁家
璧2区	中农4号	15	15	已缴销
璧3区	〃	55.05	75.0	结存15.45
璧4区	中农4号	67.27 ?	130.	不明
璧5区	〃	37.498 ?	60	22.602
璧6区	〃	30		
巴1区	〃	36.0（35.75）		
巴2区	中农34号	25.6		
	胜利籼	25.6 ?	据统计胜利籼共54.0市斗 [illegible]	

巴子乡	滕利树	15.4	(11.087)	已有详细报告 来处详情表13号卷
	中农34	20.4 ?	(15.0883)	
补鉴1乡	杨家祠	中农4号	1.140	
	〃	中农34	2.02	
又王先角	收获	中农34号稻	4.11	(13.7老石)

华西实验区水稻良种推广状况表、水稻良种来源及用途表　9-1-254（96）

华西实验区水稻良种推广状况表、水稻良种来源及用途表 9-1-254（97）

水稻（贷出）

辅导区	贷出品种	数量	日期	材料来源
璧4	中农4号	67.27	26/3	已备卡 邹进夫报告（实发130市石）
巴2	胜利籼	.75		王[illegible]等报告
璧2	中农4号	140.		已备卡 陶一琴报告
245.15 璧5	中农4号	60.	已备卡	[illegible]报告[illegible]
巴3	中农34	30		已备卡 胡[illegible]报告
璧6	中农4	30		已备卡 何子[illegible]详册
巴4	胜利籼	6.6		[illegible]
璧1	中农4	28.3		已备卡 傅[illegible]报告

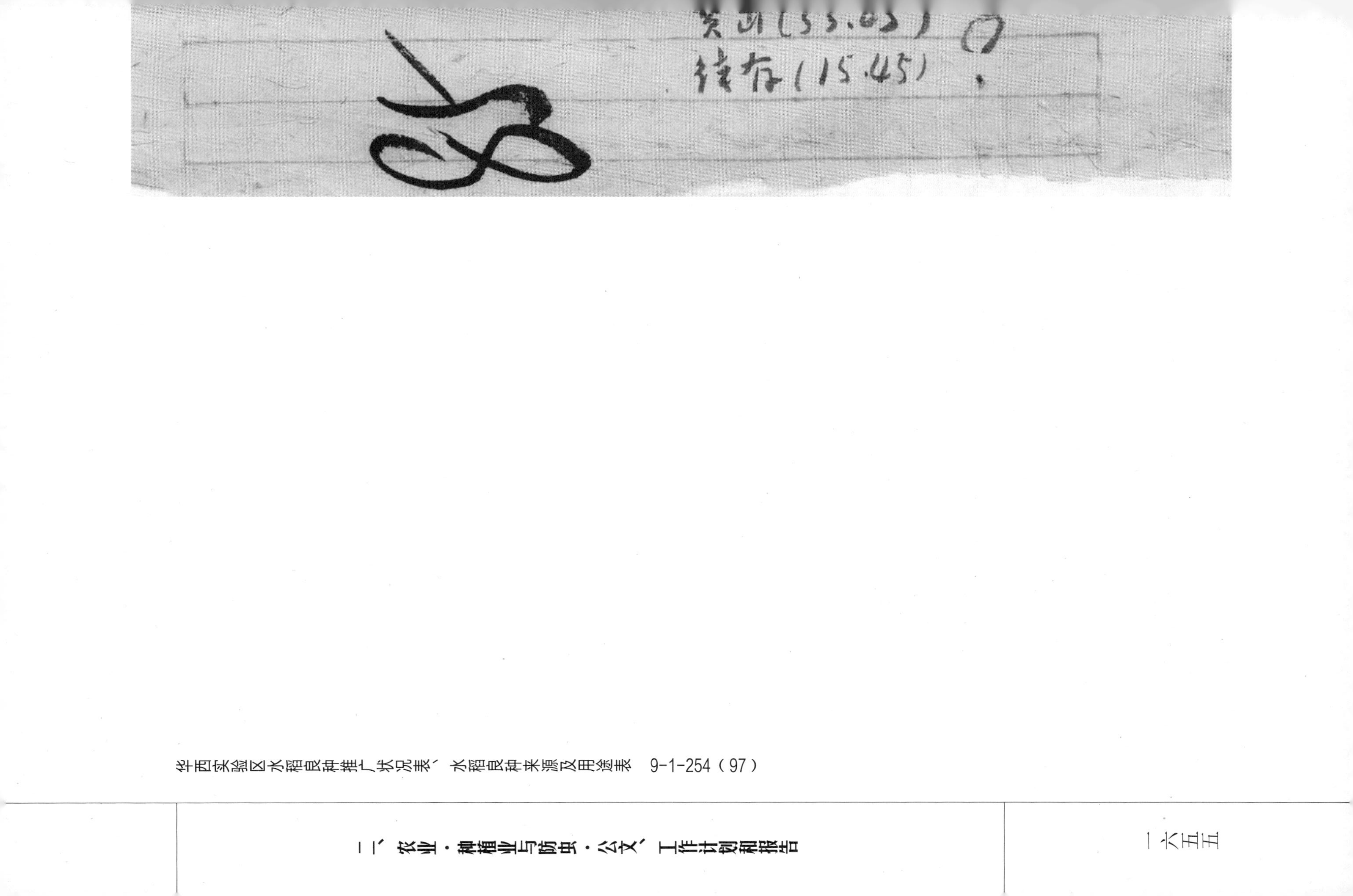

华西实验区水稻良种推广状况表、水稻良种来源及用途表　9-1-254（97）

华西实验区油桐种植情况表 9-1-254（98）

油桐

区域	领种数量	播种量	预计育苗数	材料？
璧4	43.0市石			李士勋
璧6.	8.0市石	[illegible]	发芽率60%	王风道
巴12区	5.1市石			贾学
璧5区		440斤	60000株	该区报告
璧2区	205斤			
璧1区	400斤			该区报告
巴2区	3市担石（340斤）约2斗 约育苗24000株			
璧4区				

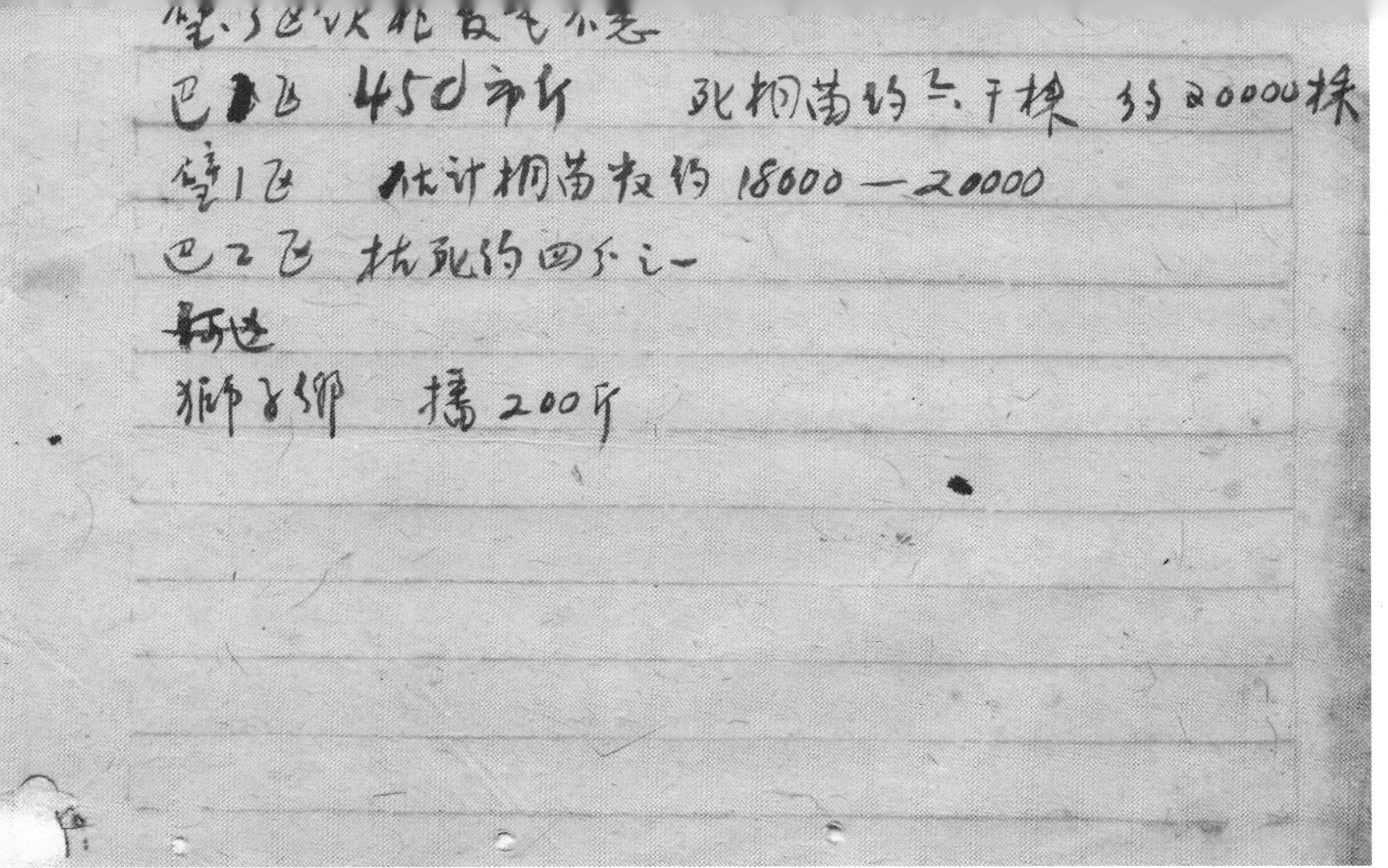

璧山区以北发芽不良

巴■区 450市斤　死桐苗约三千株 约20000株

璧1区 估计桐苗数约18000—20000

巴2区 枯死约四分之一

■达

狮子乡 播200斤

华西实验区油桐种植情况表　9-1-254（98）

华西实验区良种小麦生长情形检查总结报告 9-1-266（99）

56

良種小麥生長情形檢查總結報告

一九四九年本區曾在巴縣璧山銅梁合川江北綦江六縣選擇重點推廣中农廿八號六二號中農四八三號及中大二四一九等四種小麥良種為了明瞭此次良种小麥生長情形俾作準備秋耕的材料和考察去年推廣制度之成效現在今年四月初旬本區曾在巴璧兩縣舉行良種小麥生長情形檢查一部工作已於四月廿日前完成茲將工作所得列述於后：

一、工作經過：

1、工作地域及人員：全部檢查工作歷時半月參加工作者共六十五人經过的地有巴縣的廣都南泉長生百節土主青木歇馬璧山的河边城北獅子來鳳丁家馬坊等十三鄉鎮其餘地方因推廣較為零星及治安關係未能前往

2、工作方式：此次參加檢查工作人員均係農學同志对所推廣良种小麥習性均已熟知但於出發前大家決定在走群众路綫及向農民學習的原則下去工作以求理論与实践一致故在工作方式上是向農民請教傾聽農民意見再經过实地觀察配合已知理論得出初步結論再將全体工作人員結論歸納討論才得出全部的總結。

二、良种小麥生長情形的普遍觀察

华西实验区良种小麦生长情形检查总结报告　9-1-266（100）

二稍有倒伏外（其倒伏性不及本地种麦嚴重）中農二八及四八三都不倒伏
之雜劣程度甚低且多為大麥或本地土種此可能為農民領種後自行
混雜所致。

3、從分蘖力看來中農二八最強中農四八三及六二都較差。

4、就麥穗大小麥粒緊密及分蘖力等各方面來估計產量以中農二八
最高（可較土种高20%—30%）中農六二次之（可較土种高10%—20%）四八三較差
本地土种相近但在璧山城北鄉及巴縣土主鄉亦發現生長特別優良之
八三麥子故為栽培得法此項良种可以增加生產亦可斷言。

5、各种良种小麥之耐肥性均強據此次觀察肥田及沙壤土生長情形
佳良其他較為瘠薄之地生長則較差此种特性尤以中農二八最為顯著

6、成熟期以四八三最早六二次之二八雖較晚但仍與本地麥种成熟期若相

7、中農四八三成熟較早若栽植密較雀害損失甚為嚴重從其生長
情形看來最先出來麥穗尖端萎而不實抑或全穗亦不結實而兩旁分
蘖較晚所出麥穗則無此現象此可能為播种較早先出麥穗（尤其
是尖端）受凍所致。

8、大体上說來農民對良种栽培方法不太熟悉以致影響生長情形
例如中農六二及中農四八三分蘖力較弱播种時每穴應多播數粒而

华西实验区良种小麦生长情形检查总结报告　9-1-266（101）

57

农民本年播种量大部太少致使每株看来生长颇为健旺而使全体估计则产量不会太高又如中农二八亦栽植肥田但多数农民将其植于瘠土结果生长甚劣。

9、农民对良种信仰程度不够强领种后多试种性质据此次检查统计实地播量平均仅领种量百分之七一、五并且在播下后对管理方面亦不注意以至于与我区原估计总收获量之数字颇有出入。

10、农民普遍缺乏肥料对良种小麦施肥均嫌不足

11、少数农民领种后将良种与土种混杂收获时对此等务先去杂否则可能影响良种纯度。

12、目前农民口粮甚为缺乏故收获工作须及时展开否则农民即将早熟种吃完。

三、农民意见

1、各地农民均说真怪洋麦子没得火烟泡（黑穗病）

2、璧山城北乡农民刘清云说洋麦的好处就是不倒今年我栽的本地麦子多淋了一点真完全倒了不知收得到好多哟。

3、巴县歇马场农民陈[illegible]长安说中农四八三中农二八种子细长好编草帽

時也要多出粉——通常一百斤比當地土麥子多磨五到六斤并且麩粉成份好，粉性大（麩筋成份高）你只要取幾粒麥子放在嘴中用口水拌和拿出来就可以扯成細綫。

5 巴縣南泉農民梁清合認為中農二八長得好到好，就是恐怕太吸收土壤肥力，会不会影响明年收成尚是問題（按：土壤如銀行，如施以充足肥料決不会影响肥力，張同志已向其解釋多施肥料或用輪作方法即可避免）

四、總結

就此次生長情形檢查的結果，各种良种以麥生長情形各地各農家都不一致，但是有一共同現象就是种植在適宜的土壤和農民栽培得法的生長情形甚佳，反之种在瘦瘠的土壤和栽培方法不良的生長情形甚劣，本區去年在这些縣份推廣这些良种均為第一次試办，且因時間迫促，故在準備工作及推廣方法等都做得不够充分，以致不能盡臻理想，檢討過去，策勵將来，我们覺得今後推廣工作應注意下列諸点：

1、各項良种有其特殊習性，在推廣前應先調查各地生長環境是否与推廣良种之生活條件相適合，例如中農二八須种在土壤肥沃的地方，中農四八三須种在水田中，農六二宜在農民以編製草帽為副業的地區等。

华西实验区良种小麦生长情形检查总结报告　9-1-266（103）

58

二、推广之先应先进行教育与说服工作，将推广良种之优点特性栽培方法及推广办法等详细向农民小组评议确实后方能发种，于播种时期应实去检查实地播种情况，以免种子浪费及影响繁殖推广计划。

三、中农三二及中农四八三分蘖力弱，应告诉农民播种量宜稍多，中农四八三尤应采取集中推广方式，免受鸟害损失。

四、推广应求农民自愿，不能强迫或命令。

五、推广时应注意良种间种子混杂，推广后须注意农民将良种与土种混杂。

六、推广固应注意良种之生长环境是否与其生活条件适合而栽种，对栽培技术之管理，如中耕除草施肥等亦均须注意随时指导，以免因生活环境变坏使良种退化变为劣种。

七、推广后应注意良种生长情形与土种比较并随时加以记录，以为以后推广之参考。

华西实验区作物病虫害防治计划之一：调查计划（一九四九年三月十五日） 9-1-137（125）

66 100

農 三廿六
字

華西實驗區作物病蟲害防治計劃之一：調查計劃

三十八年三月十五日擬

本區所屬五縣一局地臨兩江土地肥沃物產豐饒然而每年因病蟲為害所遭之損失甚鉅本區當局有鑑於此為救濟農村增加生產主持病蟲害防治工作實造福人群不淺然本區幅圓甚廣作物種類亦多又因限於人力財力勢有分區分別調查而予防治之必要在各種作物中有稻麥柑橘雜糧菸草蔬菜廿其中病蟲為害最烈且往往直接影響農民生活市場需要者莫過於蔬菜而蔬菜產區以兩江沿岸為主故本區病蟲害方面工作目前暫以兩江沿岸之蔬菜為主然後及其他地區

华西实验区作物病虫害防治计划之一：调查计划（一九四九年三月十五日） 9-1-137（127）

及其他作物

一、調查目標：以此為以後防治工作之依準

甲、兩江沿岸作物之種類及病蟲為害情形

乙、兩江沿岸各種作物種植面積之估計

二、調查日程：分為長江流域及嘉陵江流域

甲、長江流域：包江北江津巴縣三縣，以交通工具之便於利用故宜先溯江上至白沙再順流而下

第一日：由渝搭船到白沙

第二日：調查白沙附近

第三日、調查白沙上游之石门附近

华西实验区作物病虫害防治计划之一：调查计划（一九四九年三月十五日） 9-1-137（128）

101

第四日、調查白沙下游之金剛沱、油溪一帶
第五日、江津縣治附近一帶
第六日、銅鑵驛、江口一帶
第七日、魚洞溪、李家沱一帶
第八日、返重慶
第九日、由渝至江北之洛磧
第十日、洛磧、廣陽壩一帶
第十一日、返渝
L、嘉陵江沿岸：包括合川江北北碚及巴縣
第一日、去合川

华西实验区作物病虫害防治计划之一：调查计划（一九四九年三月十五日） 9-1-137（129）

第二日．合川附近－渠河流域

第三日．合川附近－嘉陵江流域

第四日．合川附近－涪江流域

第五日 北碚

第六日 澄江镇及黄角樹

第七日 悦来場附近

第八日 磁器口附近

第九日 重慶市郊

第十日 返蓉

华西实验区作物病虫害防治计划之一：调查计划（一九四九年三月十五日）　9-1-137（130）

102

三、調查經費、

甲、旅費：包括膳宿費、平均每日約四千元，全程共計二十日，共需八萬元、

乙、用具：記錄文具，約二千元

丙、其他雜用：一萬八千元

以上共計十萬元，实报实銷

四、調查人數：二人，分別調查巴縣及嘉陵區兩線

五、附記：本計劃中未將璧山及沿公路地區列入，乃係因為上述地區共區本部最近平日之調查可茲參考，故於日後實施防治工作時一併列入

76

璧山专署梁滩河农业生产指导所一九五〇年收购南瑞苕工作总结

一、工作布置

（一）工作开始。奉专署建字第三六六号通知，分配我所收购南瑞苕三〇〇〇〇市斤，我所召开农会议决定该县各保领种数量之比例，分配到凤凰乡一保五〇〇〇斤，二保四〇〇〇斤，三保六〇〇〇斤，四保七〇〇〇斤，五保八〇〇〇斤，分别向各保登记认购户。登记认购户的标准：1.中农以下的苕农户为原则，除自留种与食用外，有多的可供收购者。2.要栽在排水良好的土内者，排水好，苕的水份少，好藏，不易腐烂。如不愿意储藏，亦可于挖苕时收购者。

（二）决定苕价。十月廿七日邀约区指导员及乡农会长与各保农协会主任及约定之认购户在乡公所举行联席会议，经讨论决定并得各认购户之同意，每百斤苕价为二〇米五市斤，较本地苕价高25%，由乡农协主任商议，又加上储藏及损耗率一五斤米，共计购一〇〇斤苕价共三〇斤九二米。经分报　专署核准照购。

（三）认售户提出的问题及解决办法：在议价格的会议上，多数认售户提出每亩水分大，苕不易储藏，如有腐烂不负赔偿责任，并要求每年一次发清价款（九二米）。当经决定两项办法请示　专署。经允许领认购户联系，使认售户承认收购数，老数交并九三〇斤照所收苕数多送户于不适当农协会进行登记并鼓励其储藏，明年照量价提高收购。结果答应照大一致执行。

璧山专署梁滩河农业生产指导所一九五〇年收购南瑞苕工作总结　9-1-188（103）

户為各董事、农協主任也加簽蓋負保証之責，即發票後至看本處[illegible]就照付[illegible]

我所工作同志仰分别指導各認售户，早日在晴天將苕挖起風乾，擇無傷口及破皮的苕貯藏，貯藏方法，依各認售户習慣，以保證其貯藏數量質量，達到認售數量，以備稍輕及霉爛而不影响收購數量。

三、收購數量及公粮收支統計

共收購三一〇〇市斤，共有認售户廿五户。最多的認售四〇〇斤，最少的五〇斤。未超過收購任務一〇〇斤。以今秋雨水多，雨天挖的苕不易儲藏，而警穆户亦不敢大量認售，預將來交不足數，賠不出食米來。

我所承領　專署此項收購所收公粮共九二米（六七四　斤，付苕三一〇〇市斤。室繳付公米（九二米）九三〇　斤占積米一〇二斤六兩，本旅雜費未開支。

四、農民反映

南瑞苕今年挖起風乾貯藏的結果一般的都很好，每畝產量在三三〇〇市斤左右，農民們的反映是：

⑴收成好，每窖每窝都有[illegible]到十二、三个，有每个苕都有中等大小，苕也多，普通比本地苕多收一半。

⑵藤蔓粗壯茂盛，遮蓋土面，緊厚使土内水份蒸發減少，雜草少。

璧山专署梁滩河农业生产指导所一九五〇年收购南瑞苕工作总结 9-1-188（105）

77

3、藤蔓肥嫩，产量高，比本地苕藤约多一倍，若增加饲料，同时猪也喜欢吃。
4、藤子短，好翻藤，省人工。
5、苕带瞻（俗呼苕鼻子）挖时手一掰即断，省去扯苕鼻子的人工。
6、成熟早，应早栽，过迟产量低。
7、含水份少，易贮藏，吃了较本地苕经饿。
8、薯质味甜而香，色如鸭蛋黄，留吃二顿，味仍甜美，较同本地苕不易变坏。
9、生吃质淡而硬，不好吃，减少小孩浪费并可减少小孩因吃生苕而引起疾病。
10、没有藤就是最小的根根（指小苕）也可供人吃。
11、藤子长得慢，下种要早，在藤长一尺左右时应当下来栽。
12、最宜肥土或排水良好之土，栽在上等土内，不宜多施肥，并宜多加排水沟。
13、苕在土内窜得远，易挖破，挖时应小心。

五、意见

（一）根据今年大量繁殖的结果，证明南瑞苕确较本地苕增产，应大力推广以求普遍。
（二）此苕的缺点是下种成苕藤生长慢，补救的办法：

會滲土，然後放苕，蓋上泥土，再蓋上稻草，集叢醱酵，增加温度，稻草作肥，使苕發得快，以後可多施肥，并澆水。第二，用水田面上所生的浮萍打窩，蓋上土，然放苕，再蓋上泥稻草，浮萍含水份，可供給發芽時所需之水份，并要隨時澆水，使浮萍腐爛發酵，增加土温及地力。

(三)農友們對於不翻藤不會减少苕的產量的說法，不很相信，我們擬於明年親自掌握幾個農家作此試驗，以資證明，并可破除舊之說法。

(四)同時本　專署通知換种三〇〇〇市斤，也是同時布置的，經動員內熟此种苕向有南瑞苕的人換种，其他大個係無此种苕者集倂登記向有苕者換种，但一般農民均等待於明春播种時才換种，同時以今年雨水多，苕易壞，不願預先換种，意以緩衝秋播，無暇及此，秋播过了而苕又下窖，不能啟窖，我所準備在下月將已經換种的姓名數量統計起來，并再加督導其進行，以期能達成任務。

万县专署农业生产指导所关于南瑞苕订购、辅导换种、农民栽培经验的总结（一九五〇年十一月） 9-1-188(111)

81

萬縣專署農業生產指導所南瑞苕訂購、輔導換種、農民栽培經驗總結 一九五〇年十一月 日

甲、訂購

一、調查登記　我所接受了萬縣專署今年訂購南瑞苕五千市斤的任務後，在苕种未挖掘出土前，先作初步了解并利用集會廣為宣傳（今年雨水過多，苕類生長不佳，一般農家不能預計產量，待實際收穫後始作訂購登記

二、農民對訂購辦法的反映　我所在訂購登記時，向農民傳達政府訂購辦法，即將收穫時市價則加儲藏損耗費，并可先行支付價款百分之五十至六十，惟因今年雨水過多，故農民對儲藏多有顧慮，不敢一次訂購，數字 [illegible]

万县专署农业生产指导所关于南瑞苕订购、辅导换种、农民栽培经验的总结（一九五〇年十一月） 9-1-188（112）

市價經常相差甚巨（故同意於明春出售時按實有苕數照市
價支取

三、訂購前之準備　先將農[illegible]訂購辦法之意
見向專署反映，取得領導上的許可，再草擬訂購合約，布置開會

四、開會訂約　一、與農協會結合召開訂購座談會，
除栽培經驗於下文另敘外，將訂購辦法提出討論，到會農民（故同
意今年好々保藏，隨時檢查，於明春出售時照市價支取，若有需
款的農戶也可多支訂金，但須把訂金比照現在市價折合南瑞
苕，此項南瑞苕明年不另付價，辦法確定後當場訂立合約共
訂購五〇六三市斤（附訂購登記表）

万县专署农业生产指导所关于南瑞苕订购、辅导换种、农民栽培经验的总结（一九五〇年十一月） 9-1-188（113）

82

丙、公糧及繳費　農民只訂了合約，没有支配訂金，也没有其他開支，所以訂購南瑞苕今年没有動用公糧和繳費

乙、輔導換種

一、宣傳教育　利用集會及個别訪問，將南瑞苕之優點，隨時宣傳，并介紹未種南瑞苕農民與已種南瑞苕農户訪談，以加強其信心，鼓勵已種南瑞苕農民，盡量將該苕作合留種，少作食用，預與未種南瑞苕農民

二、換種登記　農民已對南瑞苕具有信心，紛紛自行換種，惟今年產量不多，供不應求，要準備換種數量、一

農民因苕種已入窖封藏，只得等待明年[illegible]

万县专署农业生产指导所关于南瑞苕订购、辅导换种、农民栽培经验的总结（一九五〇年十一月） 9-1-188（114）

三、换苕种催（三二〇市斤）（[illegible]）

丙、总结栽培经验

在十一月三十日召开订购南瑞苕种座谈会，到会栽种苕农二十三人，包括了五保乡第二保所有栽种南瑞苕农民。这个会分为两部份，一部份是总结栽培经验，一部份是讨论订购办法。先由农协会主任宣布开会意义，再由我所人员说明了解意义，征求他们的栽培经验，以作明年在栽培方法上有所改进。农民们以提出他们的意见，都有[illegible]的感用并积极推出杨超、张德祥、冯春荣、熊连才等九人发言，一致认为南瑞苕是适宜在此地栽种的一个良种，并认为个别农户[illegible]

万县专署农业生产指导所关于南瑞苕订购、辅导换种、农民栽培经验的总结（一九五〇年十一月）　9-1-188（115）

83

加速普及，对栽种经验他们获了很多后，派我所人员加以总结，其内容如左：

一、育苗移栽　三月中旬下种育苗，种量（田）比平地湖南广东苕须多30%至40%，其育苗方法与平地种同，下种后苗长四至八寸时，趁阴雨天气用剪刀由下开始移栽，分均约八寸左，采苗移栽（次每次采苗后须立即施用速效的肥料，以促其再生（每年可栽四至五次），

二、土坎肥料　宜取黏性倒坎土，或砂质坎土，如黏性[illegible]
[illegible]肥倒土（如菜园土）则枝叶茂，苕叶、结苕成细长，倒粗根[illegible]
[illegible]此须[illegible]轮栽，施用肥料以草木灰、粪[illegible]

万县专署农业生产指导所关于南瑞苕订购、辅导换种、农民栽培经验的总结（一九五〇年十一月） 9-1-188（116）

以火灰施最好

三、選種　收穫前於移植地内选其生長健壯無病虫害的用竹籤作出标記號收後再選重達四五兩長形色澤好的作種

四、收穫與貯藏　收穫期在十一月上中旬經風乾水氣後開始貯藏時間在霜降節前越過此節即易於腐爛、貯藏法、一地窖、二、在房屋向陽無潮濕角落處地面鋪稻草或谷殼用堆上蓋种然後以稻草或谷殼圍塗牛糞二三寸厚封好

五、优点　苗壯、鬚根多、較本地种耗旱力強產量高每次無畸多畸少現象含糖分多纖維少味好食後無餓等大

万县专署农业生产指导所关于南瑞苕订购、辅导换种、农民栽培经验的总结（一九五〇年十一月）　9-1-188（117）

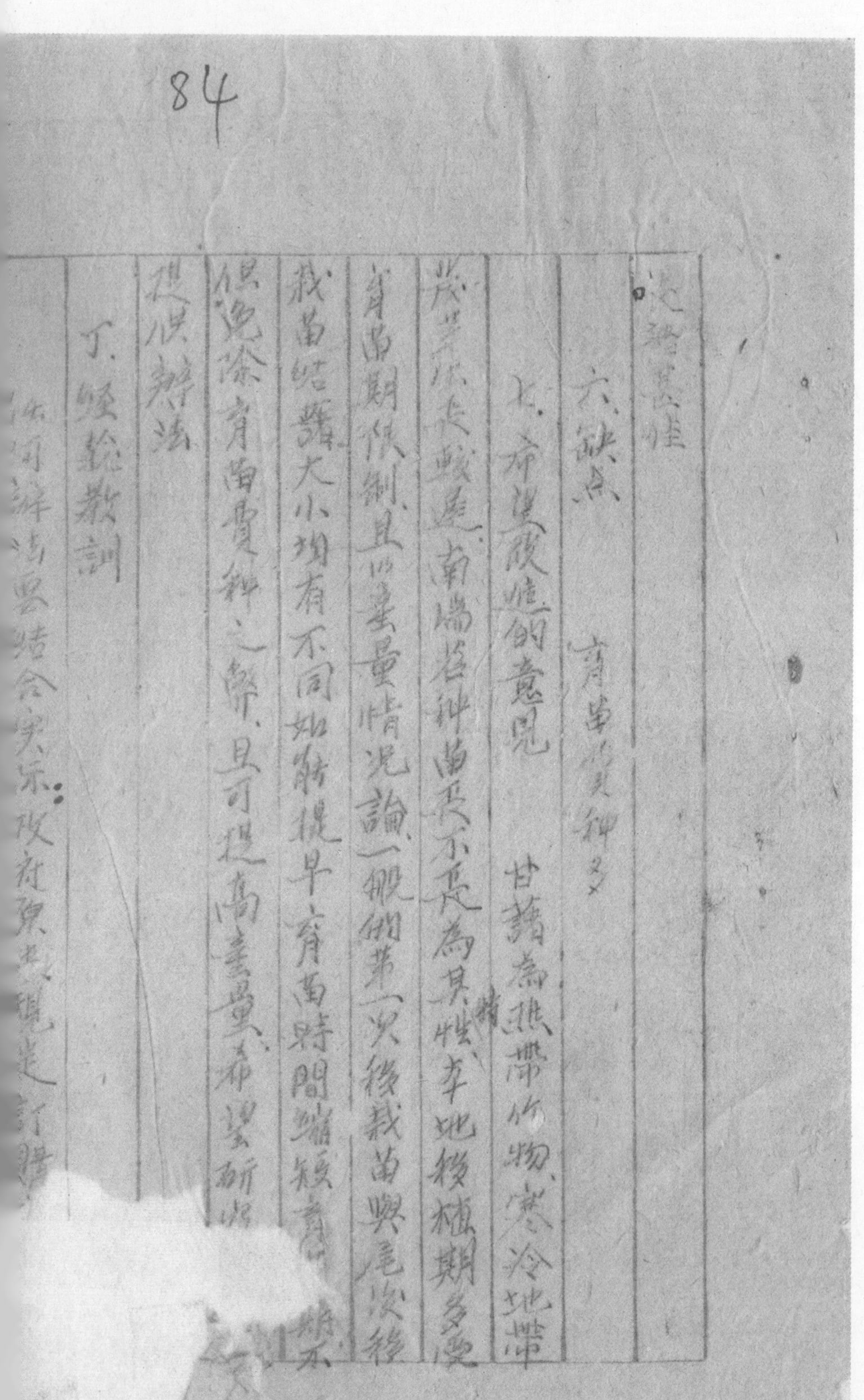

84

[illegible]驗結果佳

六、缺点　育苗[illegible]种多

乙、今後改進的意見　甘薯為熱帶作物，寒冷地帶

發芽生長較遲，南瑞苕种苗更不足為其特性，本地移植期多遲

育苗期很制，且以產量情況論，一般俱第一次移栽苗與晚後移

栽苗結薯大小均有不同，如能提早育苗時間縮短育[illegible]

俱免除育苗費种之弊，且可提高產量，希望新法[illegible]

提供辦法

丁、經驗教訓

如何辦法要結合實際，政府須要規定計劃[illegible]

万县专署农业生产指导所关于南瑞苕订购、辅导换种、农民栽培经验的总结（一九五〇年十一月） 9-1-188（118）

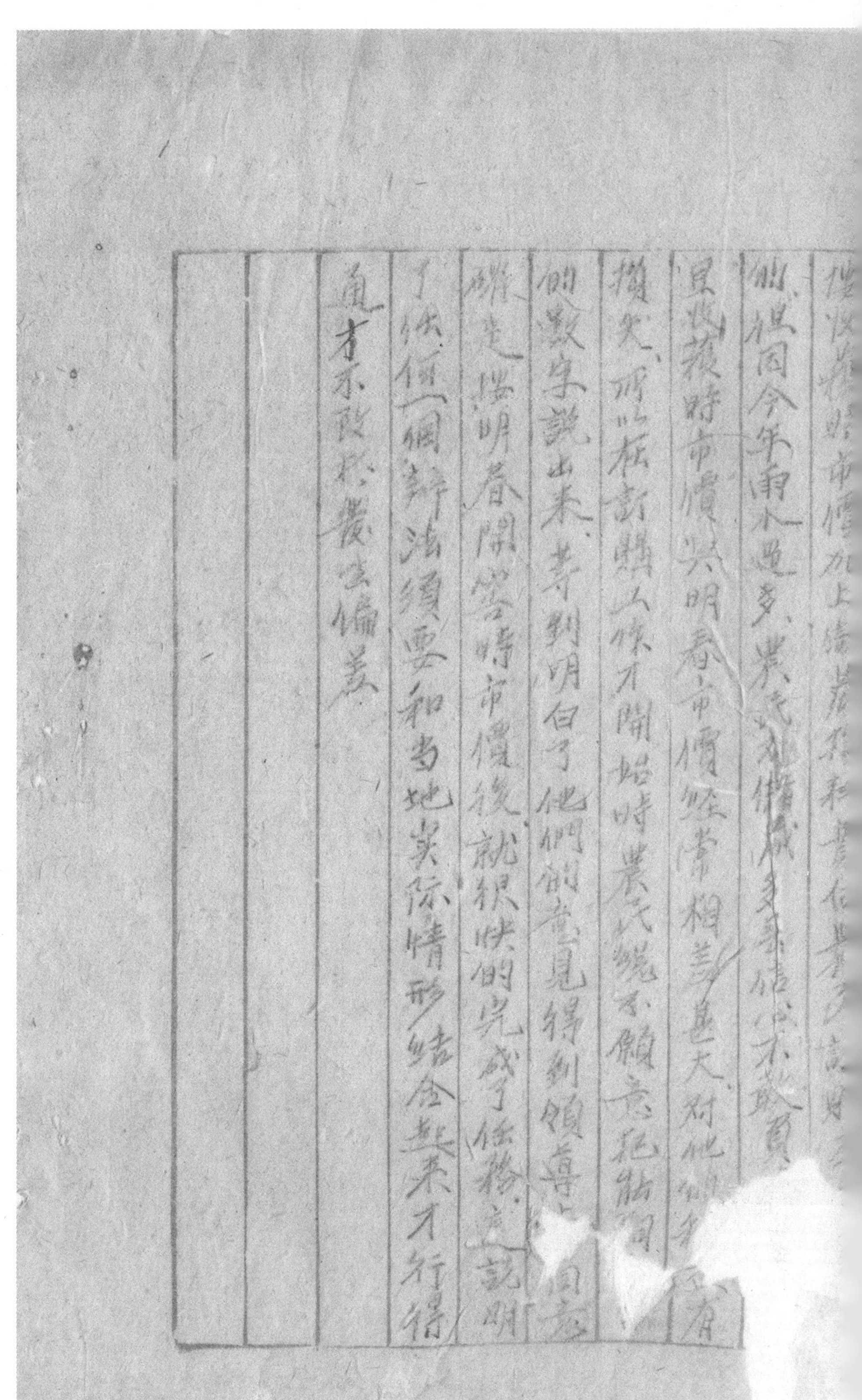

性收獲時市價加上[illegible]

他們說同今年雨水過多，農民[illegible]

且收獲時市價與明春市價經常相差甚大，對他們[illegible]有

損失，所以在該縣人民才開始時農民總不願意栽插，[illegible]因為

他們數字說出來，等到明白了他們的意見得到領導上[illegible]

確定，說明春開營時市價後就很快的完成了任務。這說明

了任何一個新法須要和當地實際情形結合起來才行，借

鑑才不致於農造偏差。

一九四九年自原中农所收购稻种推广情况 9-1-188（150）

一九四九年自原中农所购种推广情况

（一）总数 205.56 市石

贷出折耗 0.68 市石

一九四九年自原中农所收购稻种推广情况　9-1-188（151）

106

(1)璧[illegible]区、[illegible]乡[illegible]市石已收[illegible]市石[illegible]

息2.166市石，未收之0.2[illegible]市石。

徐伟失经手收回本息1.017市石，未收回本息

2.156市石，其情况如下。

㈠王德伟经手收回本息0.548市石，应责其缴回。

㈡农民柯水清本息0.407市石，裹谷良0.495市石

一柯光辉0.2市石，裹荣光0.495市石。

㈢未赁0.2市石由谭光中　王德伟负责。

㈣稻谷种6市石六十息0.72市石[illegible]一计息由

一陶[illegible]收回本息0.72市石存稻谷种[illegible]

璧山四宝斋文具印刷纸号印制

(2)璧二區 11.72 本息11.72市石，經王廷杰收回
本息11.72市石交大興鄉揚國芳保存
(3)璧三區 9.00市石 本息9.9市石 貸出龍友三、
龍云云 0.175市石因數收倍償 鼠耗3.37市石核銷
未貸出5.455市石因損失核銷
(4)璧六區 3.0市石 共本息3.6市石（加二息）李棚
經手收回本息3.30市石（加二息）未收回仍以辞本
息3.0市石 董青經手應負責追繳
(5)巴一區 3.8市石 已貸3.72市石 本息8.52市石 貸[illegible]
拆耗0.08市石 已收回1.009市石 前輔導員[illegible]

一九四九年自原中农所收购稻种推广情况 9-1-188（147）（149）

一九四九年自原中农所收购稻种推广情况　9-1-188（148）

104

(6) 巴二区：50.76 市石，本息 55.836 市石，据区长主任

王秀南报告以借种户大李良康告借出不

收回，催销。

(7) 巴三区：

(8) 巴七区：35.5 市石，本息 39.38 市石，由前辅导员

(9) 巴四区：6.6 市石，本息 7.26 市石，由前辅导员

一九五〇年三月底前繁殖与推广优良品种苗木工作总结的报告（一九五〇年四月四日） 9-1-227（33）

19

一九五〇年三月底前繁殖與推廣優良品種苗木工作總結的報告

（一九五〇年四月四日[illegible]編）

一、具体的任務

今年二月下旬，川東行署召開的農業會議中，有典型的農業建設試驗的設計，藉以創造典型，吸收經驗，而為將來指導全體的依據，經川東行署指示，以璧山專區為重点，迅速佈置工作，由平教會華西實驗區（以下簡稱本區）派定人員參加；同時為了川東區各縣明年大量度優良品種的準備，特在本區去年備存優良品種數量的條件下，責成本區在各專署領導下，劃定地區內，完成下表所列優良品種的繁殖任務：

繁殖种類：璧山東區 涪陵萬縣大竹各專區

一、優良稻種 二〇,〇〇〇市石 各繁殖一二〇—四〇〇市畝

桐苗 一,〇〇〇,〇〇〇株 五〇,〇〇〇—一〇〇,〇〇〇株

南瑞苕 五〇〇,〇〇〇市斤 各繁殖五〇—一〇〇市畝

甜橙苗 二〇,〇〇〇株 各

上述工作除甜橙苗外，其餘均須馬上動手，兼之本區已經育成之小米桐樹苗約二十五萬株，也須及時推廣移植。本區接奉川東行署指示後，於三月二日迅速召開了同仁座談會，三天內派定了工作人員並做好了品種調配集運等準備事宜，自三月四日起各區工作次第開始。

一九五〇年三月底前繁殖与推广优良品种苗木工作总结的报告（一九五〇年四月四日） 9-1-227（35）

70

二、工作地點與工作人選

工作地區，以璧山專區為重點，其他專區暫設一處，並遵照川東行署的指示，與各專區洽商確定，目前劃定的地點計：

璧山專區兩處：

璧山獅家祠區——包括璧山城北鄉的六、七、八三個保。

巴縣界滩河區——包括巴縣鳳凰鄉的一、二、三、四、五五個保，及興隆場的三、四、廿二、廿三四個保

涪陵專區一處：選定涪陵縣存塘鄉的二、十三、十四三個保為工作區

萬縣專區一處：選定萬縣沙河子附近為工作區

大竹專區一處：選定大竹城南鄉十六保為工作區

一九五〇年三月底前繁殖与推广优良品种苗木工作总结的报告（一九五〇年四月四日） 9-1-227（36）

這種由担農建試驗的工作区不僅在推廣繁殖優良品種，且涉及生產組織與宣傳教育等工作，所以從派各工作區的人選，包括有農業技術、合作指導、社会教育等人員，以便產生綜合的功效。目前派往各工作區的人數計：璧山楊家祠区十人，巴縣梁滩河区十人（西南鄉建学院農學系四年級同學十六人參加实習），涪陵區六人，萬縣区四人，大竹區四人。（名單見附表(二)）

每一工作区均由專署派人領導，璧山專署兩工作區且正式組設為農業生產指導所，璧山專署派專人主持，負責任職務（如璧山專署梁滩河農業生產指導所主任係璧山專署實業科刘明方同志担任）涪陵則以專署農業工作組名義領導工作。

一九五〇年三月底前繁殖与推广优良品种苗木工作总结的报告（一九五〇年四月四日） 9-1-227（37）

21

三、三月底以前優良品種繁殖與推廣數量之統計

（一）水稻：去年本區在巴縣、璧山兩地推廣之優良水稻品種，計有中農四號、中農卅四號、勝利秈三種，收獲後收回貸種及增購稻種共計三七五、六市石，除一部份就地推廣外，餘二八九、一六市石悉數配發各工作區，分發數量見附表。截止三月底止已全部貸放，單璧山專區兩處推廣貸放數額，即已超過二百市石，刻正進行檢查播種情形，如能全部播栽，照常年收穫量估計，即可完成繁殖水稻良種一萬市石的任務。

（二）中米桐、

推廣部份：本區去年在璧山六個區及巴縣一、二兩區培育中米桐樹苗約六十五萬株，除璧三、四、五、六區採就地推廣方式已全部移植外，璧山一區、

一九五〇年三月底前繁殖与推广优良品种苗木工作总结的报告（一九五〇年四月四日）　9-1-227（38）

内育成之桐苗則集中楊家祠推廣，一三八五五株，巴縣則集中於梁灘河推廣，計二三九六五株，楊家祠區推廣移植較早，經實地考查，其成活率在七成以上，梁灘河推廣時期稍晚，成活率較低。

繁殖部份：小米桐樹苗繁殖方法，係在工作區內租地包種方式，刻已配發璧山县十区楊家祠及梁灘河兩处共計桐种五五九〇市斤，楊家祠現租妥土地十三处，已正式定了合同，梁灘河區也在進行租地中，估計可達成八十萬株桐苗培育任務，並後已准備五十多萬株之桐籽，苗圃設法後未渡，合計本年約可達成一百三十萬株的任務。

（三）南瑞苕：現各工作區共發配南瑞苕九〇四九市斤，此种優良苕种，本区去年推廣結果，確較普通品種產量高，據農民反映極佳，

一九五〇年三月底前繁殖与推广优良品种苗木工作总结的报告（一九五〇年四月四日） 9-1-227（39）

故推廣繁殖工作進行也較順利。依目前已配發各工作區南瑞苕種數量，及上年度推廣地區農民自行採種，再以大竹專署工作區並求農民已行引种南瑞苕，以此估計可達成繁殖一百萬斤的任務，以供明年推廣。

（四）三月底前各工作區優良水稻、桐苗、苕种貸種繁殖數量統計表：

貸种繁殖區域		水稻（市石）勝利秈	中農四號	中農卅四號	小米桐籽（市斤）	南瑞苕（市斤）	備註
璧山專區	楊家祠	一〇·八九	七九·六八	二·五四	二六八九	三三三六	
	梁灘河	三五·四九	一五三·五四	八·三六	二九〇一	四一〇四	
大竹專區		三·〇〇	六·〇〇	三·〇〇	無	一八〇	
涪陵專區		三·〇〇	五·〇〇	五·〇〇	正準備中	七五九	[illegible]
萬縣專區		三·〇〇	五·〇〇	三·〇〇	正準備中	六七〇	[illegible]

一九五〇年三月底前繁殖与推广优良品种苗木工作总结的报告（一九五〇年四月四日） 9-1-227（40）

四、工作進行之原則、方式與情况

(一)工作進行的基本原則

1.即推廣即繁殖—將优良品种貸放給農戶，藉以保持一九四九年生產水平並爭取提高一步，秋收後繳還並購入純种作來年大生產推廣用。

2.即工作即了解—在工作進行了解，藉以創造典型，吸收經驗，並作指導全盤的準備。

3.在掌握政策中完成任務—在中央人民政府新區一九五〇年春耕生產的指導下，掌握發動群众，提倡変工互助，做好春耕生產，完成

一九五〇年三月底前繁殖与推广优良品种苗木工作总结的报告（一九五〇年四月四日） 9-1-227（41）

繁殖優良品种準備來年大生産的具体任务，

4、在完成任務中創造典型——在完成任务的目标中搞通思想、解决問題，創造來年大生產之典型範例。

（二）工作進行的重要方式

1、突击方式——抓緊工作重点與要点，採突击方式進行工作

2、群众路線——動員積極份子起帶头作用，務使形成群众的春耕生產運動。

（三）工作進行的步驟與情況

1、宣傳教育——重点為政府農業生産的政策的解釋與繁殖优良品种的意義與优良品种的介绍。為使農民能自願繁殖良种起見

一九五〇年三月底前繁殖与推广优良品种苗木工作总结的报告（一九五〇年四月四日）　9-1-227（42）

各工作區都召開了群众大會，蘭山楊家祠工作區於三月四日召開群众大會後，廣召本村保甲長及合作社理監事座談会，巳縣梁灘河工作區除於凤凰場場期本村街头宣傳外，又分鄉分保召農民座談會，會後並分工作個別宣傳，其他各工作區的宣傳教育工作，尚未得到詳細報告。宣傳教育的另一作用，在粉碎特務匪徒的謠言，使农民怕種籽不好，怕利息重（如梁灘河區特务造謠说借一斗要还兩斗或二石），又怕秋後收購作價低吃虧及嫌麻煩等顧慮心理，終於在农民對政府政策的瞭解，以及本區去年貸放种籽经过与增產情形的事实基礎上，把农民的生產情緒安定下去，在三月底以前全部完成了貸放工作。

一九五〇年三月底前繁殖与推广优良品种苗木工作总结的报告（一九五〇年四月四日） 9-1-227（43）

2. 勘查登記｜今年貸放优良品种，目的在繁殖備来年大量推廣，用。農民初不瞭解，若干地方有提出普貸之过分要求，經勘查時解釋後才明白貸放所以選擇田土的原因。勘查時須要工作人員親自去到看到。璧山楊家祠工作区曾由各保推出五人办理調查，登記事項結果還是工作人員親臨協助，才調查完畢。事後审查並發現所報與實際不符情形。

3. 協議繁殖或推廣公約分發種籽｜各工作区調查後即與農户協議繁殖公約。巴縣[illegible]河區在協議繁殖公約後，才發動農民自願登記，隨即發放種籽，三月廿八日即告完成。璧山楊家祠工作區放推廣油桐苗完畢時，即發動農民議定護桐公約，三月廿七日起，分保分甲縣行生產小組會完成貸種公約的協議，其他各工作區貸放种籽也都要協議繁殖公約同時進行。

4.督促檢查：為了保證秋收後优良稻种繁殖数量，預防不种，少种或借为口糧情形，种籽貸放後即進行督促與檢查，做到全泡全播。檢查發現之偏向立即說服糾正。楊家橋工作區發現多报領种，當即糾正。梁灘河工作發現繁殖水田係冷浸田，不宜优良稻种繁殖，即另行勘查補救。這都證明督促檢查是工作進行的最重要環節。其他各工作區貸放較晚，督促檢查工作正進行中。

五、問題的遭遇與問題的解决

在工作進行期中，曾遭遇到不少問題，但多相對地解决，得到解决或

一九五〇年三月底前繁殖与推广优良品种苗木工作总结的报告（一九五〇年四月四日） 9-1-227（45）

25

正設法解決中。

（一）肥料缺乏問題——各工作區據農民反映，因解放前被特務及國民黨反匪特的欺騙宣傳，被殺猪宰牲畜，致春耕肥料極感缺乏。梁灘河工作區曾想用割青草作綠肥办法，部份地解決肥料问題，但於調查研究後，因荒山少，割草踐踏田禾等客观條件的限制，不能舉办。目前補救办法，擬貸放本區現存重庆骨粉厰骨粉三萬斤，惟因該廠移交後物資封存，現請專署証明移洽起運，尚無結果，暫以璧山專署工作區集中貸放。此外並購妥油餅十万斤，分別貸放。

（二）保證產量及回繳收購问題——農民對配貸繁殖之优良水稻種籽，對收成產量缺乏信仰，各工作區都在登記貸放時或繁殖公約上保證

一九五〇年三月底前繁殖与推广优良品种苗木工作总结的报告（一九五〇年四月四日） 9-1-227（46）

培育良种之损失赔偿办法，如所繁殖之良种，秋收时要农民用自己的种籽收获量减少，负责赔偿。此项办法，使农民乐于繁殖，对于选种办法也反复向农民解释，至秋收后除留种外，各工作区机构，有收购权利照市价收购，不使农民吃亏，道此，疑虑问题的说服解答，都大大地帮助了贷放繁殖工作的推行。

（三）推广小米桐苗的地权问题——农民已知政府将来要实行土改，地权谁属尚不可知，故多不乐意接受，虽依劝栽种，并经对中央土地政策作解释，自耕农及贫佃农之耕地地权，不会有大变更，以加强其「自栽自收」的信心，但收效不大。若干不明是非的地主且出面阻挠，如巴县梁河区凤凰乡一保地主陈永福即曾将佃户领栽的桐苗拔掉。

一九五〇年三月底前繁殖与推广优良品种苗木工作总结的报告（一九五〇年四月四日） 9-1-227（47）

(四)工作與学習結合問題——本区為学術團体，各工作人員須確實做到工作與学習相結合，本区除對各工作区因志配發幹部必讀及重要業務圖書一組外，並擬彙輯業務学習資料分發各工作区，藉以加強理論学習。同時各工作人員在深入群众接触了实際，對農業生產問題、與農業生產政策問題都有了深刻体会，立場、觀点以及工作方法均愈見明確。

附：梁灘河水利工程進行情形

川東行署為作一九五一年大生產之準備，除責成本區大量繁殖良品种外，又指示負責完成梁灘河未完之水利工程。本区水利工程隊同志六十餘人在水利組組長鄭襄觀教授率領下，於三月廿日出發前往

一九五〇年三月底前繁殖与推广优良品种苗木工作总结的报告（一九五〇年四月四日） 9-1-227（48）

工程地点工作目前工程进行情况如下：

一、一部份工程是发动民工補修幹渠，争取插秧前放水，预計一旬内完竣即可放水。

二、原幹渠水量不足，決定引青木溪水入幹渠，此段增水工程已開始。

三、工程費計人民幣一億五仟万元，已由本区如数撥出。

四、工人已澈底取消包商办法及工头制，採人代表民主協議方式。

此項水利工程詳細情形當另有總結報告。

华西实验区涪陵县农业指导所防治菜虫总结（一九五〇年十一月） 9-1-267（26）

涪陵農指所 一九五〇年十一月

防治菜虫總結

一、工作佈置

因為今年的天雨連々，蔬菜上都普遍的受了虫害，這菜虫叫做猿葉虫和菜粉蝶，在榨菜幼苗上更為嚴重，所有菜農都紛々叫苦，我們就在這時結合着良种小麥的推廣，急々的展開了殺虫工作。

所裡的工作同志只有六人，又分住兩地，因此殺虫工作，也就由兩地進行，涼塘請黑溪鄉用的噴霧器，崇義李渡兩鄉用的噴粉器，藥品用的是砒酸鉛石灰和硫酸銅配的波耳多液，為了急急[illegible]要求，決定了[illegible]

品种去防治比較東自也去京言令多方最會合作办
自己的用土法防治。當我们開始工作的時候，為了有步
驟有重点的去工作，就分別和各保农會的代表们
商討了工作進行的方法，并說明大家不要存完全依賴政
府的藥品，防治的心理，因為政府的藥品是很少數的，應
該研究本地有效的土方法既容易而且也應急些。
榨菜是涪陵的特產，今年專署又特別提倡种植，因
此我们在這次防治工作上，就成3重点，從十月六日起，至廿
日止，防治了涪塘、静黔、石桂、李渡等四鄉镇，共計[illegible]捌捌丸畝
共用去砒酸鉛药一又六斤楠硫酸銅，五斤楠石灰四百斤菸將
防治害虫統計表附在下面：

华西实验区涪陵县农业指导所防治菜虫总结（一九五〇年十一月） 9-1-267（30）

15

二、農民反映

在我们防治的時候，很多的農民都說這樣很好，你们若再遲幾天來，菜就都完了。蔡桂鄉第八保八十六歲老農富漢章說毛主席來了，對我们的小菜都很重視，還是要派人來給我们殺菜虫，在偽政府時代，就是虫子把菜吃完了，他们也不管的。黔鄉的農民彭啟盛笑着說：這才真閃火，人民政府硬是要得。當我们開始工作時，有的幫我们挑石灰，篩石灰，還有送我们回所的。當我们謝絕他们時，他们就說你们連水都不喝一口，我们幫一下忙，有啥子関係。

三、优点與缺点

作点：因為多不要钱，工作人员又不受任何拘束，所以这是農民認為有利的事，自然易受農民的歡迎和容易發動，工作進行上也自然，得很順利，我們也因這個工作和農民的感情上加深很多。

缺点：因為我們工作同志少，和器械的不敷用，又以小麥已到播种時節，和寒露季節也亟須推廣品種和佈置秋耕田作，只說是結合着殺虫進行的，但不無顧此失彼之處，殺虫工作就覺着做的不够深入，宣傳教育上也有些欠缺，藥品的掌握上和工作上也有了偏差，例如菜楼第八保防治的不普遍，第三保還有八至九甲都不知道，第五保算是發了藥，而虫害情況不了解，李濟四保保長多得了藥，不分給別人，這都是明

华西实验区涪陵县农业指导所防治菜虫总结（一九五〇年十一月） 9-1-267（32）

16

難題係的，我们工作不周密，也就是說事先没有計劃好，但

藥剂第二條，不但藥品分配的普遍而且合理，也没有剩下來的

藥，相别的係似的，私自留下來，全數交回，所裡，值得我们

表揚的。

四、總結

在這次殺虫工作中，因為時間的急迫，人力的不足，以致犯了

粗枝大葉的偏向，但於工作中也了解了不少的情況，譬如李

渡第四條的農民說，我们日前一家藥舖裡買的方子，是用

砒霜和石灰，結果菜虫殺死了，菜也死完了，這是值得我们

研究的。

防治菜虫統計表

一九五〇年十一月

鄉別	保別	戶數	廂數 榨菜	蘿卜	白菜	其他	合計	備攷
蔡桂	一	一三四	五〇一	二八三	七		七九一	
	二	六六	一六〇	四〇			二〇〇	
	三	七〇	一〇八	一七二	二六		三〇六	
	四	六九	七三	四九	四	二	一二八	
	五	一一三	一四〇	七八	三		二二一	
	六	四	四	二四			二八	
李渡	四	四一	二三六	三二五	三		五六四	
	一〇	六四	二四〇	一五五			三九五	
涼塘	一	四〇	九五	二四	三一		一五〇	
	二	二五	四五	三七	三三		一一五	
	四	三五	五六	二七	二六		一〇九	
	六	一〇	一七	一五	三二		六四	
	一三	一〇	一九	一八	一九		五六	
靖黔	一	三〇	六九	一八	二五		一一二	
	二	二五	五五	二一	三三		一〇九	
	三	二〇	四八	一五	三二		九五	
北拱	六	一	八	五	二		一五	
總計	一七	七〇七	一九一四	一三九六	一九六	二	三四七八	

附註：每廂約長五尺寬二尺

华西实验区涪陵县农业指导所防治菜虫总结（一九五〇年十一月） 9-1-267（28）（29）

华西实验区农业组组长李焕章给参加蔬菜害虫防治工作组的几点意见（一九五〇年二月十五日）　9-1-272（137）

中華平民教育促進會華西實驗區總辦事處（　）

事由	受文者

年月日	附件	字號
年　月　日發	件	字第　號

○○同志：诸位参加蔬菜害虫工作，備受辛苦，節值岁暮天寒，诸同志尚能在外努力工作，至堪佩钦。節已先后接到各工作同志八日来信，均以目前害虫不多或发生害虫期间尚未到来，影响统一工作起見，特提供建议数点：

一、如在所工作地点中害虫不严重或蔬菜不多，可照原定计划進行调查

中華平民教育促進會華西實驗區總辦事處（ ）稿

事由

受文者

二、該區調查工作結束可移附近蔬菜區進行。

三、在移附近蔬菜之先，就地與各地方政府商洽，務將組織農民教育農民防虫方法與搭帶藥械作殺虫示範，以期各工作辦理之際農民亦能自然仿用。

與帶之藥品寄存各區人民政府或鄉鎮公所，並酌留存單，至噴霧器噴粉器須於工作完後帶回。

（存隊市所收出例存市從）

五、後項調查資料務須帶回本組備用 [illegible]

[illegible]

华西实验区农业组组长李焕章给参加蔬菜害虫防治工作组的几点意见（一九五〇年二月十五日） 9-1-272（139）

中華平民教育促進會華西實驗區總辦事處（ ）稿

事由	受文者

年月日	附件	字號
年 月 日發	件	字第 號

核判　核稿　擬稿　副本 份送達

华西实验区农业组组长李焕章给参加蔬菜害虫防治工作组的几点意见（一九五〇年二月十五日） 9-1-272（140）

84 / 72

同志：諸位參加蔬菜害虫防治工作，備受辛苦，許值歲暮天寒，諸同志尚能在外努力工作，至為欽佩。兹已先後接到諸同志來示，均以虫害不多，或發生時間未到，此次本組來，先所慮及者，惟待虫害發生再行防治，為時已晚，諸同志不必為此灰心，蓋此次工作可多偏重調查及佈置今後實際防治工作。為便工作起見，特提供建議數点於後：

一、對本進行工作地点虫害並不嚴重或蔬菜不多，可以酌定計劃進行調查。

二、該区調查工作結束，可移附近蔬菜較多區進行工作。

三、在遷移附近蔬菜區之先，就地與當地地方政府商洽[illegible]組

织农民教育农民防虫办法并收购带药械……以期

诚因仁兴栅，应由农民本能自行使用

四、带去药品器械各区人民政府或乡镇公所并取得存单

带回，至杀虫器械须于工作完毕带回（在渝取用者仍存渝市）

五、原领旅费系作廿日之用，本组已请求追加中，惟必须取款

不易，如在本月廿日以前尚未送达，则请设法提前归来，免致回

区旅费困难，除本区同仁应全部回璧山外，乡建院同学可于旅

途之便回歇马场，以免途程跋涉，但于离队前务须宣读[illegible]各该

乡续并会同该组编造工作报告交本区同志带交璧山

饬报西读 即颂

工作顺利，身体健康！

弟 李焕章 敬启

一九五〇、二、十五

华西实验区农业组组长李焕章给参加蔬菜害虫防治工作组的几点意见（一九五〇年二月十五日） 9-1-272（141）

重庆市第十四区菜园概况调查表（一九五〇年） 9-1-259（15）

14

重慶市第十四區第十九保菜園概況調查表 一九五〇年二月十二日

甲別	姓名	小地名	土地所有权	農場面積	蔬菜种類	栽培面積	肥料种類	其他
十三甲	汪永清	百陽塆	租		蓮花白	捌仟苗	大糞	
十三甲	鄧海山	丁三嵐埡	租		蓮花白	叁仟伍佰苗	大糞	
三甲	詹錫安	〃〃〃	租		蓮花白	叁仟苗	大糞	
十三甲	張治明	百陽塆	租		蓮花白	貳仟伍佰苗	糟糞	
十三甲	藍崇泰	百陽塆	自		蓮花白	廿仟捌佰苗	糟糞	
三甲	劉云生	篤笋溝	租		蓮花白	伍仟苗	大糞	
十甲	陳樹清	莫家塆	租		蓮花白	四仟苗	大糞	
十三甲	何奎山	百學堂	租		蓮花白	陸仟苗	大糞	

十三甲	陳國輝	抱房	自	蔦筍	叁仟苗	大番
十三甲	杜銀成	抱房	租	蓮花白	壹仟伍佰苗	大番
十三甲	陳國章	抱房	租	蔦筍	伍仟苗	大番
十三甲	姚樹榮	平碥	租	蓮花白	贰仟苗	大番
十三甲	姚炳林	平碥	租	蓮花白	壹仟苗	大番
三甲	羅義順	蔦筍溝	租	蓮花白	陆仟苗	大番
十三甲	傅崖山	抱房	租	蔦筍	叁仟苗	大番
二甲	李相卿	瓶竹林坡下	租	蓮花白	贰仟苗	大番
十甲	唐青榮	莫家塝	租	蔦筍	叁仟苗	大番
一甲	龔榮禄	後河壩	租	蓮花白	捌佰苗	大番

重庆市第十四区菜园概况调查表（一九五〇年） 9-1-259（17）

15

十二甲	唐玉成	洗布塘一分土	租	蓮花白	壹仟餘苗	大番
十二甲	王景恒	蔡家塆	租	蓮花白	壹仟餘苗	大番
十二甲	張海清	洗布塘五分土	租	蓮花白	壹仟叁百苗	大番
十二甲	曾遂周	洗布塘五分土	租	蓮花白	壹仟貳百苗	大番
十四甲	汪玉如	高家塆	租	萵笋	叁仟伍百苗	大番
十四甲	汪玉林	高家塆	租	萵笋 瓢兒白	叁仟苗 貳仟苗	大番
十四甲	汪銀山	高家塆	租	萵笋	伍仟苗	大番
十四甲	唐福清	六子冲	租	蓮花白 萵笋	四千 捌仟苗	大番
十四甲	李根培	六子冲	租	萵笋	伍仟苗	大番
十四甲	李登華	六子冲	租	萵笋	捌仟苗	大番

十三甲	蒙紹清	六子冲	租	高笋伍仟苗	大蓄
十四甲	汪銀臣	高家塝	租	高笋捌仟苗	大蓄
十四甲	胡金山	高家塝	租	蓮花白壹仟苗	大蓄
十四甲	徐紹卿	高家水井塝	租	高笋陆仟苗	大蓄
十四甲	楊海三	三溪口	租	高笋叁仟苗	大蓄
十四甲	余海林	三溪口	自	高笋叁仟苗	大蓄
十四甲	陳明才	三溪口	租	高笋捌仟苗	大蓄
十四甲	余海林	三溪口	自	蓮花白叁仟苗	大蓄
十四甲	陳輝堂	三溪口	租	高笋叁仟苗	大蓄
十五甲	周榮森	牛市樑	租	高笋叁仟苗 白菜貳仟苗	大蓄

重庆市第十四区菜园概况调查表（一九五〇年） 9-1-259（19）

16

十五甲	楊洽棠	楊公橋 土	租	瓢兒白	弍仟苗	大番
十五甲	范永國	三溪口	租	萵筍	弍仟苗	大番
十五甲	文树清	小塘	租	萵筍	壹萬苗	大番
十五甲	文海云	小塘	租	瓢兒白 萵筍	壹萬 五仟苗	大番
十五甲	周紹清	三溪口	租	萵筍	捌仟苗	大番
十五甲	利永河	小塘	租	萵筍	弍萬苗	大番
十五甲	周國民	小塘	租	萵筍 白菜	[illegible]	大番
十五甲	楊玉臣	小楊橋	租	白菜	叁仟苗	大番
十五甲	周義臣	小楊橋	租	萵筍	伍仟苗	大番
十五甲	周興貴	小楊橋	租	萵筍	捌仟苗	大番

十五甲	许云明	角刀土	租	白菜 [illegible]	廿陆仟苗	大番
十七甲	曾凡昌	小楊桥	租	萬笋 白菜	廿捌仟苗	大番
十五甲	刘長秀	小楊桥	租	萬笋 白菜	廿弍仟苗	大番
十五甲	胡海臣	小楊桥	租	萬笋	壹仟苗	大番
十五甲	杜光中	小楊桥	租	萬笋 白菜	伍仟苗	大番
十三甲	姚树清	抱房	租	蓮花白	伍仟苗	大番
十三甲	陳炳軒	抱房	租	蓮花白	伍仟苗	大番
十三甲	周銀臣	刘家坡	租	萬笋	捌仟苗	大番

71

重庆市第十四区菜园概况调查表（一九五〇年） 9-1-259（21）

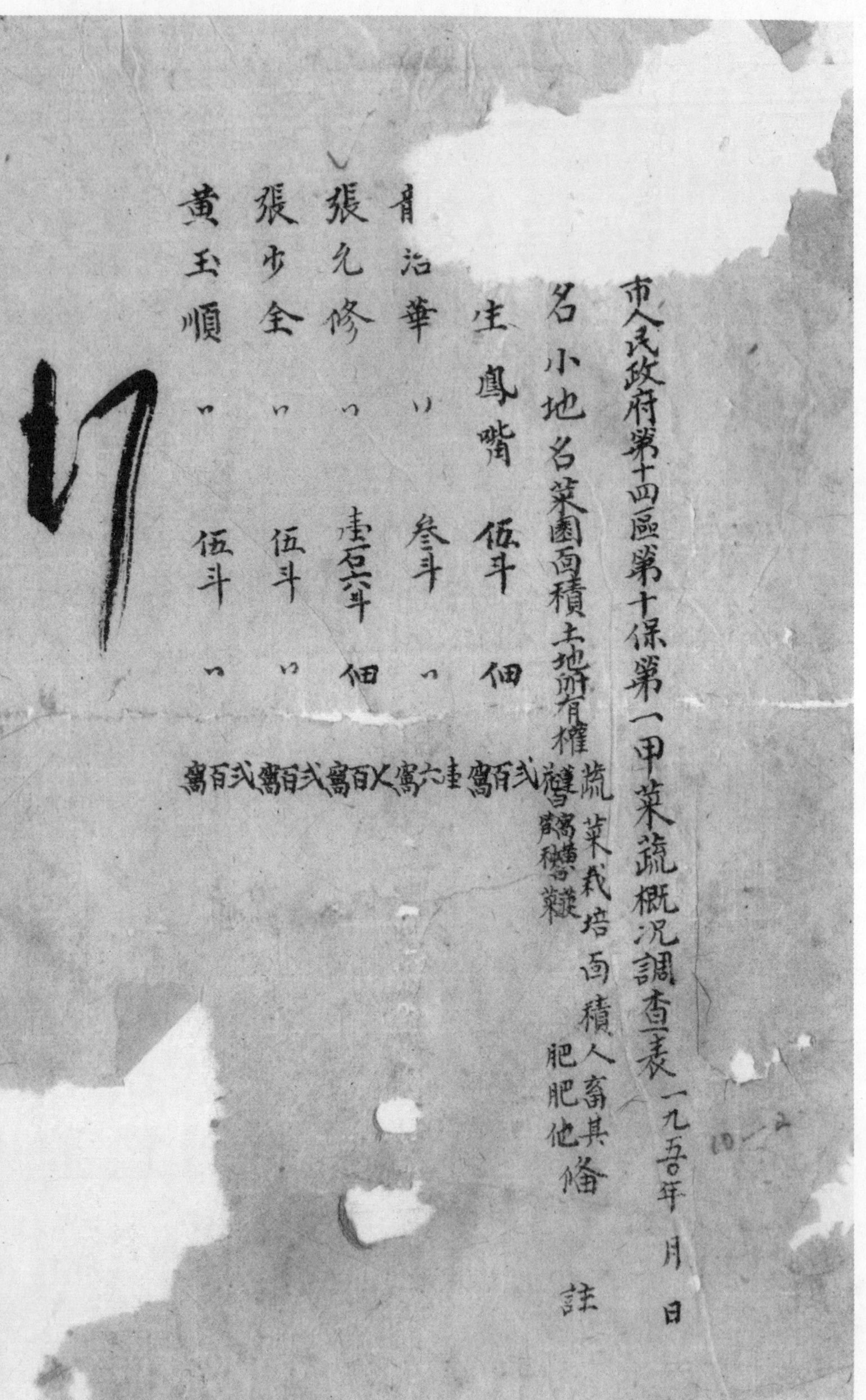

市人民政府第十四區第十保第一甲菜蔬概況調查表 一九五〇年 月 日

名	小地名	菜園面積	土地所有權	蔬菜栽培面積 [illegible]	人畜肥	其他肥	備註
生鳳喈		伍斗	佃	貳百萬			
肖治華	〃	叁斗	〃	壹六萬			
張允修	〃	壹石六斗	佃	乂百萬			
張步全	〃	伍斗	〃	貳百萬			
黃玉順	〃	伍斗	〃	貳百萬			

重庆市第十四区菜园概况调查表（一九五〇年） 9-1-259（22）

重慶市人民政府第十四區第十保第二甲菜蔬概況調查表

一九五〇年 月 日

姓名	小地名	菜園面積	土地所有權	蔬菜栽培面積 蓮花白	黃秧白	菠菜	人畜肥池	其他	備註
黃紹臣	鳳嘴	弍斗	佃	五千窩		壹升			
嚴朱氏	〃	弍斗	自	三千窩		末做			
岳炳清	〃	四斗	佃	四千窩		壹升			
盧大發	〃	弍石斗	〃	壹萬五千窩		四升			
王德明	〃	壹石斗	〃	八千窩		壹升			
陳天饒	〃	弍斗	〃	六百窩		末做			
楊月新	〃	四斗	〃	六千窩		壹升			
周炳林	〃	四斗	〃	〃		〃			

18

樊銀順	〃	壹石	佃	[illegible]千窩	[illegible]升
樊為義	〃	壹石	〃	〃	〃
僧樹云	〃	壹斗	自	三百窩	
王榮	〃	壹石	佃	八千窩	弍升
王炳云	〃	〃	〃	又千窩	〃
何青云	〃	〃	〃	壹万窩	
胡紹清	〃	〃	〃	壹万窩	弍升
文全發	〃	〃	〃	八千窩	〃

重庆市第十四区菜园概况调查表（一九五〇年） 9-1-259（24）

重慶市人民政府第十四區第十保第三甲菜蔬概況調查表 一九五〇年 月 日

姓名	小地名	菜園面積	土地所有權	蔬菜栽培面積（蓮花白、萵筍、黃秧白、菠菜）	人畜肥	其他肥	備註
劉紹云	鳥嘴		佃	五千窩			
嚴超群	〃	壹石	〃	壹万貳千窩			
袁子清	〃	壹石伍斗	〃	壹万窩			
蘇興發	〃	捌斗	〃	〃			
郭治臣	〃		〃	壹万五千窩			
黃樹云	〃	貳斗	〃	壹千窩			
嚴錫明	〃		自	壹万窩			
嚴學習	〃		自	壹万貳[illegible]			

19

重庆市第十四区菜园概况调查表（一九五〇年） 9-1-259（25）

重慶市人民政府第十四區第十保第四甲菜蔬概況調查表 一九五〇年 月 日

姓名	小地名	菜園面積	土地所有權	蔬菜栽培面積（蓮花白 萵筍 黄秧白 菠菜）	人畜肥	其他肥	備註
劉良才	斧頭岩	四斗	佃	三千窩			
石紹清	〃	伍斗	〃	弍千 六百窩			
顏恩全	〃	弍斗	自	五百窩			
鄭炳云	〃	伍斗	佃	壹千窩			
裴銀安	〃	伍斗	〃	壹千二百窩			
鄭樹云	〃	弍斗	〃	壹千五百窩			
劉明成	〃	壹石	〃	壹萬窩			
胡海清	〃	弍斗	〃	七百窩			

20

趙定國	〃	陸斗	佃	[illegible]
陳亞清	〃	伍	〃	四仟
李世俊	〃		〃	四仟
何國彬	〃		〃	四仟
王振舉	〃		〃	三仟
蘇海南	〃	石	〃	二千五百
周梁氏	〃	捌斗	〃	壹萬
吳樹清	〃		〃	壹萬
陳清云	〃	四斗	〃	伍仟

張定目 〃 四斗 〃

符青云 〃 捌斗 〃

楊炳林 〃 捌斗 〃

第六甲 鍾玉發 斧頭岩 伍斗 佃

葉炳林 〃 伍斗 佃

第七甲 張錫生 〃 弍石 佃

周合順 〃 壹石 〃

劉晏清 教浣 壹石伍斗 〃

□樹青 〃 壹斗 〃

三千萬 六千萬 八千萬

21

重庆市第十四区菜园概况调查表（一九五〇年） 9-1-259（27）

第九甲	戴洪順	鳳凰山	壹石	佃
第十甲	郭明成	〃	陸斗	佃
〃	王清云	〃	捌斗	〃
〃	李金山	〃	〃	〃
〃	戴張氏	〃	叁斗	
〃	僧常有	〃	叁斗	自
第十一甲	胡文學	教況	叁斗	佃
〃	姚金山	〃	捌斗	〃

窩仟式　　窩仟壹　窩仟式

窩仟式　窩仟式　窩仟壹　窩仟壹

华西实验区农业组蔬菜产区概况调查表（调查地点：重庆市第十四区） 9-1-259（28）

中華平民教育促進會華西實驗區農業組
格式 中 1 1950.1.31.

蔬菜產區概況調查表

存檔號數＿＿＿＿號

(1)地點 重慶市 縣 十四區 鄉 19 保 14 甲 [illegible] 小地名

(2)園主姓名 [illegible] (3)農場面積 2.5 畝 (4)土地所有权 佃

(5)勞工數量 2.50 日 (6)調查週年期 1 年自 [illegible] 年二月 [illegible] 日起至 [illegible] 年二月 [illegible] 日止

(7)調查員姓名 [illegible]

(甲)蔬菜栽培及虫害情形

	蔬菜名稱	種苗來源	生長時期	栽培面積(分)	產(斤)量	害虫名稱	為害時期	土用防治方法	損失數量(斤)	為害程度%	備註
第一季	萵苣	自	9-2月	1.20	2500斤						
	瓢兒白	〃	8-2月	25	450斤						
第二季											
第三季											

(乙) 施肥状况

蔬菜名称	肥料种类	来源	施用时期	施用数量(斤)	是否缺乏	备注
莴苣	人粪尿	附近挑	9-2月	8000斤	足够	
莲花白	〃	〃	8-1月	1800斤	〃	

(丙) 略述运销状况

①零售 ②售给菜贩子 ③售给[illegible]工厂

④菜农自挑到路上去卖

⑤[illegible]

华西实验区农业组蔬菜产区概况调查表（调查地点：重庆市第十四区） 9-1-259（29）

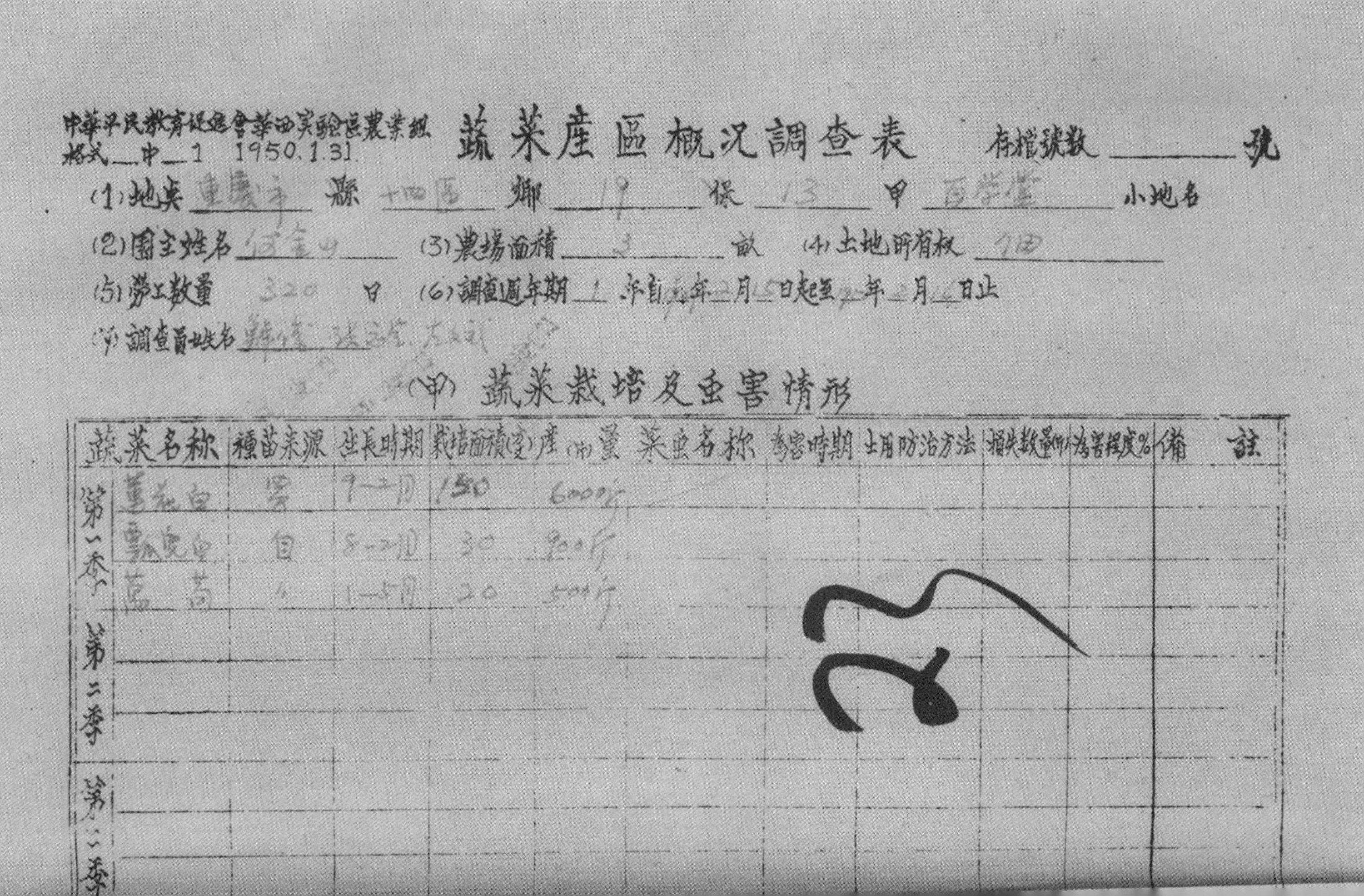

中華平民教育促進會華西實驗區農業組
格式 中 1 1950.1.31

蔬菜產區概況調查表

存檔號數 ______ 號

(1)地点 重慶市 縣 十四區 鄉 19 保 13 甲 百学堂 小地名

(2)園主姓名 付金山 (3)農場面積 3 畝 (4)土地所有权 佃

(5)勞工數量 320 日 (6)調查週年期 1 年自 年 2 月 5 日起至 年 2 月 4 日止

(7)調查員姓名 韩俊、张之荣、左斌

(甲) 蔬菜栽培及虫害情形

蔬菜名称		種苗来源	生長時期	栽培面積(分)	產(斤)量	菜虫名称	為害時期	土用防治方法	損失數量(斤)	為害程度%	備註
第一季	蓮花白	买	9-2月	150	6000斤						
	瓢兒白	自	8-2月	30	900斤						
	萵苣	〃	1-5月	20	500斤						
第二季											
第三季											

23

李 、

（乙）施肥狀況

蔬菜名称	肥料種類	來　源	施用時期	施用數量(斤)	是否缺乏	備　　註
蓮花白	人糞尿	附近挑	9～11月间	17000斤	缺	
卷心白	〃	〃	8～11月	2000斤	〃	
萵笋	〃	〃	1～4月	2000斤	〃	

（丙）略述運銷狀況

①運銷　由農户[illegible]

②不[illegible]藏

华西实验区农业组蔬菜产区概况调查表（调查地点：重庆市第十四区）　9-1-259（29）

华西实验区农业组蔬菜产区概况调查表（调查地点：重庆市第十四区） 9-1-259（30）

中华平民教育促进会华西实验区农业组
格式 中 1 1950.1.31.

蔬菜产区概况调查表

存档号数 ______ 号

(1)地点 重庆市 县 十四区 乡 19 保 3 甲 [illegible] 小地名

(2)园主姓名 [illegible] (3)农场面积 3 亩 (4)土地所有权 佃

(5)劳工数量 320 日 (6)调查周年期 1 年自[illegible]年2月16日起至[illegible]年2月16日止

(7)调查员姓名 [illegible]

(甲) 蔬菜栽培及虫害情形

蔬菜名称		种苗来源	生长时期	栽培面积(方)	产量(斤)	菜虫名称	为害时期	施用防治方法	损失数量(斤)	为害程度%	备注
第一季	莲花白	买	9-2 2-5月	170	7000斤	青虫	3-5月	手捉			
	菠菜	自	9-2月	20	400斤	—					间作
第二季											
第三季											

(乙)施肥狀況

蔬菜名称	肥料種類	來源	施用時期	施用数量(斤)	是否缺乏	備註
蓮花白	人糞尿	[illegible]	9-5月 追肥二次	2000斤	缺乏	
菠菜	〃	〃	9-2月 追肥二次	2000斤	〃	
	[illegible]	塘房收	基肥	1000斤	〃	

(丙)略述運銷狀況

① 零售 集体运销 由农会送木船运至重庆

② 抽售价15%作运输费

③ 销售每次一大木船 不储藏

华西实验区农业组蔬菜产区概况调查表（调查地点：重庆市第十四区） 9-1-259（30）

华西实验区农业组蔬菜产区概况调查表（调查地点：重庆市第十四区） 9-1-259（31）

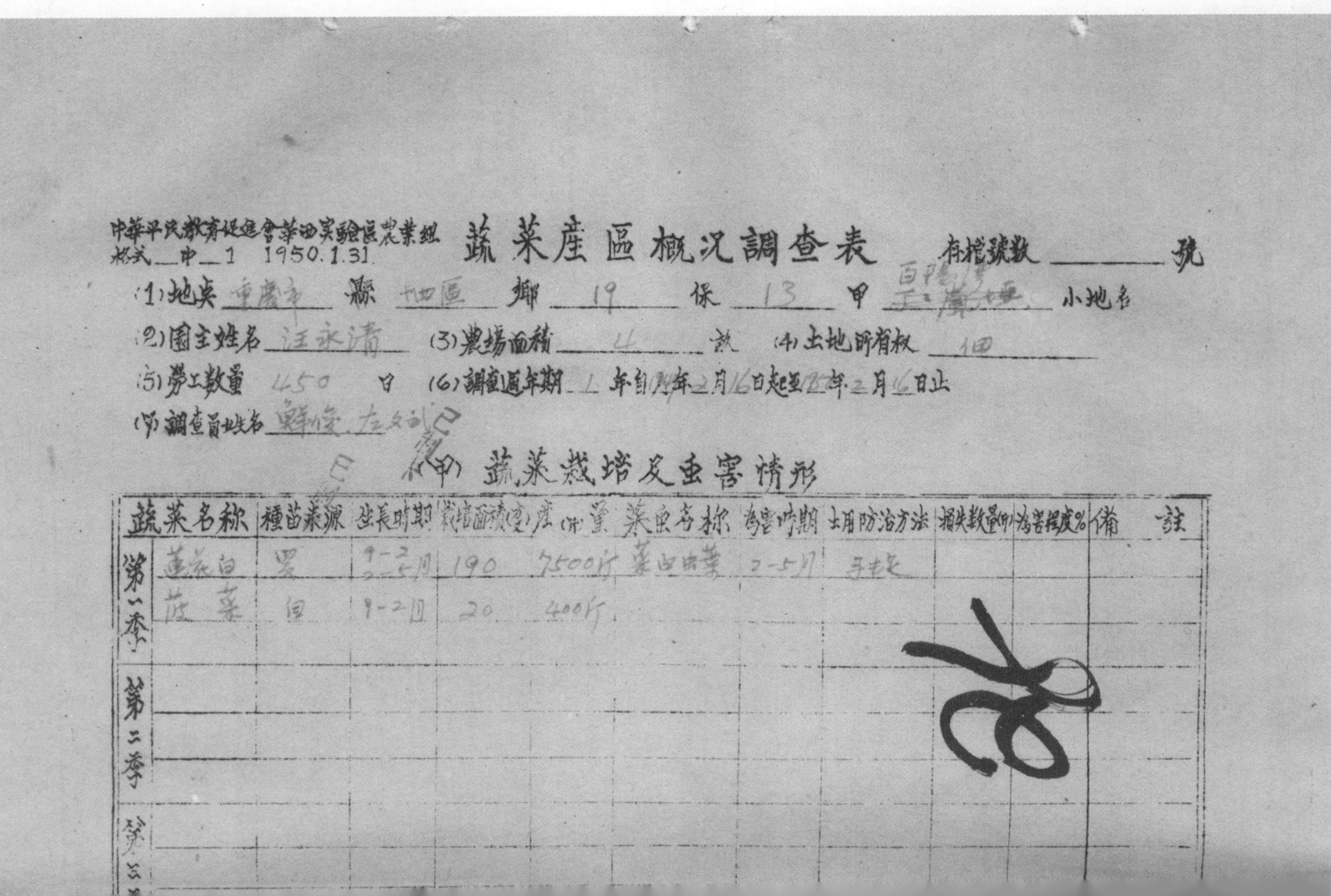

中华平民教育促进会华西实验区农业组
格式 甲 1 1950.1.31

蔬菜产区概况调查表 存档号数 ____ 号

(1)地点 重庆市 县 十四区 乡 19 保 13 甲 ____ 小地名
(2)园主姓名 汪永清 (3)农场面积 4 亩 (4)土地所有权 佃
(5)劳工数量 450 日 (6)调查周年期 1 年自 年 2 月 16 日起至 年 2 月 16 日止
(7)调查员姓名 鲜[illegible] 左[illegible]

(甲) 蔬菜栽培及虫害情形

	蔬菜名称	种苗来源	生长时期	栽培面积(方)	产量(斤)	害虫名称	为害时期	采用防治方法	损失数量(斤)	为害程度%	备注
第一季	莲花白	买	9-2 2-5月	190	7500斤	菜白虫等	2-5月	手捉			
	菠菜	自	9-2月	20	400斤						
第二季											
第三季											

冬季

（乙）施肥状况

蔬菜名称	肥料种类	来源	施用时期	施用数量(斤)	是否缺乏	备 注
莲花白	人粪尿	附近乡村	9-5月 [illegible]	20000斤	缺	
菠菜	〃	〃	7-2月	1800斤	〃	

（丙）略述运销状况

①零售、或集体由农会用木船运至重庆临江门营储贩子

②运费抽佣约占15%

③不贮藏

华西实验区农业组蔬菜产区概况调查表（调查地点：重庆市第十四区） 9-1-259（30）

华西实验区农业组蔬菜产区概况调查表（调查地点：重庆市第十四区） 9-1-259（32）

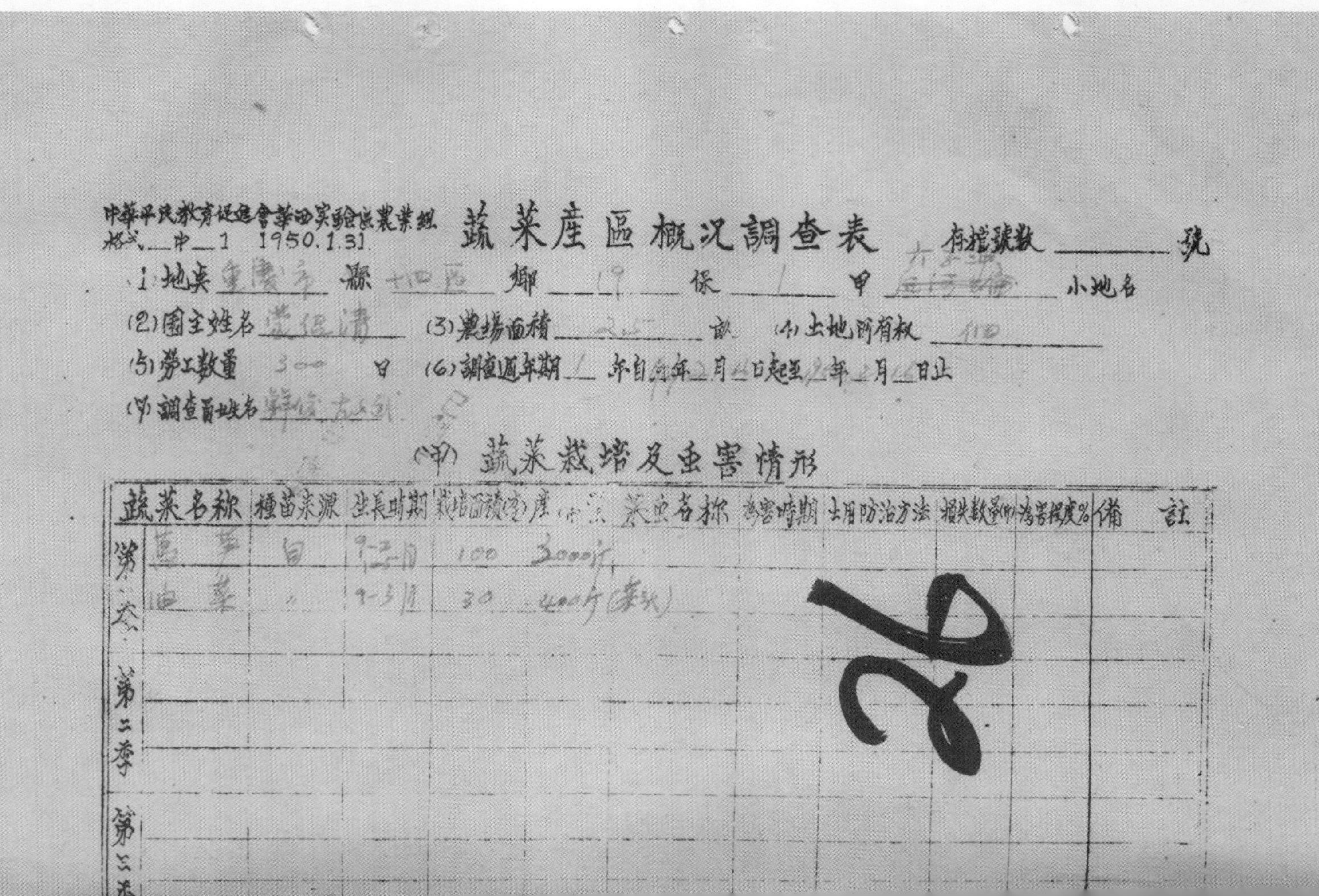

中華平民教育促進會華西實驗區農業組
格式 中 1 1950.1.31

蔬菜產區概況調查表

存檔號數 ______ 號

(1)地點 重慶市 縣 十四區 鄉 19 保 1 甲 六步沟 / 后河坝 小地名

(2)園主姓名 肖绍清 (3)農場面積 2.5 畝 (4)土地所有权 佃

(5)勞工數量 300 日 (6)調查週年期 1 年自 年 月 日起至 年 月 日止

(7)調查員姓名 韩俊 左文刚

(甲) 蔬菜栽培及虫害情形

	蔬菜名称	種苗来源	生長時期	栽培面積(方)	產(市斤)	菜虫名称	為害時期	施用防治方法	損失數量(市)	為害程度%	備註
第一季	莴笋	自	9-2月 1-5月	100	3000斤						
	油菜	〃	9-3月	30	400斤(菜秋)						
第二季											
第三季											

(乙)施肥狀況

蔬菜名称	肥料種類	來源	施用時期	施用数量(斤)	是否缺乏	備註
萵苣	人糞尿	附近收	9-5月	18000斤	多[illegible]	
由菜头	〃	〃	9-2月	3000斤	〃	

(丙)略述運銷狀況

①卖给菜贩子，或零售

②此地距[illegible]约一里来回[illegible]小时

③不能贮藏

华西实验区农业组蔬菜产区概况调查表（调查地点：重庆市第十四区） 9-1-259（32）

华西实验区农业组蔬菜产区概况调查表（调查地点：重庆市第十四区） 9-1-259（33）

中华平民教育促进会华西实验区农业组
表式 中1 1950.1.31

蔬菜產區概況調查表

存檔號數______號

(1)地点 重慶市 縣 十四區 鄉 17 保 15 甲 小樓子橋 小地名

(2)園主姓名 [illegible] (3)農場面積 2.5 畝 (4)土地所有權 佃

(5)勞工數量 180 日 (6)調查周年期 1 年自[illegible]年2月[illegible]日起至[illegible]年2月[illegible]日止

(7)調查員姓名 [illegible]

(甲)蔬菜栽培及虫害情形

	蔬菜名稱	種苗來源	生長時期	栽培面積(方丈)	產量(斤)	害虫名稱	為害時期	採用防治方法	損失數量(斤)	為害程度%	備註
第一季	萵笋	自	9-2-10	70	1200斤						
	瓢兒白	〃	〃	50	1000斤						
	菜头	〃	〃	30	310斤						
第二季											
第三季											

27

(乙)施肥狀況

蔬菜名稱	肥料種類	來源	施用時期	施用數量(市)	是否缺乏	備註
萵苣	人糞尿	街上挑	9–12月	4200斤	缺	
瓢兒白	"	"	"	3000斤	"	
菜頭	"	"	"	2000斤	"	

(丙)略述運銷狀況

①零售　②售給贩子每日之菜量约3

③運銷費用無（自挑）

④距市場二里

华西实验区农业组蔬菜产区概况调查表（调查地点：重庆市第十四区）　9-1-259（33）

华西实验区农业组蔬菜产区概况调查表（调查地点：重庆市第十四区） 9-1-259（34）

中華平民教育促進會華西實驗區農業組
格式 甲 1 1950.1.31.

蔬菜產區概況調查表

存檔號數＿＿＿號

(1)地点 重庆市 縣 十四區 鄉 19 保 15 甲 小湾 小地名

(2)園主姓名 周国民 (3)農場面積 5 畝 (4)土地所有权 佃

(5)勞工數量 530 日 (6)調查適年期 年自 年 月 日起至 年 月 日止

(7)調查員姓名 [illegible]

(甲)蔬菜栽培及虫害情形

	蔬菜名称	種苗来源	生長時期	栽培面積(方)	產(斤)量	病虫名称	為害时期	采用防治方法	損失数量(斤)	為害程度%	備註
第一季	黄秧白	买	9-2月	170	5500斤						
	莴苣	自	9-2月	1.00	2000斤						
	莲菜	〃	〃	30	600斤						
第二季											
第三季											

28

(乙)施肥狀況

蔬菜名称	肥料種類	來　源	施用時期	施用數量(斤)	是否缺乏	備　註
黄秧白	人糞尿	附近农村	9-11月	12000斤	缺	
莴笋	〃	〃	〃	8000斤	〃	
菠菜	〃	〃	〃	1200斤	〃	

(丙)略述運銷狀況

①零售 ②[illegible]由农会同本地[illegible]重庆[illegible]

③抽15%以[illegible] ④距市场35里来回一日

华西实验区农业组蔬菜产区概况调查表（调查地点：重庆市第十四区） 9-1-259（35）

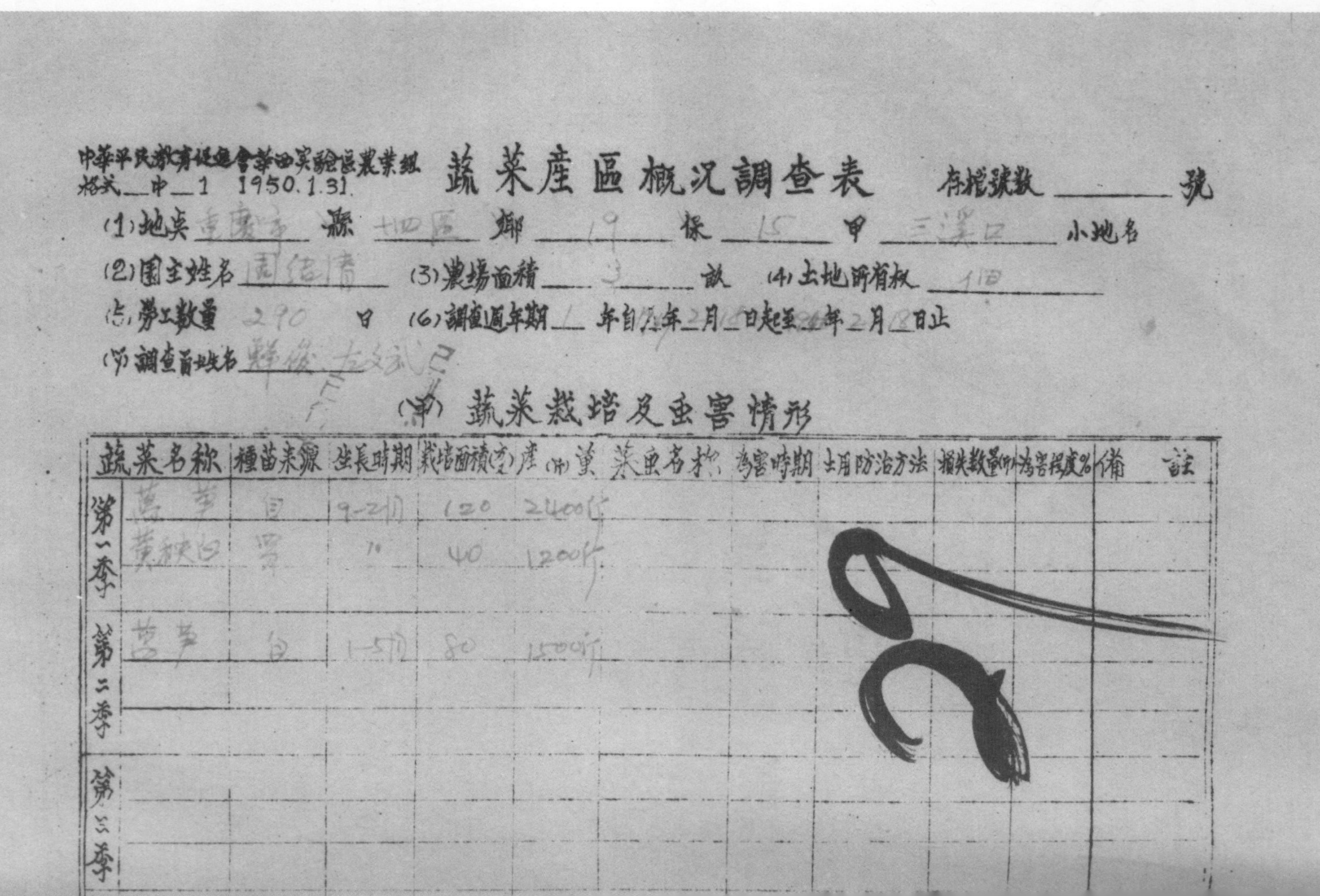

中華平民教育促進會華西實驗區農業組
格式 中 1 1950.1.31

蔬菜產區概況調查表

存檔號數＿＿＿＿號

(1)地点 重慶市 [illegible] 縣 十四區 鄉 19 保 15 甲 三溪口 小地名

(2)園主姓名 周维清 (3)農場面積 3 畝 (4)土地所有權 佃

(5)勞工數量 290 日 (6)調查週年期 1 年自[illegible]年2月1日起至[illegible]年2月1日止

(7)調查員姓名 [illegible]

(甲) 蔬菜栽培及蟲害情形

	蔬菜名稱	種苗來源	生長時期	栽培面積(方丈)	產(市)量	蟲名稱	為害時期	施用防治方法	損失數量(市)	為害程度%	備註
第一季	萵笋	自	9-2月	120	2400斤						
	黄秧白	買	〃	40	1200斤						
第二季	萵笋	自	1-5月	80	1500斤						
第三季											

(乙) 施肥狀況

蔬菜名稱	肥料種類	來　源	施用時期	施用數量(斤)	是否缺乏	備　　註
蕃　茄	人糞尿	学校挑	9—2月	>1000斤	多匀.	
黄秧白	〃	〃	〃	5000斤		

(丙) 略述運銷狀況

①零售

②售给学校

③由农会集体购运至重庆

④运输费抽营业额之15%.

华西实验区农业组蔬菜产区概况调查表（调查地点：重庆市第十四区）　9-1-259（35）

华西实验区农业组蔬菜产区概况调查表（调查地点：重庆市第十四区）　9-1-259（36）

中华平民教育促进会华西实验区农业组
格式 中 1 1950.1.31.

蔬菜产区概况调查表

存档号数＿＿＿＿号

(1)地点 重庆市 县 十四区 乡 19 保 15 甲 小湾 小地名

(2)园主姓名 文海云　(3)农场面积 6 亩　(4)土地所有权 佃

(5)劳工数量 550 日　(6)调查周年期 1 年自[illegible]年2月[illegible]日起至[illegible]年2月[illegible]日止

(7)调查员姓名 [illegible]

(甲) 蔬菜栽培及虫害情形

	蔬菜名称	种苗来源	生长时期	栽培面积(方丈)	产量(市斤)	害虫名称	为害时期	土用防治方法	损失数量(市斤)	为害程度%	备注
冬季	莴苣	自	9-2月	240	4800斤	蚜虫	1月				
	瓢儿白	〃	8-2月	70	2000斤						
	菠菜	〃	9-2月	20	400斤						
春季	莴苣	〃	2-5月	180	3500斤	蚜虫	5.4月				
夏季											
秋季											

36

（乙）施肥狀況

蔬菜名稱	肥料種類	來源	施用時期	施用数量(斤)	是否缺乏	備	致
萵苣	人糞尿	[illegible]	8000斤	9-5月	不大		
瓢儿白	〃	〃	5000斤	8-2月	〃		
蓮菜	〃	〃	1800斤	9-2月	〃		

（丙）略述運銷狀況

①售給[illegible] ②零售 ③售給販子 ④[illegible]運至重慶
⑤不能藏

华西实验区农业组蔬菜产区概况调查表（调查地点：重庆市第十四区） 9-1-259（37）

華平民教育促進會華西實驗區農業組
式__中__1 1950.1.31.

蔬菜產區概況調查表

存檔號數________號

(1)地点 重慶市 縣 十四區 鄉 19 保 15 甲 小灘 小地名

(2)户主姓名 [illegible] (3)農場面積 4.5 畝 (4)土地所有權 佃

(5)人工數量 420 日 (6)調查周年期 1 年自39年2月1日起至40年2月1日止

(7)調查員姓名 [illegible]

(甲) 蔬菜栽培及蟲害情形

	蔬菜名称	種苗來源	出賣時期	栽培面積(塍)	產(斤)量	害蟲名稱	為害時期	土用防治方法	損失數量(斤)	為害程度%	備註
第一季	莴笋	自	9-2月	200	4100斤						
	黄秧白	〃	9-2月	30	850斤						
第二季											
第三季											

31

（乙）施肥狀況

蔬菜名称	肥料種類	來源	施用時期	施用數量（斤）	是否缺乏	備註
萵苣	人糞尿	[illegible]	[illegible]-1月	21000斤	缺	
黄秧白	〃	〃	9-1月	25000斤	〃	

（丙）略述運銷狀況

①零售 ②供给菜贩 ③[illegible]批发
④不能储藏 ⑤无运销费用

华西实验区农业组蔬菜产区概况调查表（调查地点：重庆市第十四区） 9-1-259（37）

华西实验区农业组蔬菜产区概况调查表（调查地点：重庆市第十四区） 9-1-259（38）

中华平民教育促进会华西实验区农业组
燕式＿中＿1 1950.1.31

蔬菜產區概況調查表

存檔號數＿＿＿＿號

(1)地点 重庆市 縣 十四區 鄉 19 保 13 甲 [illegible] 小地名

(2)園主姓名 [illegible] (3)農場面積 1.5 畝 (4)土地所有权 佃

(5)勞工數量 130 日 (6)調查週年期 1 年自 [illegible]年2月20日起至 [illegible]年2月22日止

(7)調查員姓名 [illegible]

(甲) 蔬菜栽培及虫害情形

蔬菜名称		種苗来源	生長時期	栽培面積(分)	產(市)量	病虫名称	為害時期	採用防治方法	損失數量(斤)	為害程度%	備註
第一季	莲花白	买	9-2月	60	2200斤						
	[illegible]	自	〃	20	600斤						
第二季	莲花白	买	3-5月	50	2000斤	青虫	3-4	手捉			
第三季											

李

(乙) 施肥狀況

蔬菜名称	肥料種類	來源	施用時期	施用数量(斤)	是否缺乏	備註
黄花白	人粪尿	街上挑	9-2-5月	10000斤	缺	
瓢儿白	〃	〃	9-2月	1200斤	〃	

(丙) 略述運銷狀況

① 零售 ② 卖给菜担贩子.

③ 免运输费用.

华西实验区农业组蔬菜产区概况调查表（调查地点：重庆市第十四区） 9-1-259（38）

华西实验区农业组蔬菜产区概况调查表（调查地点：重庆市第十四区） 9-1-259（39）

中华平民教育促进会华西实验区农业组
格式 中—1 1950.1.31.

蔬菜产区概况调查表

存档号数 ______ 号

(1)地点 重庆市 县 十四区 乡 19 保 15 甲 [illegible] 小地名

(2)园主姓名 [illegible] (3)农场面积 1.5 亩 (4)土地所有权 佃

(5)人工数量 110 日 (6)调查週年期 1 年自 年 2 月 18 日起至 年 2 月 18 日止

(7)调查员姓名 [illegible]

(甲) 蔬菜栽培及虫害情形

	蔬菜名称	种苗来源	生长时期	栽培面积(方)	产量(斤)	害虫名称	为害时期	土用防治方法	损失数量(斤)	为害程度%	备注
第一季	黄秧白	买	9-2月	40	1200斤						
	莴苣	自	〃	30	550斤						
	油菜	〃	〃	20	220斤(菜籽)						
第二季											
第三季											

季

（七）施肥狀況

蔬菜名称	肥料種類	來　源	施用時期	施用数量(斤)	是否缺乏	備　　註
黄秧白	人糞尿	街上挑	9-2月	10000斤	缺	
莴　笋	〃	〃	〃			
油　菜	〃	〃	〃			

（八）略述運銷狀況

①整售　②當地菜攤販賣。

华西实验区农业组蔬菜产区概况调查表（调查地点：重庆市第十四区）　9-1-259（39）

华西实验区农业组蔬菜产区概况调查表（调查地点：重庆市第十四区） 9-1-259（40）

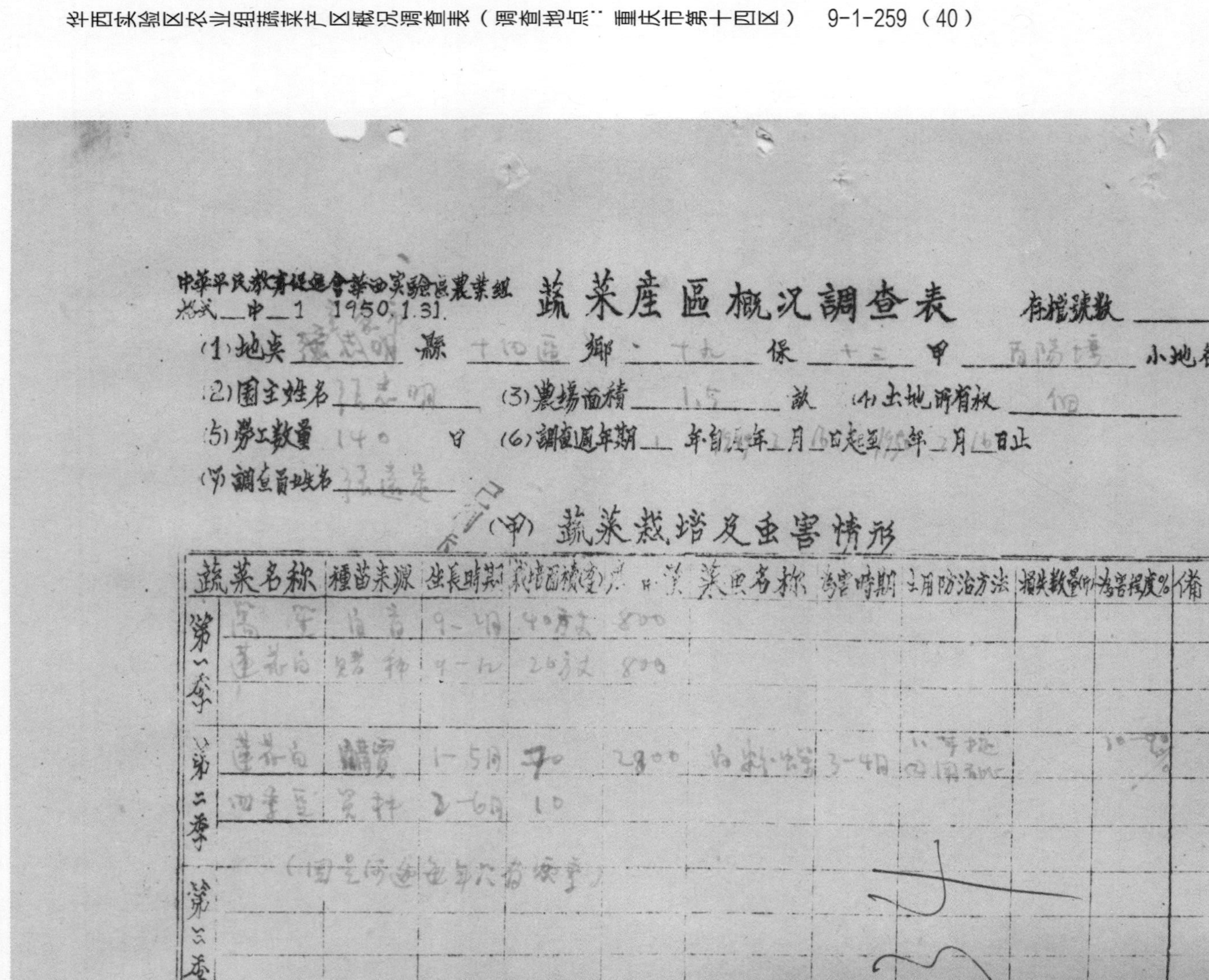

中华平民教育促进会华西实验区农业组
格式 中 1 1950.1.31.

蔬菜產區概況調查表

存檔號數＿＿＿＿號

(1)地点 璧山 縣 十四區 鄉 二十九 保 十三 甲 高陽塘 小地名

(2)園主姓名 张志明 (3)農場面積 1.5 畝 (4)土地所有权 佃

(5)勞工數量 140 日 (6)調查週年期 年自38年2月16日起至39年2月16日止

(7)調查員姓名 张远生

(甲) 蔬菜栽培及虫害情形

	蔬菜名称	種苗來源	生長時期	栽培面積(方丈)	產量(斤)	虫名称	為害時期	土用防治方法	損失數量(斤)	為害程度%	備註
第一季	窝笋	自育	9-4月	40方丈	800						
	莲花白	購种	9-12	20方丈	800						
第二季	莲花白	購買	1-5月	70	2800	白蝴蝶	3-4月	以手捉 [illegible]		10-20%	
	四季豆	买种	2-6月	10							
第三季	(田是河边每年只种冬季)										

（乙）施肥狀況

蔬菜名稱	肥料種類	來源	施用時期	施用数量(斤)	足否缺乏	備註
莴笋	人粪尿	[illegible]	[illegible]	8000		
蓮花白	〃 〃 〃	〃 〃 〃	〃	14000		
四季豆	〃 〃 〃	〃 〃 〃	〃	1400		

（丙）略述運銷狀況

運銷狀況[illegible]其他菜农[illegible]

华西实验区农业组蔬菜产区概况调查表（调查地点：重庆市第十四区） 9-1-259（40）

华西实验区农业组蔬菜产区概况调查表（调查地点：重庆市第十四区）　9-1-259（41）

中华平民教育促进会华西实验区农业组
式__中__1　1950.1.31.

蔬菜產區概況調查表

存檔號數________號

(1)地点 重庆市 縣 十四区 鄉 [illegible] 保 [illegible] 甲 [illegible] 小地名

(2)園主姓名 陳樹清 (3)農場面積 [illegible] 畝 (4)土地所有權 佃

(5)勞工數量 210 日 (6)調查週年期 __ 年自__年__月__日起至__年__月__日止

(7)調查員姓名 [illegible]

(甲) 蔬菜栽培及虫害情形

	蔬菜名稱	種苗來源	生長時期	栽培面積(方丈)	產(斤)量	病虫名稱	為害時期	採用防治方法	損失數量(斤)	為害程度%	備註
第一季	莲花白	[illegible]	2—5月	100	4000	[illegible]	[illegible]	捉			
	莴笋	自留苗	1—5月	40	800斤	[illegible]	全季				
第二季	[illegible]	自留苗	9—2月	60	1240						
	[illegible]	自留苗	9—2月	10	300						
第三季											

(乙)施肥狀況

蔬菜名称	肥料種類	來源	施用時期	施用数量(斤)	是否缺乏	備註
萵笋	人糞尿	磁器口	[illegible]	6000		
瓢兒白	〃〃〃	〃〃〃	〃	3700		
蓮花白	〃〃〃	〃〃〃	〃	14000		
[illegible]笋	〃〃〃	〃〃〃	〃	3200		

(丙)略述運銷狀況

運銷狀況与磁器口[illegible]

華西实验区农业组蔬菜产区概况调查表（调查地点：重庆市第十四区）　9-1-259（41）

华西实验区农业组蔬菜产区概况调查表（调查地点：重庆市第十四区） 9-1-259（42）

中華平民教育促進會華西實驗區農業組
格式＿中＿1 1950.1.31.

蔬菜產區概況調查表

存檔號數＿＿＿號

(1)地点 重慶市 縣 第十四區 鄉 十九 保 十三 甲 [illegible] 小地名

(2)園主姓名 鄧海山 (3)農場面積 2 畝 (4)土地所有权 佃

(5)勞工數量 140 日 (6)調查適年期 1 年自 [illegible] 年 2 月 日起至 年 月 日止

(7)調查員姓名＿＿＿＿

(甲) 蔬菜栽培及虫害情形

	蔬菜名称	種苗来源	生長時期	栽培面積(丈)	產量(市)	病虫名称	為害時期	採用防治方法	損失數量(市)	為害程度%	備註
第一季	莴笋	自育苗	9—2月	40方丈	800						
	[illegible]	自育苗	9—2月	30方丈	900						
第二季	蓮花白	購自市郊	1—5月	90	3600	白粉蝶	4月	1.手捉 2.用药		30—70%	
	辣椒	購种	2—8月	15		土蚕	3—4月	捕杀			
	（[illegible]）										
第三季											

36

（乙）施肥狀況

蔬菜名称	肥料種類	來　源	施用時期	施用数量(斤)	是否缺乏	備　註
窝笋	人糞尿	本區各地	每隔1次追肥	3600		
包包白	〃〃〃	〃〃〃	仝上	4000		
蓮花白	〃〃〃	〃〃〃	仝上	7600		
辣椒	〃〃〃	〃〃〃	追肥每月1次	1500		

（丙）略述運銷狀況

運銷狀況與其他菜農同

华西实验区农业组蔬菜产区概况调查表（调查地点：重庆市第十四区）　9-1-259（42）

华西实验区农业组蔬菜产区概况调查表（调查地点：重庆市第十四区） 9-1-259（43）

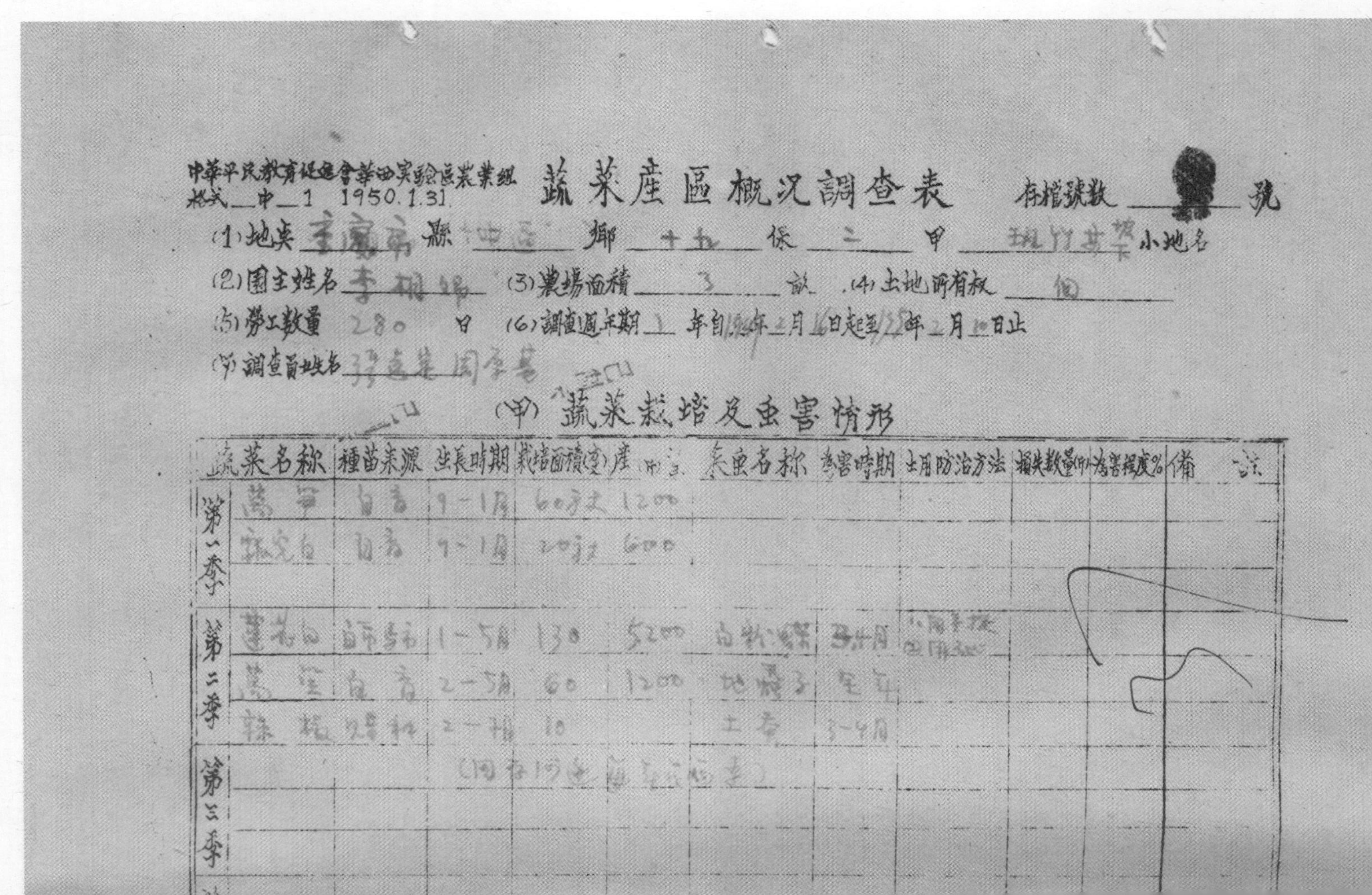

中華平民教育促進會華西實驗區農業組
格式 中 1 1950.1.31.

蔬菜產區概况調查表

存檔號數 ____ 號

(1) 地点 重慶市 縣 ____ 鄉 十九 保 二 甲 ____ 小地名

(2) 園主姓名 李相錦 (3) 農場面積 3 畝 (4) 土地所有权 佃

(5) 勞工數量 280 日 (6) 調查週年期 1 年自1949年2月16日起至1950年2月10日止

(7) 調查員姓名

(甲) 蔬菜栽培及虫害情形

	蔬菜名称	種苗来源	生長時期	栽培面積(方丈)	產量(市斤)	病虫名称	為害時期	防治方法	損失數量(市斤)	為害程度%	備註
第一季	萵笋	自育	9-1月	60方丈	1200						
	瓢兒白	自育	9-1月	20方丈	600						
第二季	蓮花白	自育	1-5月	130	5200	白粉蝶	3-4月	(1)用手捉 (2)用…			
	萵笋	自育	2-5月	60	1200	地蠶子	全年				
	辣椒		2-4月	10		土蚕	3-4月				
第三季											

(乙) 施肥狀況

蔬菜名称	肥料種類	來　源	施用時期	施用数量(斤)	是否缺乏	備　註
莴笋	人糞尿	本區[illegible]	[illegible]追肥[illegible]	12000		
鵝毛白	〃〃〃	〃〃〃	仝上	2000		
蓮花白	〃〃〃	〃〃〃	仝上	18000		
辣椒	〃〃〃	〃〃〃	仝上	1000		

(丙) 略述運銷狀況

運銷狀況為本區[illegible]其他菜農相同。

华西实验区农业组蔬菜产区概况调查表（调查地点：重庆市第十四区） 9-1-259（43）

华西实验区农业组蔬菜产区概况调查表（调查地点：重庆市第十四区） 9-1-259（44）

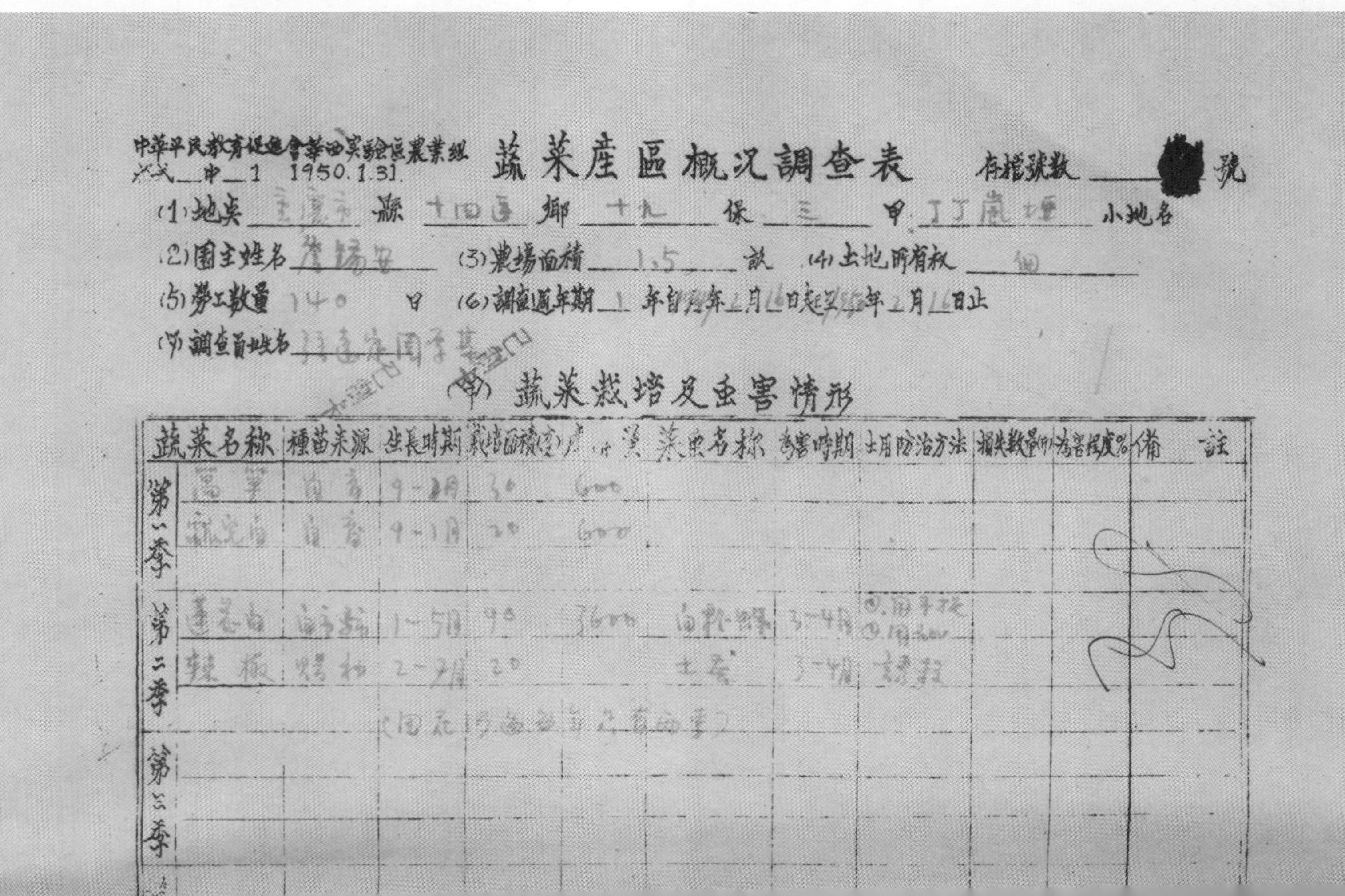

中华平民教育促进会华西实验区农业组
式 中 1 1950.1.31.

蔬菜產區概況調查表

存檔號數 [illegible] 號

(1)地点 重庆市 縣 十四区 鄉 十九 保 三 甲 丁丁嵐垭 小地名

(2)園主姓名 [illegible] (3)農場面積 1.5 畝 (4)土地所有权 佃

(5)勞工數量 140 日 (6)調查週年期 1 年自 [illegible]年 2月 16日起 [illegible]年 2月 16日止

(7)調查員姓名 [illegible]

(甲) 蔬菜栽培及虫害情形

	蔬菜名称	種苗来源	生長時期	栽培面積(方)	產量(斤)	菜虫名称	为害時期	土用防治方法	损失数量(斤)	为害程度%	備註
第一季	萵笋	自育	9-2月	30	600						
	[illegible]	自育	9-1月	20	600						
第二季	蓮花白	[illegible]	1-5月	90	3600	白粉蝶	3-4月	①用手捉 ②用[illegible]			
	辣椒	[illegible]	2-7月	20		土蚕	3-4月	[illegible]			
			(园[illegible])								
第三季											

(乙)施肥狀況

蔬菜名称	肥料種類	來源	施用時期	施用数量(斤)	是否缺乏	備註
萵笋	人糞尿	[illegible]	整地及追肥時	3600		
鵝兒白	〃〃〃	〃〃〃	仝上	1400		
蓮花白	〃〃〃	〃〃〃	仝上	14000		
辣椒	〃〃〃	〃〃〃	仝上	2400		

(丙)略述運銷狀況

運銷狀況与[illegible]其他菜農相同

华西实验区农业组蔬菜产区概况调查表（调查地点：重庆市第十四区） 9-1-259（44）

华西实验区农业组蔬菜产区概况调查表（调查地点：重庆市第十四区） 9-1-259（45）

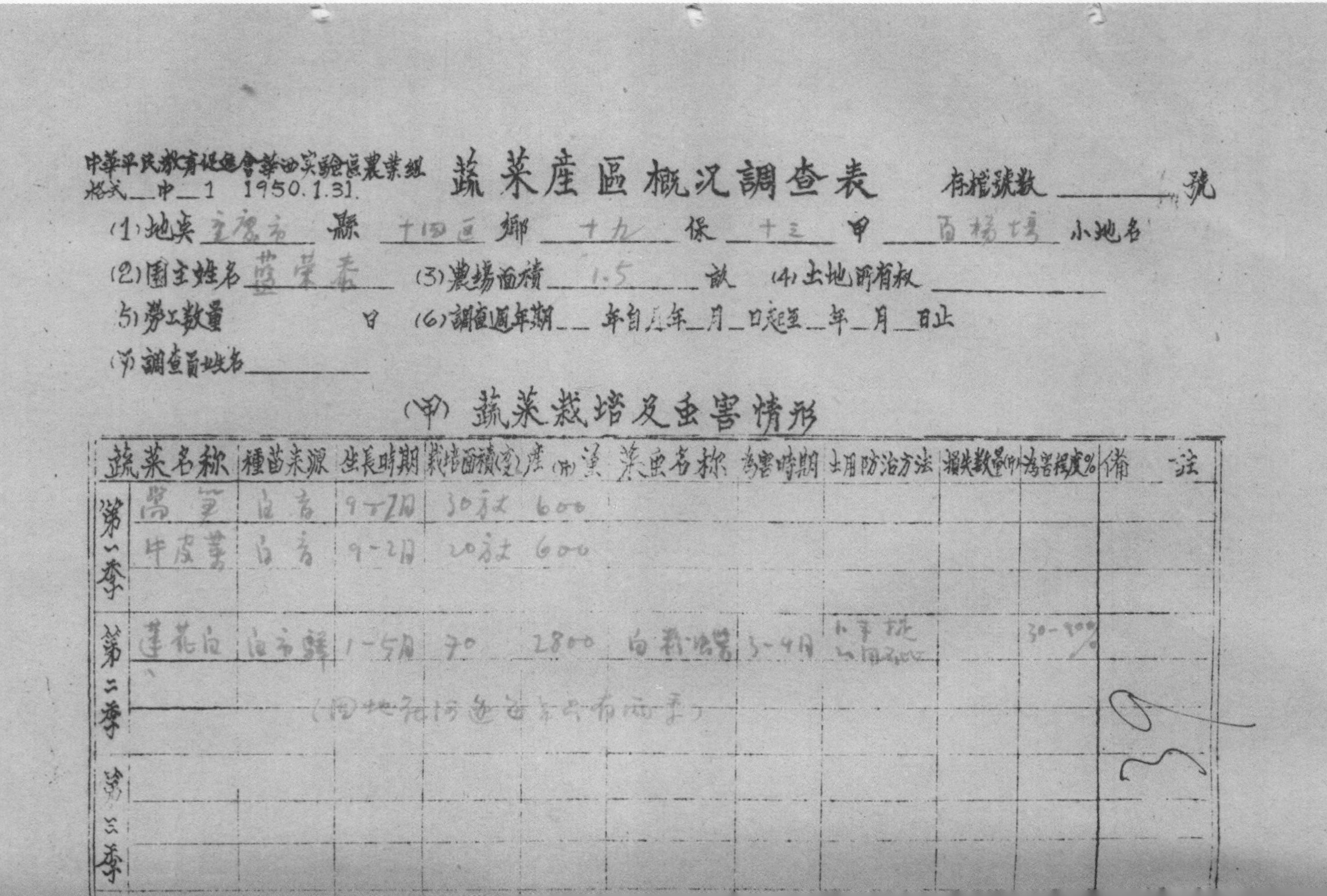

中華平民教育促進會華西实驗區農業組
格式＿中＿1 1950.1.31.

蔬菜產區概況調查表

存檔號數＿＿＿＿號

(1)地点 重慶市 縣 十四区 鄉 十九 保 十三 甲 百楊塆 小地名

(2)園主姓名 藍榮森 (3)農場面積 1.5 畝 (4)土地所有权＿＿＿＿

(5)勞工數量 日 (6)調查週年期＿年自＿年＿月＿日起至＿年＿月＿日止

(7)調查員姓名＿＿＿＿

(甲) 蔬菜栽培及虫害情形

	蔬菜名称	種苗来源	生長時期	栽培面積(方丈)	產(市)量	病虫名称	為害時期	施用防治方法	損失數量(市)	為害程度%	備註
第一季	萵笋	自育	9-12月	30方丈	600						
	牛皮菜	自育	9-2月	20方丈	600						
第二季	蓮花白	自市購	1-5月	70	2800	白粉蝶	3-4月	[illegible]		30-40%	
	(因地狹仿造由不能兩季)										
第三季											

39

（乙）施肥狀況

蔬菜名稱	肥料種類	來　源	施用時期	施用数量(斤)	是否缺乏	備　註
萵筍	人糞尿	本區區內	栽植後至收	4000		
牛皮菜	" " "	" " "	仝上	1000		
蓮花白	" " "	" " "	仝上	18600		

（丙）略述運銷狀況

運銷狀況与本區區內其他菜農相同。

华西实验区农业组蔬菜产区概况调查表（调查地点：重庆市第十四区）　9-1-259（45）

华西实验区农业组蔬菜产区概况调查表（调查地点：重庆市第十四区） 9-1-259（46）

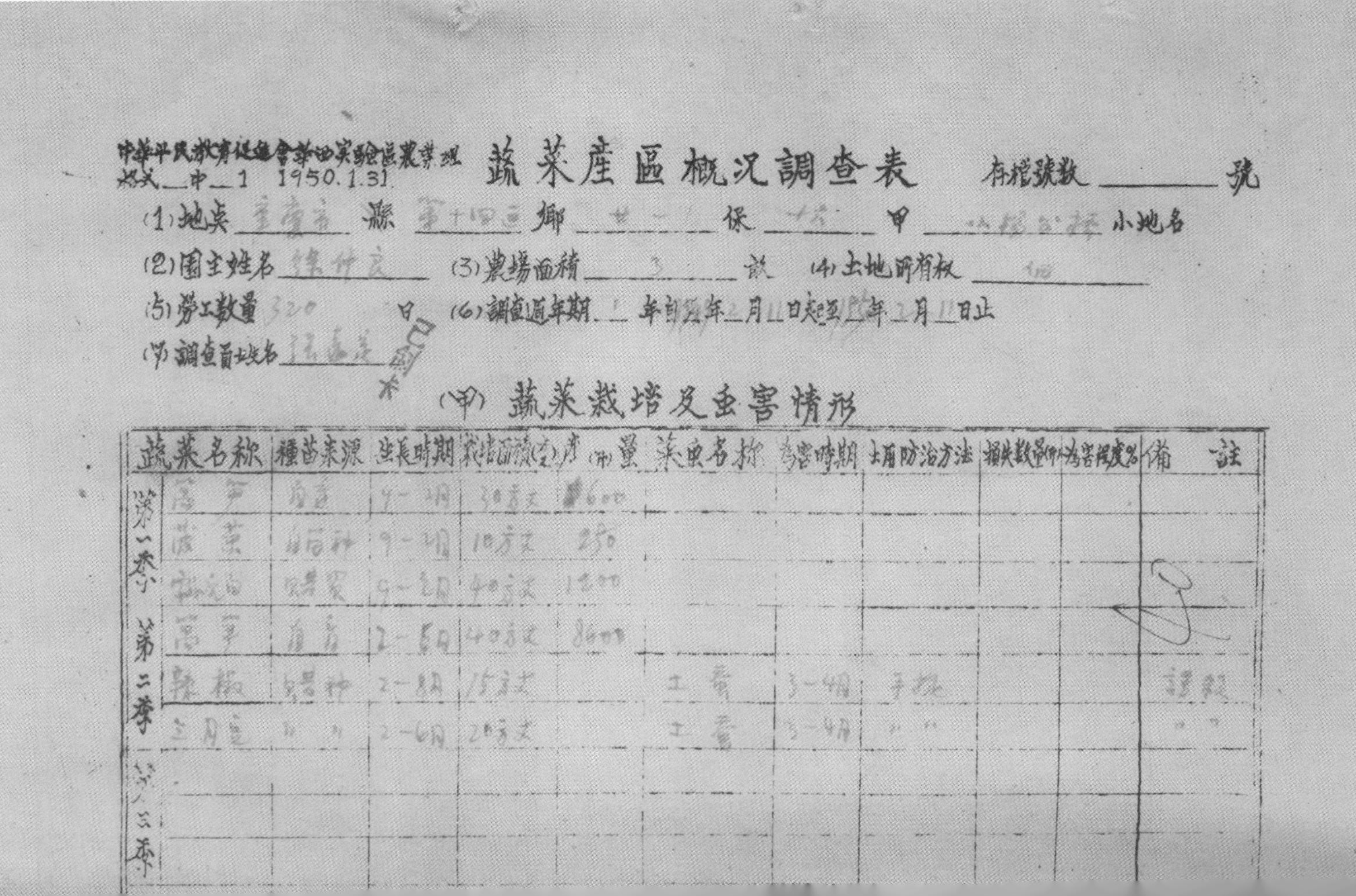

中華平民教育促進會華西實驗區農業組
格式__中__1 1950.1.31

蔬菜產區概況調查表

存檔號數________號

(1)地点 重慶市 縣 第十四區 鄉 廿一 保 十六 甲 小龍坎? 小地名

(2)園主姓名 徐仲良 (3)農場面積 3 畝 (4)土地所有權 佃

(5)勞工數量 320 日 (6)調查適年期 1 年自49年2月11日起至50年2月11日止

(7)調查員姓名 陈逸?

(甲) 蔬菜栽培及虫害情形

	蔬菜名称	種苗來源	生長時期	栽培面積(方丈)	產量(市)	菜虫名称	為害時期	主用防治方法	損失數量(市)	為害程度%	備註
第一季	萵笋	自選	9-2月	30方丈	1600						
	菠菜	自留种	9-2月	10方丈	250						
	蓮花白	購買	9-2月	40方丈	1200						
第二季	萵笋	自留	2-5月	40方丈	8600						
	辣椒	購种	2-8月	15方丈		土蚕	3-4月	手捉			誘殺
	三月豆	〃 〃	2-6月	20方丈		土蚕	3-4月	〃 〃			〃 〃
第三季											

李

（乙）施肥狀況

蔬菜名称	肥料種類	來源	施用時期	施用数量(斤)	是否缺乏	備註
窝笋	人糞尿	由[illegible]	基肥一次追肥3次	8300		
苋菜	〃〃〃〃		〃〃〃〃	2000		
蓮花白	〃〃〃〃		〃〃〃〃	5000		
辣椒	〃〃〃〃		基肥1次以后每半月施追肥	4500		
三月豆	〃〃〃〃		基肥1次追肥3次	3600.		

（丙）略述運銷狀況

①.包包菜高笋未能运至渝市.

②.市价较低比农业价高些

③.不需寻找销路

华西实验区农业组蔬菜产区概况调查表（调查地点：重庆市第十四区）　9-1-259（46）

华西实验区农业组蔬菜产区概况调查表（调查地点：重庆市第十四区） 9-1-259（47）

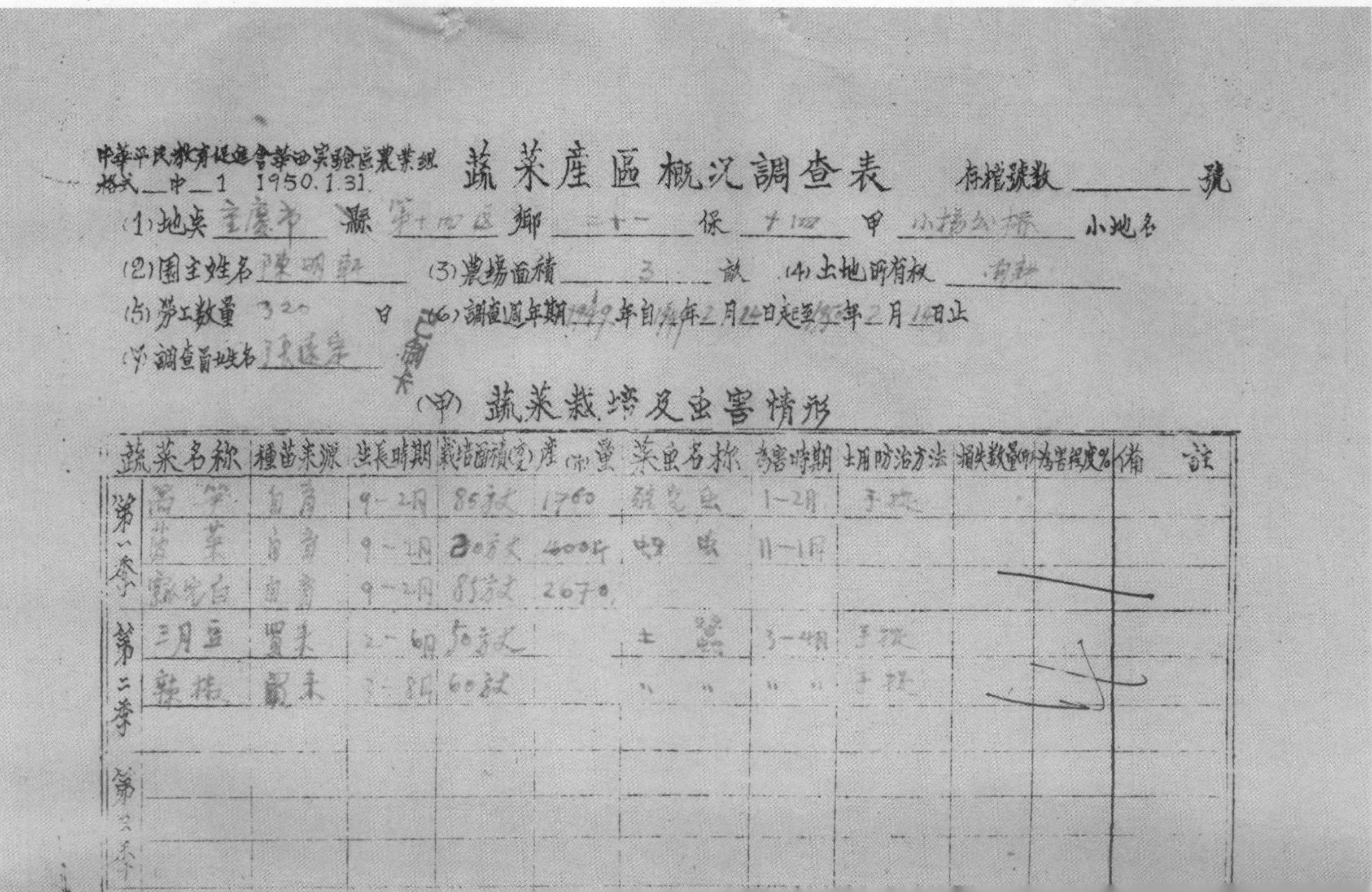

中華平民教育促進會華西實驗區農業組
格式 中 1 1950.1.31

蔬菜產區概況調查表 存檔號數＿＿＿＿號

(1)地点 重慶市 縣 第十四区 鄉 二十一 保 十四 甲 小楊公橋 小地名

(2)園主姓名 陳明軒 (3)農場面積 3 畝 (4)土地所有权 自耕

(5)勞工數量 320 日 (6)調查週年期 1949 年自1949年2月24日起至1950年2月14日止

(7)調查員姓名 張遠宗

（甲）蔬菜栽培及虫害情形

	蔬菜名称	種苗来源	生長時期	栽培面積(方丈)	產(市)量	菜虫名称	為害時期	土用防治方法	損失數量(市)	為害程度%	備註
第一季	莴笋	自育	9–2月	85方丈	1760	[illegible]	1–2月	手捉			
	菠菜	自育	9–2月	20方丈	400斤	蚜虫	11–1月				
	莲花白	自育	9–2月	85方丈	2670						
第二季	三月豆	買来	2–6月	50方丈		土蠶	3–4月	手捉			
	辣椒	買来	3–8月	60方丈		〃 〃	〃 〃	手捉			
第三季											

（乙）施肥狀況

蔬菜名稱	肥料種類	來源	施用時期	施用數量(斤)	是否缺乏	備考
萵笋	人糞尿	磁器口	基肥一次追肥3次	8600		
菠菜	〃 〃 〃	〃 〃 〃	仝上	2800		
瓢兒白	〃 〃 〃	〃 〃 〃	仝上	18,000		
三月豆	〃 〃 〃	〃 〃 〃	基肥一次追肥2次	5000		
辣椒	〃 〃 〃	〃 〃 〃	基肥一次每半月追肥1次	12000		

（丙）略述運銷狀況

⑴.农民多大批卖与菜商由磁器口運至渝市

⑵.由菜商去销卖价比磁器口市价低些。

⑶.不耐貯藏.

华西实验区农业组蔬菜产区概况调查表（调查地点：重庆市第十四区） 9-1-259（48）

中華平民教育促進會華西實驗區農業組
表式 甲 1 1950.1.31

蔬菜產區概況調查表

存檔號數 ________ 號

(1)地點 重慶市 縣 第十四區 鄉 廿一 保 十四 甲 小楊公橋 小地名

(2)園主姓名 廖良全 (3)農場面積 4.5 畝 (4)土地所有權 佃

(5)勞工數量 160 日 (6)調查週年期 壹 年自卅八年二月一日起至卅九年二月一日止

(7)調查員姓名 張虞宗

(甲) 蔬菜栽培及虫害情形

	蔬菜名稱	種苗來源	生長時期	栽培面積(丈)	產(斤)量	病虫名稱	為害時期	施用防治方法	損失數量(斤)	為害程度%	備註
第一季	萵笋	自育	9-2月	30方丈	600						
	菠菜	自留	9-2月	20方丈	480						
	蓮花白	自育	9-2月	40方丈	1260						
第二季	三月豆	購買種	2-6月	40方丈		蚜虫	4-5月				
	萵笋	自留	2-5月	30方丈	640	蚜虫	3-5月				
	辣椒	購種	2-8月	20方丈		土蚕	3-4月	手捉			請教
第三季											

42

（乙）施肥状况

蔬菜名称	肥料种类	来源	施用时期	施用数量（斤）	是否缺乏	备註
莴笋	人、牛、猪粪尿	[illegible]	基肥一次追肥3次	7,400		
菠菜	猪人粪尿	[illegible]	仝上	4,000		
莲花白	" " " "	仝上	仝上	9,000		
三月豆	" " " "	仝上	仝上	8,600		
辣椒	" " " "	仝上	基肥1次每间月追1次	5400.		

（丙）略述运销状况

⑴.买的菜商由木船运至调市.

⑵.商人购买价较市价低$\frac{1}{3}$.

⑶.均不耐贮藏.

华西实验区农业组蔬菜产区概况调查表（调查地点：重庆市第十四区） 9-1-259（48）

华西实验区农业组蔬菜产区概况调查表（调查地点：重庆市第十四区） 9-1-259（49）

中华平民教育促进会华西实验区农业组
农__中__1 1950.1.31.

蔬菜產區概況調查表

存檔號數________號

(1)地点 重庆市 縣 第十四区 鄉 廿一 保 十六 甲 小杨公桥 小地名
(2)園主姓名 元锡林 (3)農場面積 2 畝 (4)土地所有权 佃
(5)勞工數量 250 日 (6)調查周年期 1 年自38年2月11日起至39年2月1日止
(7)調查員姓名 任远之

(甲) 蔬菜栽培及虫害情形

	蔬菜名称	種苗來源	生長時期	栽培面積(方)	產量(市)	害虫名称	为害時期	採用防治方法	損失數量(市)	為害程度%	備註
第一季	莴笋	自育	9-2月	50方丈	1100						
	黄秧白	购苗	9-2月	10方丈							
	菠菜	自留种	9-2月	20方丈	400						
第二季	三月豆	购种	2-6月	40方丈		土蚕	3-4月	手捉			无救
	辣椒	购种	2-8月	30方丈		土蚕	3-4月	同上			〃 〃
第三季											

（乙）施肥状况

蔬菜名称	肥料种类	来源	施用时期	施用数量(斤)	是否缺乏	备考
莴笋	人尿粪	[illegible]	基肥一次追肥3次	6700		
黄秧白	〃〃〃	〃〃〃	全上	1,400		
莙荙菜	〃〃〃	〃〃〃	全上	3000		
三月豆	〃〃〃	〃〃〃	全上	4500		
辣椒	〃〃〃	〃〃〃	基肥1次追施肥1次	6700		

（丙）略述运销状况

① 售与菜商由木船运至渝市
②. 此市[illegible]菜商[illegible]
③. 不耐贮藏

华西实验区农业组蔬菜产区概况调查表（调查地点：重庆市第十四区） 9-1-259（50）

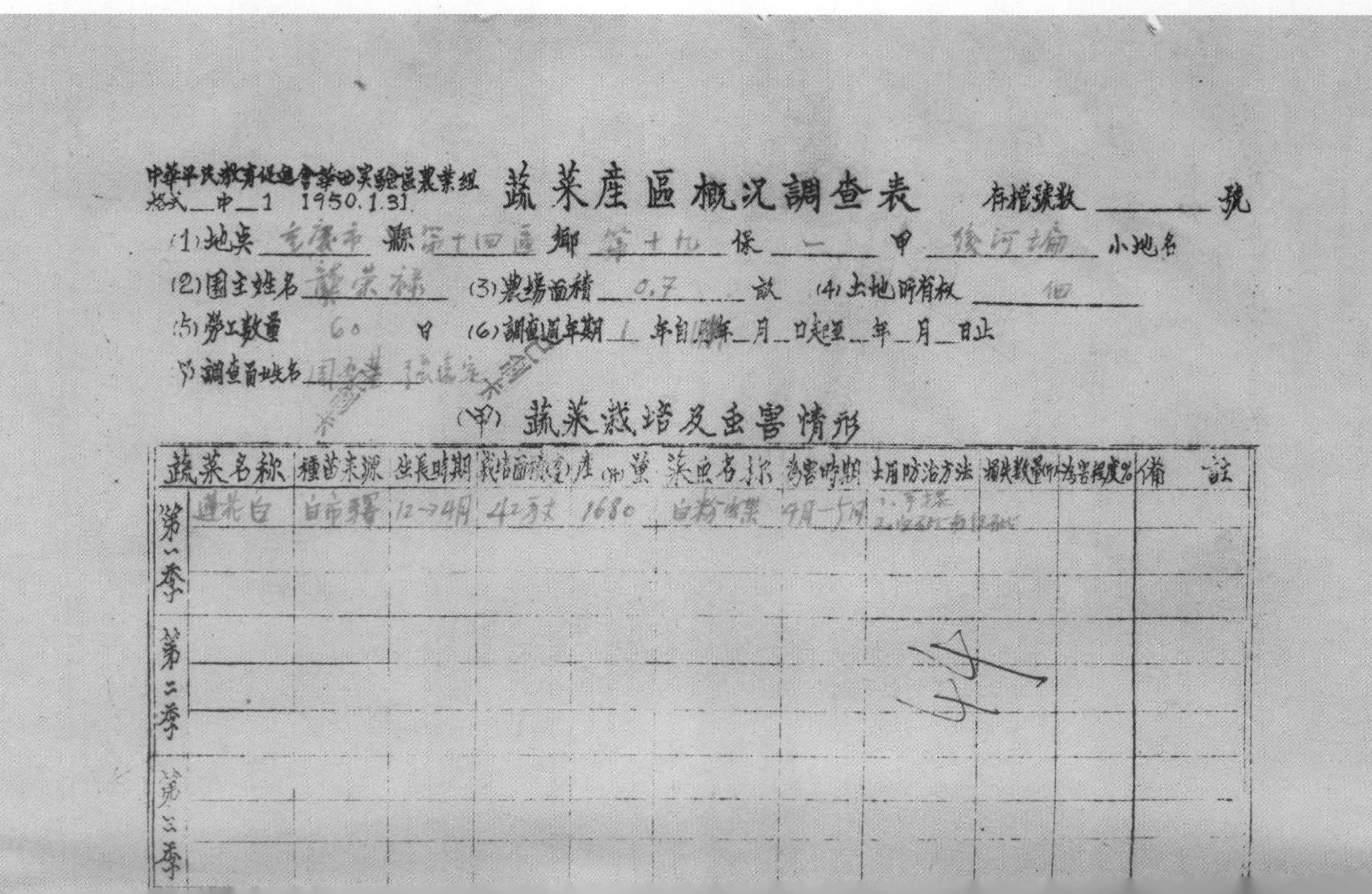

中华平民教育促进会华西实验区农业组
格式＿甲＿1 1950.1.31

蔬菜產區概況調查表

存檔號數＿＿＿＿號

(1)地點 重庆市 縣 第十四区 鄉 第十九 保 一 甲 後河壩 小地名

(2)園主姓名 龔榮禄 (3)農場面積 0.7 畝 (4)土地所有权 佃

(5)勞工數量 60 日 (6)調查週年期 1 年自＿年＿月＿日起至＿年＿月＿日止

(7)調查員姓名 周〇〇 張〇〇

(甲) 蔬菜栽培及虫害情形

	蔬菜名稱	種苗來源	生長時期	栽培面積(畝)	產量(斤)	害虫名稱	為害時期	施用防治方法	損失數量(斤)	為害程度%	備註
第一季	蓮花白	自市購	12→4月	42方丈	1680	白粉蝶	4月—5月	[illegible]			
第二季											
第三季											

44

（乙）施肥狀況

蔬菜名称	肥料種類	來　源	施用時期	施用数量(斤)	是否缺乏	備　　註
莲花白	人糞尿	磁器口	基肥一次追肥3次	6500		

（丙）略述運銷狀況

①零售，或集体由农会蔬菜股转股用木船運至临江门售於菜贩子
②春冬季運銷至渝（35里）船行須一天
③運費（如由农会木船運）由该会抽15%
4.藏贮时期1—2天

华西实验区农业组蔬菜产区概况调查表（调查地点：重庆市第十四区）　9-1-259（50）

华西实验区农业组蔬菜产区概况调查表（调查地点：重庆市第十四区） 9-1-259（51）

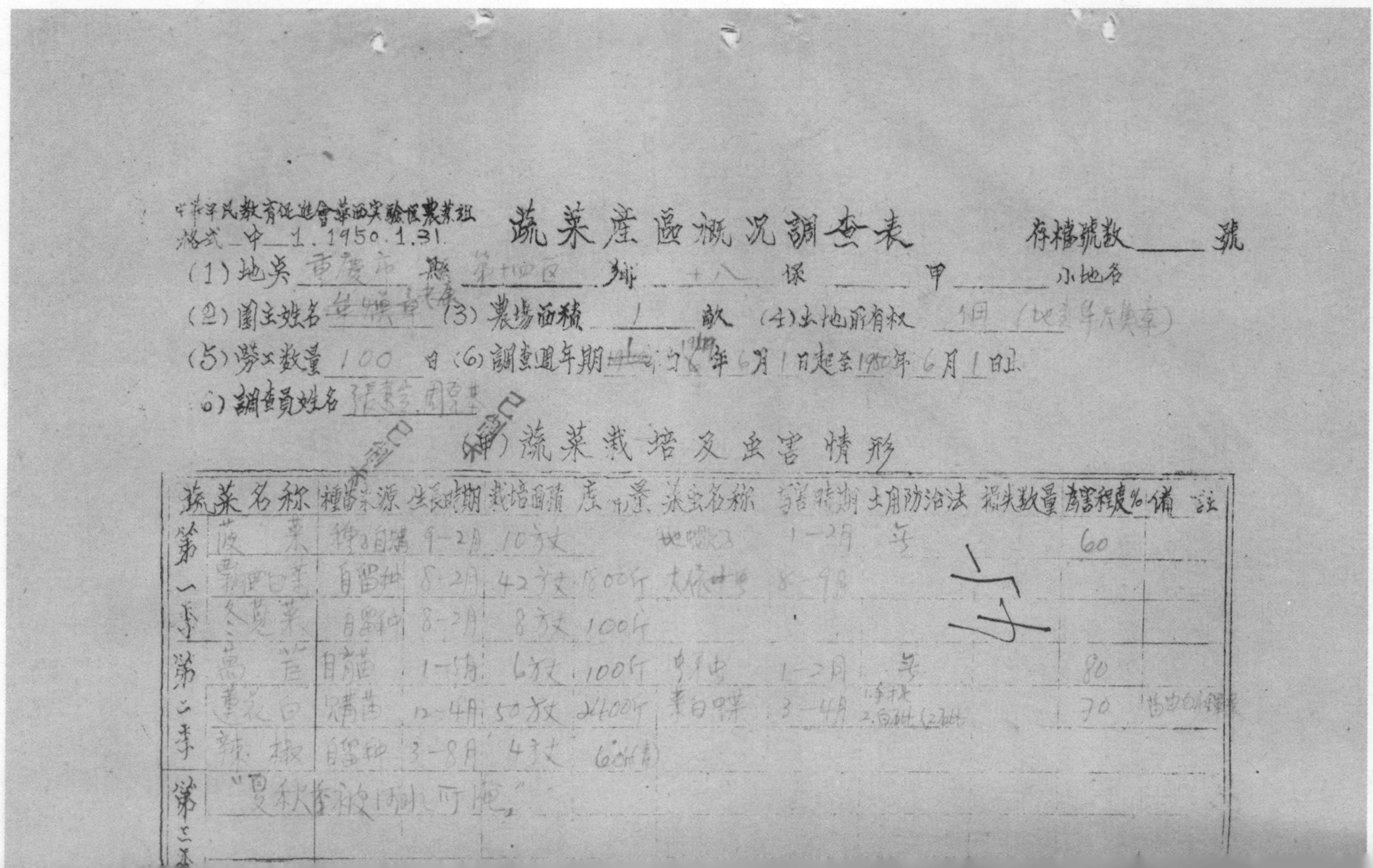

中华平民教育促进会华西实验区农业组
格式—中—1.1950.1.31

蔬菜产区概况调查表

存档号数＿＿＿号

（1）地点 重庆市 县 第十四区 乡 十八 保 ＿＿ 甲 ＿＿ 小地名
（2）园主姓名 [illegible] （3）农场面积 1 亩 （4）土地所有权 佃（地主[illegible]）
（5）劳工数量 100 日 （6）调查周年期 1949年6月1日起至1950年6月1日止
（6）调查员姓名 张[illegible] 周[illegible]

（甲）蔬菜栽培及虫害情形

	蔬菜名称	种苗来源	生长时期	栽培面积	产量	病虫名称	为害时期	土用防治法	损失数量	为害程度%	备注
第一季	菠菜	种[illegible]自留	9-2月	10方丈		地蚕[illegible]	1-2月	无		60	
	[illegible]白菜	自留种	8-2月	42方丈	1800斤	大猿叶虫	8-9月				
	冬苋菜	自留种	8-2月	8方丈	100斤						
第二季	莴苣	自育苗	1-5月	6方丈	100斤	蚜虫	1-2月	无		80	
	莲花白	购苗	12-4月	50方丈	2400斤	菜白蝶	3-4月	1.手捉 2.[illegible]		70	[illegible]
	辣椒	自留种	3-8月	4方丈	60斤						
第三季	"夏秋[illegible]可[illegible]"										

45

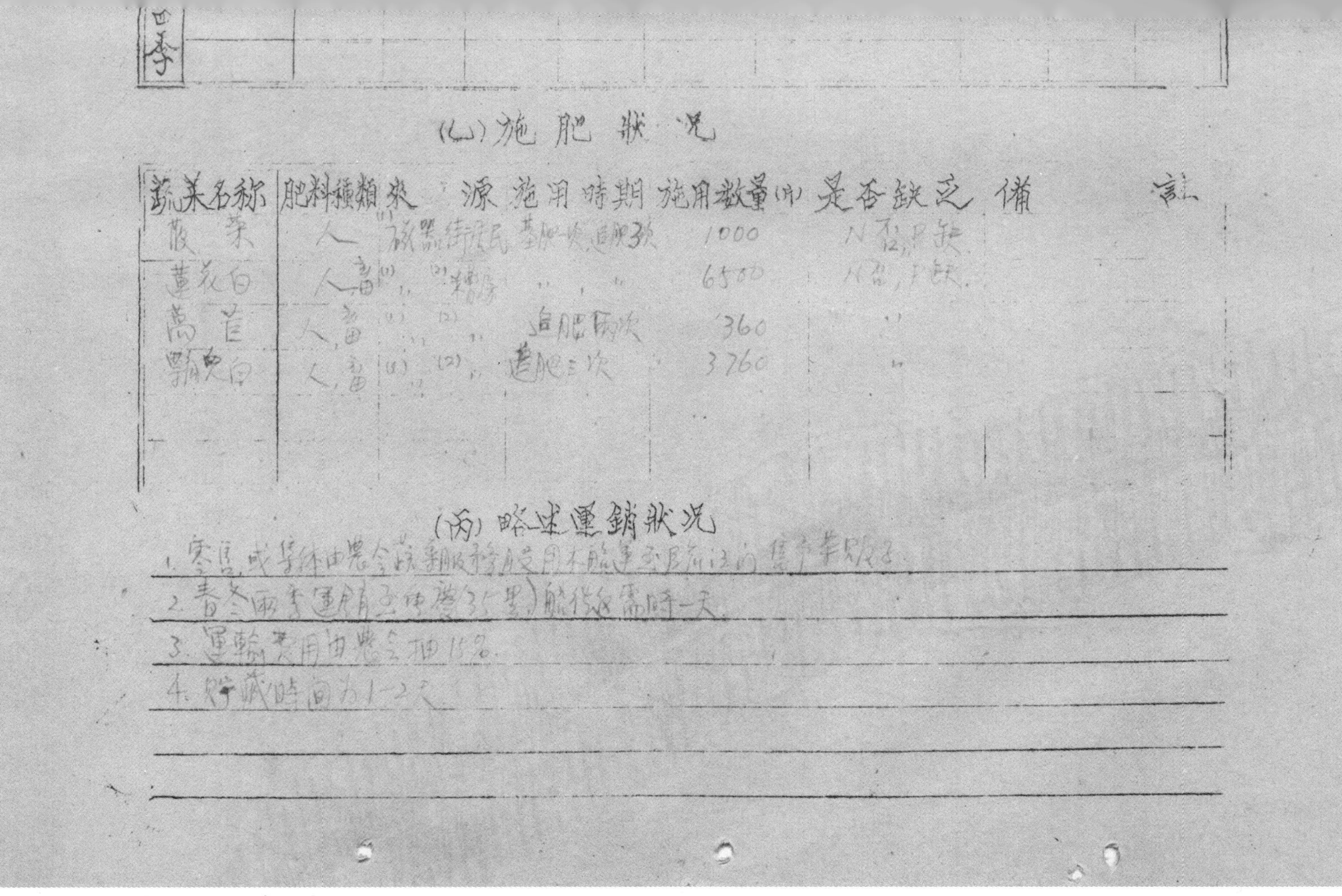

四季						

（乙）施肥状况

蔬菜名称	肥料种类	来源	施用时期	施用数量(斤)	是否缺乏	备注
菠菜	人	(1)旅馆街居民	基肥一次追肥3次	1000	(1)N否(2)P缺	
莲花白	人、畜	(1)〃(2)农场	〃 〃	6500	N否，P缺	
莴苣	人、畜	(1)〃(2)〃	追肥两次	360	〃	
黄秧白	人、畜	(1)〃(2)〃	追肥三次	3760	〃	

（丙）略述运销状况

1. 零售或[illegible]由农会[illegible]用木船运[illegible]
2. 春冬两季运销至[illegible]（[illegible]）航行需时一天。
3. 运输费用由农会担15%。
4. 贮藏时间为1-2天。

华西实验区农业组蔬菜产区概况调查表（调查地点：重庆市第十四区） 9-1-259（51）

华西实验区农业组蔬菜产区概况调查表（调查地点：重庆市第十四区） 9-1-259（52）

中華平民教育促進會華西實驗區農業組
格式 中 1 1950.1.31

蔬菜產區概況調查表

存檔號數＿＿＿＿號

(1)地點 重慶市 縣 第十四區 鄉 第十九 保 三 甲 篙笋塘 小地名

(2)園主姓名 劉云生 (3)農場面積 1畝半 畝 (4)土地所有权 佃

(5)勞工數量 160 日 (6)調查通年期 1 年自49年6月8日起至50年6月8日止

(7)調查員姓名 孫遠富 周季甚

(甲) 蔬菜栽培及虫害情形

	蔬菜名称	種苗来源	生長時期	栽培面積(丈)	產(斤)量	害虫名称	為害時期	採用防治方法	損失數量(斤)	為害程度%	備註
第一季	菠菜	自育苗	9-2月	40方丈	800	地蠶子	1-2月			20%	
	[illegible]白	自育苗	8-2月	32方丈	1570						
第二季	蓮花白	白市驛	12-4月	2畝	4800	白粉蝶	4-5月	①手捉 ②用石灰		30-60%	
	萵笋	自育	1-5月	47方丈	940斤	蚜虫	1-2月	無			
第三季											

(乙)施肥狀況

蔬菜名称	肥料種類	來源	施用時期	施用數量(斤)	是否缺乏	備註
菠菜	人粪尿	张家口	基肥一次追肥3次	800		
瓢儿白	〃〃〃	〃〃〃	〃〃〃〃〃〃	2900		
莲花白	〃〃〃	〃〃〃	〃〃〃〃〃〃	12,000.		
莴笋	〃〃〃	〃〃〃	〃〃〃〃〃〃	2600.		

(丙)略述運銷狀況

①.农户或由农会运至重庆,然后[illegible]。

②.自己挑运至重[illegible]

华西实验区农业组蔬菜产区概况调查表(调查地点:重庆市第十四区) 9-1-259(52)

华西实验区农业组蔬菜产区概况调查表（调查地点：重庆市第十四区） 9-1-259（53）

中华平民教育促进会华西实验区农业组
式__中__1 1950.1.31.

蔬菜产区概况调查表

存档号数________号

(1)地点 重庆市 县 14区 乡 10 保 10 甲 凤凰山 小地名

(2)园主姓名 王青云 (3)农场面积 44.5 亩 (4)土地所有权 佃

(5)劳工数量 日 (6)调查周年期 年自[illegible]年6月1日起至50年6月1日止

(7)调查员姓名 王文武 已阅

(甲) 蔬菜栽培及虫害情形

	蔬菜名称	种苗来源	生长时期	栽培面积(方)	产量	害虫名称	为害时期	采用防治方法	损失数量(斤)	为害程度%	备注
第一季	莴笋	罐子街上	9-2月	180	3600						
	瓢儿白	自留	8-2月	60	1800						
	莙菜	罐子街上	9-2月	30	600						
第二季	莲花白	罐自留种	12-5月	130	5000	青虫	4-5月	用石灰			
	莙菜	罐子街上	1-5月	40	800						
	莴笋	〃	1-5月	100	2000						
第三季											

（乙）施肥狀況

蔬菜名稱	肥料種類	來　源	施用時期	施用數量(斤)	是否缺乏	備　註
萵笋	人、畜	担肩挑上	全年	16000	缺	
瓢兒白	〃	〃	〃	4000	〃	
青菜	〃	〃	〃	7000	〃	
黃秧白	〃	〃	〃	16000	〃	

（丙）略述運銷狀況

1、零售並由農會辦運.

2.距市約八里、七里、五里.

3、由農会抽15%費用.

4、運程一天.

5.貯藏1-2天.

华西实验区农业组蔬菜产区概况调查表（调查地点：重庆市第十四区） 9-1-259（53）

华西实验区农业组蔬菜产区概况调查表（调查地点：重庆市第十四区） 9-1-259（54）

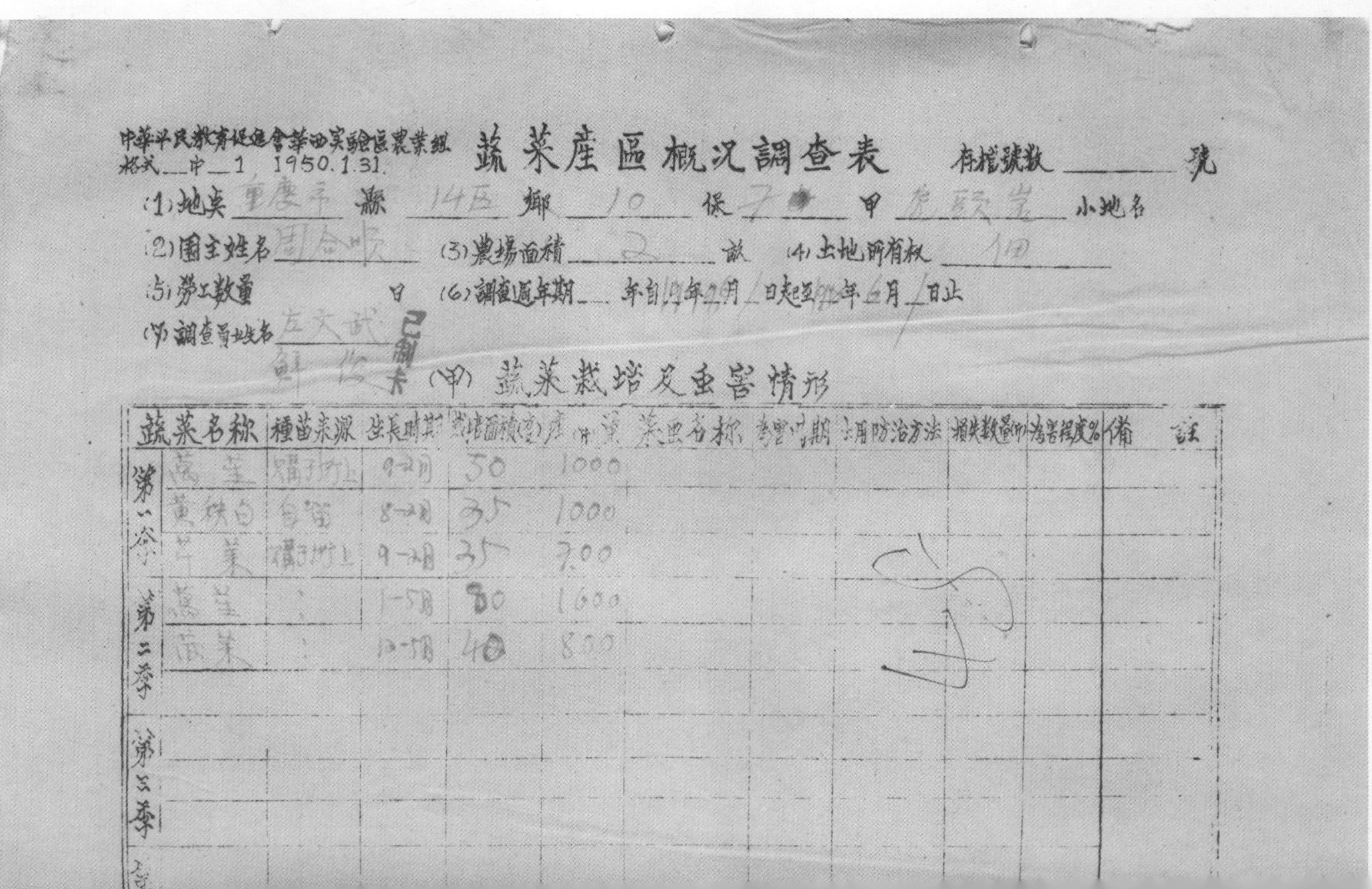

中華平民教育促進會華西實驗區農業組
格式 中 1 1950.1.31.

蔬菜產區概況調查表

存檔號數＿＿＿號

(1)地点 重慶市 縣 14区 鄉 10 保 7 甲 虎頭岩 小地名

(2)園主姓名 周合[illegible] (3)農場面積 2 畝 (4)土地所有权 佃

(5)勞工數量＿＿日 (6)調查週年期＿年自39年2月1日起至40年6月1日止

(7)調查員姓名 左文武 鲜俊

(甲) 蔬菜栽培及虫害情形

	蔬菜名称	種苗来源	生長時期	栽培面積(方)	产量(斤)	虫害名称	為害時期	应用防治方法	損失數量(斤)	為害程度%	備註
第一季	萵笋	孀子湾上	9-2月	50	1000						
	黄秧白	自留	8-2月	35	1000						
	芹菜	孀子湾上	9-2月	35	700						
第二季	萵笋	〃	1-5月	80	1600						
	[illegible]菜	〃	12-5月	40	800						
第三季											

(乙)施肥狀況

蔬菜名称	肥料種類	來　源	施用時期	施用数量(斤)	是否缺乏	備　註
萵苣	人、畜、	自给，[illegible]	追三次.	7000	不缺.	
黄秧白	〃	〃	追三次	2500	〃	
芹菜	〃	〃	追四次	1500	〃	
莴菜	〃	〃	追三次	4000		

(丙)略述運銷狀況

1、零售或卖与菜贩子.

2、距市场2里.

3、貯藏1—2天.

华西实验区农业组蔬菜产区概况调查表（调查地点：重庆市第十四区）　9-1-259（54）

华西实验区农业组蔬菜产区概况调查表（调查地点：重庆市第十四区） 9-1-259（55）

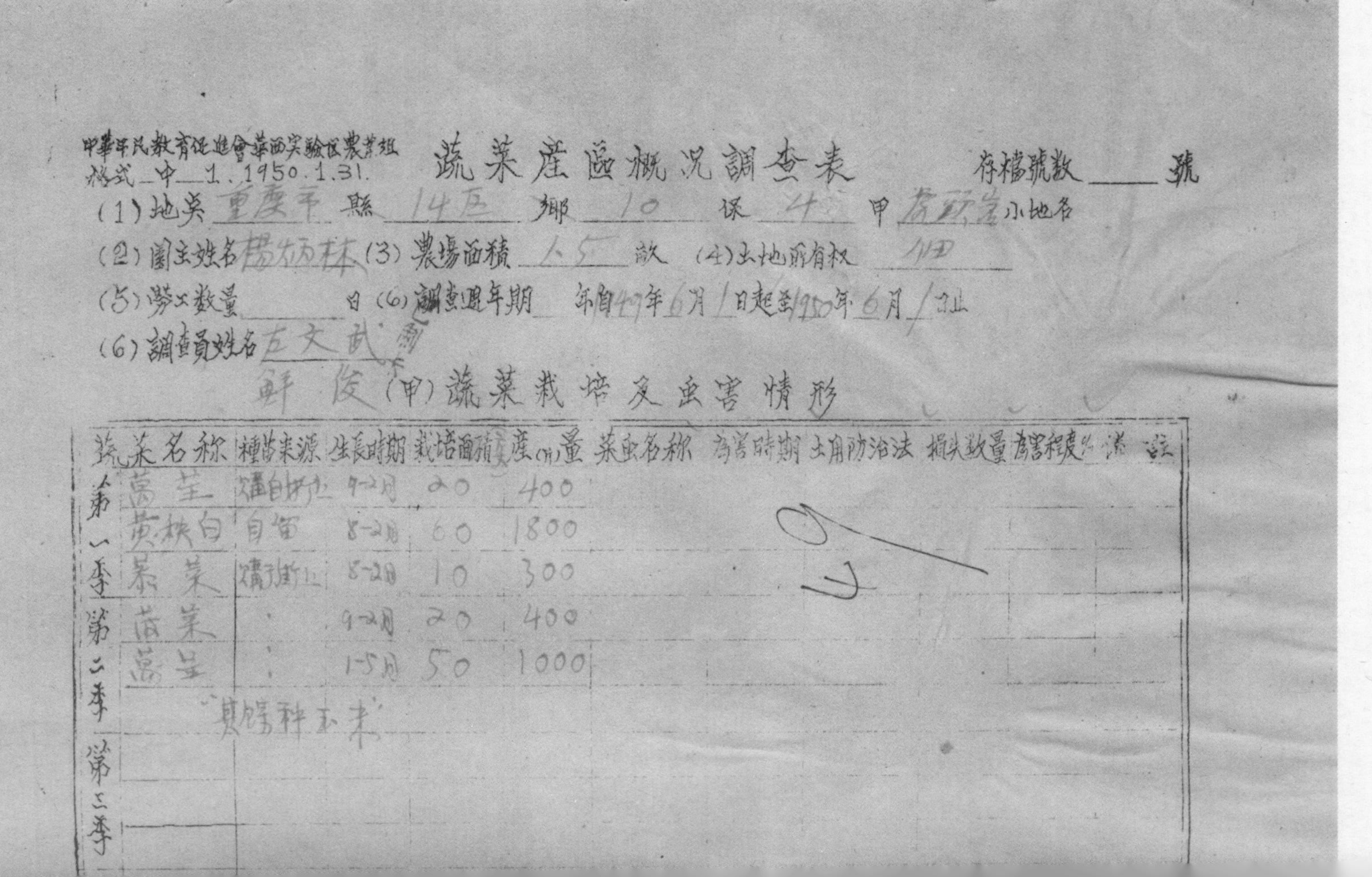

中华平民教育促进会华西实验区农业组
格式 中 1. 1950.1.31.

蔬菜产区概况调查表　　存档号数____号

(1)地点 重庆市 县 14区 乡 10 保 4 甲 [illegible] 小地名

(2)园主姓名 杨炳林 (3)农场面积 1.5 亩 (4)土地所有权 佃

(5)劳工数量____日 (6)调查週年期 年自49年6月1日起至1950年6月1日止

(6)调查员姓名 左文武 鲜俊

(甲)蔬菜栽培及虫害情形

	蔬菜名称	种苗来源	生长时期	栽培面积	产(斤)量	菜虫名称	为害时期	土用防治法	损失数量	为害程度%	附注
第一季	莴笋	购自浙江	9-2月	20	400						
	黄秧白	自留	8-2月	60	1800						
	菾菜	购自浙江	8-2月	10	300						
第二季	茼菜	〃	9-2月	20	400						
	莴笋	〃	1-5月	50	1000						
	"其余种玉米"										
第三季											

(乙) 施肥状况

蔬菜名称	肥料种类	来源	施用时期	施用数量(斤)	是否缺乏	备注
莴笋	人、畜、	半由附近，半由自办。	11—1月	4000		
黄秧白	、	、	10—1月	4200		
菾菜	、	、	9—1月	700		
[illegible]菜	、	、	10—2月	2000		

(丙) 蔬菜运销状况

1. 零售。
2. 距市[illegible]里。

华西实验区农业组蔬菜产区概况调查表（调查地点：重庆市第十四区） 9-1-259（55）

华西实验区农业组蔬菜产区概况调查表（调查地点：重庆市第十四区） 9-1-259（56）

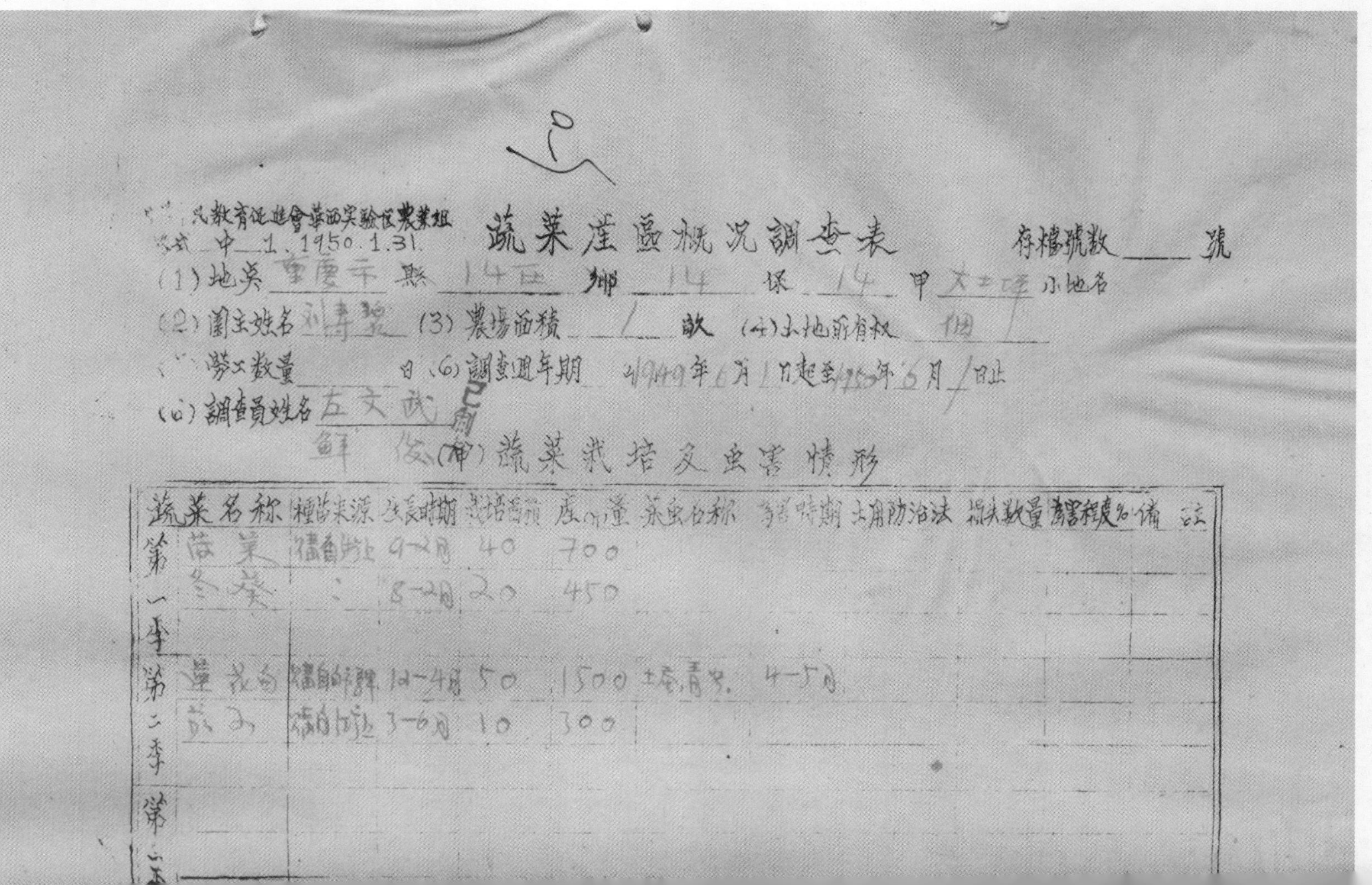

50

平民教育促進會華西实驗區農業組
編號 中 1. 1950.1.31.

蔬菜產區概況調查表

存檔號數＿＿號

(1) 地點 重慶市 縣 14區 鄉 14 保 14 甲 大土坪 小地名
(2) 園主姓名 刘寿贤 (3) 農場面積 1 畝 (4) 土地所有权 佃
(5) 勞工數量 日 (6) 調查週年期 自1949年6月1日起至1950年6月1日止
(7) 調查員姓名 左文武 鮮 俊

(8) 蔬菜栽培及虫害情形

	蔬菜名称	種苗來源	生長時期	栽培面積	產量	害虫名称	為害時期	采用防治法	損失數量	為害程度%	備註
第一季	莴笋	種自購	9-2月	40	700						
	冬苋	"	8-2月	20	450						
第二季	蓮花白	種自購	12-4月	50	1500	土蚕、青虫	4-5月				
	茄子	種自購	3-6月	10	300						
第三季											

(乙)施肥状况

蔬菜名称	肥料种类来源	施用时期	施用数量(斤)	是否缺乏	备注
莴笋	人粪尿 担子挑运	全年	4000	不缺	
冬寒	〃	〃	800		
莲花白	〃	〃	6000		
茄子	〃	〃	800		

(丙)路线运销状况

1. 零售。
2. 距市场0.7里。

华西实验区农业组蔬菜产区概况调查表（调查地点：重庆市第十四区） 9-1-259（56）

华西实验区农业组蔬菜产区概况调查表（调查地点：重庆市第十四区） 9-1-259（57）

中华平民教育促进会华西实验区农业组
格式 中 1、1950 1.31

蔬菜产区概况调查表

存档号数____号

（1）地点 重庆市 县 14区 乡 14 保 14 甲 大土坪 小地名

（2）园主姓名 孙李氏 （3）农场面积 1.5 亩 （4）土地所有权 佃

（5）劳工数量 日 （6）调查周年期 年 卅八年6月1日起至卅九年6月1日止

（6）调查员姓名 巨大武 鲜俊

（甲）蔬菜栽培及虫害情形

	蔬菜名称	种苗来源	生长时期	栽培面积	产（斤）量	菜虫名称	为害时期	土用防治法	损失数量	为害程度%	备注
第一季	黄芽白	自留	8-2月	30	800						
	苗菜	购买	9-2月	10	200						
	莴笋	〃	4-2月	80	1000						
第二季	莲花白	购买	12-4月	40	1500	蚜，青虫	十-5月	手捉			
	藤菜	自留	3-10月	20	500						
	茄子	购买	3-6月	30	1000						
第三											

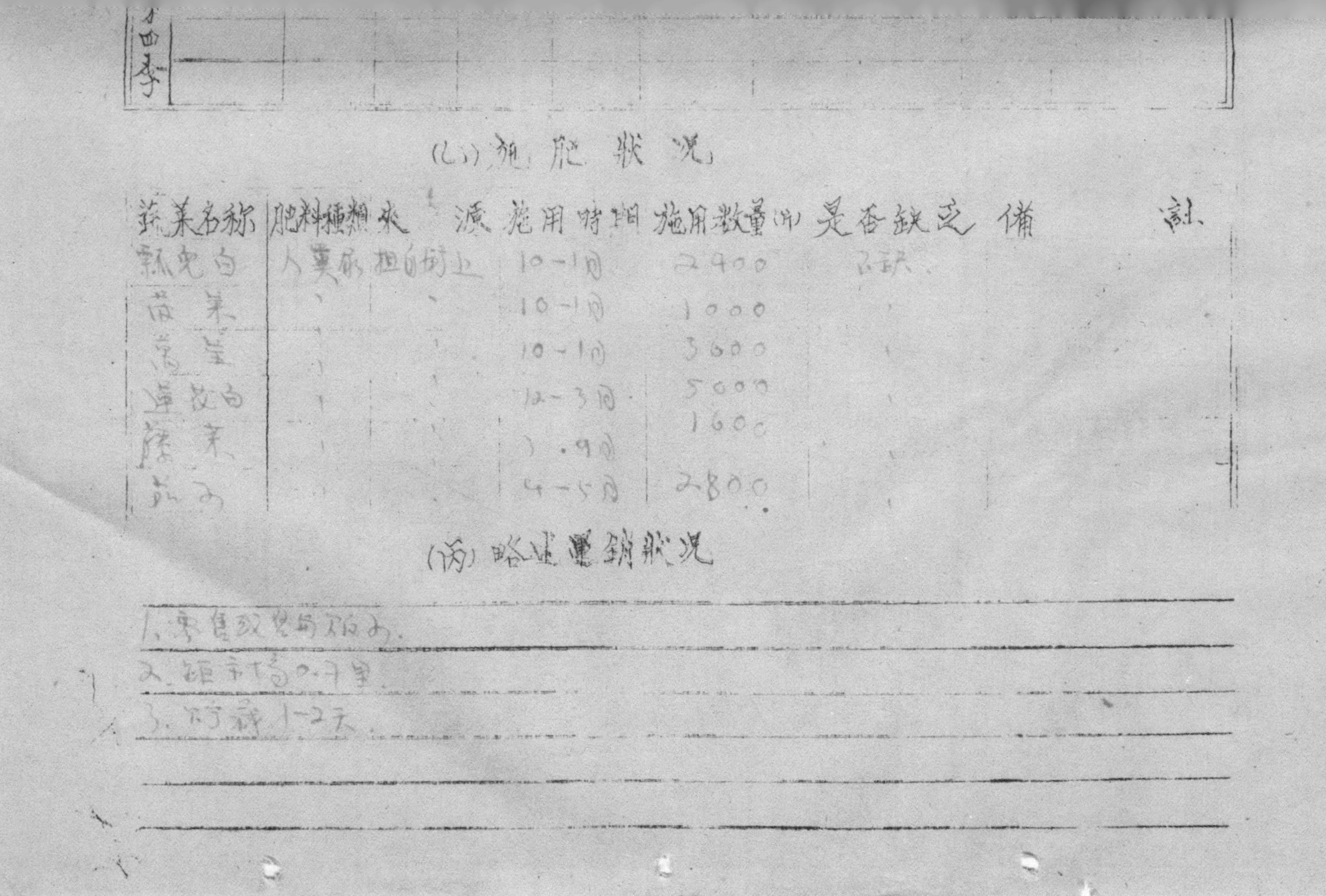

四季						

（乙）施肥状况

蔬菜名称	肥料种类	来源	施用时期	施用数量(斤)	是否缺乏	备注
瓢儿白	人粪尿	担自附近	10-1月	2400	不缺	
青菜	〃	〃	10-1月	1000	〃	
莴笋	〃	〃	10-1月	3600	〃	
连花白	〃	〃	12-3月	5000	〃	
藤菜	〃	〃	7-9月	1600	〃	
茄子	〃	〃	4-5月	2800	〃	

（丙）略述运销状况

1. 零售或售与贩子。
2. 距市场0.7里。
3. 可藏1-2天。

华西实验区农业组蔬菜产区概况调查表（调查地点：重庆市第十四区）　9-1-259（57）

华西实验区农业组蔬菜产区概况调查表（调查地点：重庆市第十四区） 9-1-259（58）

12

中华平民教育促进会华西实验区农业组
格式—中—1，1950.1.31

蔬菜产区概况调查表

存档号数____号

(1)地点 重庆市 县 14区 乡 14 保 14 甲 大土坪 小地名
(2)园主姓名 刘嘉林 (3)农场面积 2.5 亩 (4)土地所有权 佃
(5)劳工数量____日 (6)调查周年期 伍拾年 6月 1日起至1950年 6月 1日止
(7)调查员姓名 左文武 已调

鲜 役(种)蔬菜栽培及虫害情形

	蔬菜名称	种苗来源	生长时期	栽培面积	产量	虫害名称	为害时期	所用防治法	损失数量	为害程度%	备注
第一季	瓢儿白	自留	9-2月	120	3000						
	莴菜	猫儿坝上	4-2月	30	600						
第二季	莲花白	猫儿坝上	1-5月	30	1000	土蚕、青虫	12-4月				
	花叶菜	〃	11-4月	30	900						
	茄子	〃	3-6月	10	600						
第三季	"其余种玉米"										

(乙)施肥状况

蔬菜名称	肥料种类	来源	施用时期	施用数量(斤)	是否缺乏	备注
黄秧白	人粪尿	担粪城上	10—1月	9000	不缺	
青菜	〃	〃	4—1月	3000	〃	
莲花白	〃	〃	12—4月	4000	〃	
花叶菜	〃	〃	12—4月	5800	〃	
茄子	〃	〃	4—5月	1000	〃	

(丙)略述运销状况

1. 零售，或售与菜贩子。
2. 距市场0.5里。
3. 贮藏1—2天。

华西实验区农业组蔬菜产区概况调查表（调查地点：重庆市第十四区） 9-1-259（58）

华西实验区农业组蔬菜产区概况调查表（调查地点：重庆市第十四区） 9-1-259（59）

中華平民教育促進會華西實驗區農業組
格式 中 1. 1950 1.31.

蔬菜產區概況調查表

存檔號數____號

(1)地點 重慶市 縣 14区 鄉 14 保 84 甲 [illegible] 小地名
(2)園主姓名 [illegible] (3)農場面積 0.5 畝 (4)土地所有权 佃
(5)勞工数量____日 (6)調查週年期 年自[illegible]年[illegible]月[illegible]日起至[illegible]年[illegible]月[illegible]日止
(6)調查員姓名 [illegible]

(甲)蔬菜栽培及虫害情形

	蔬菜名称	種苗来源	生長時期	栽培面積	產(斤)量	病虫名称	為害時期	土用防治法	損失数量	為害程度%	備註
第一季	[illegible]	自留	[illegible]	120	3000						
	[illegible]	[illegible]	[illegible]	30	600						
第二季	蓮花白	[illegible]	[illegible]	30	1000	[illegible]	[illegible]				[illegible]
	花叶菜	：	[illegible]	30	400						
	茄子	[illegible]	[illegible]	10	100						
第三季	[illegible]										

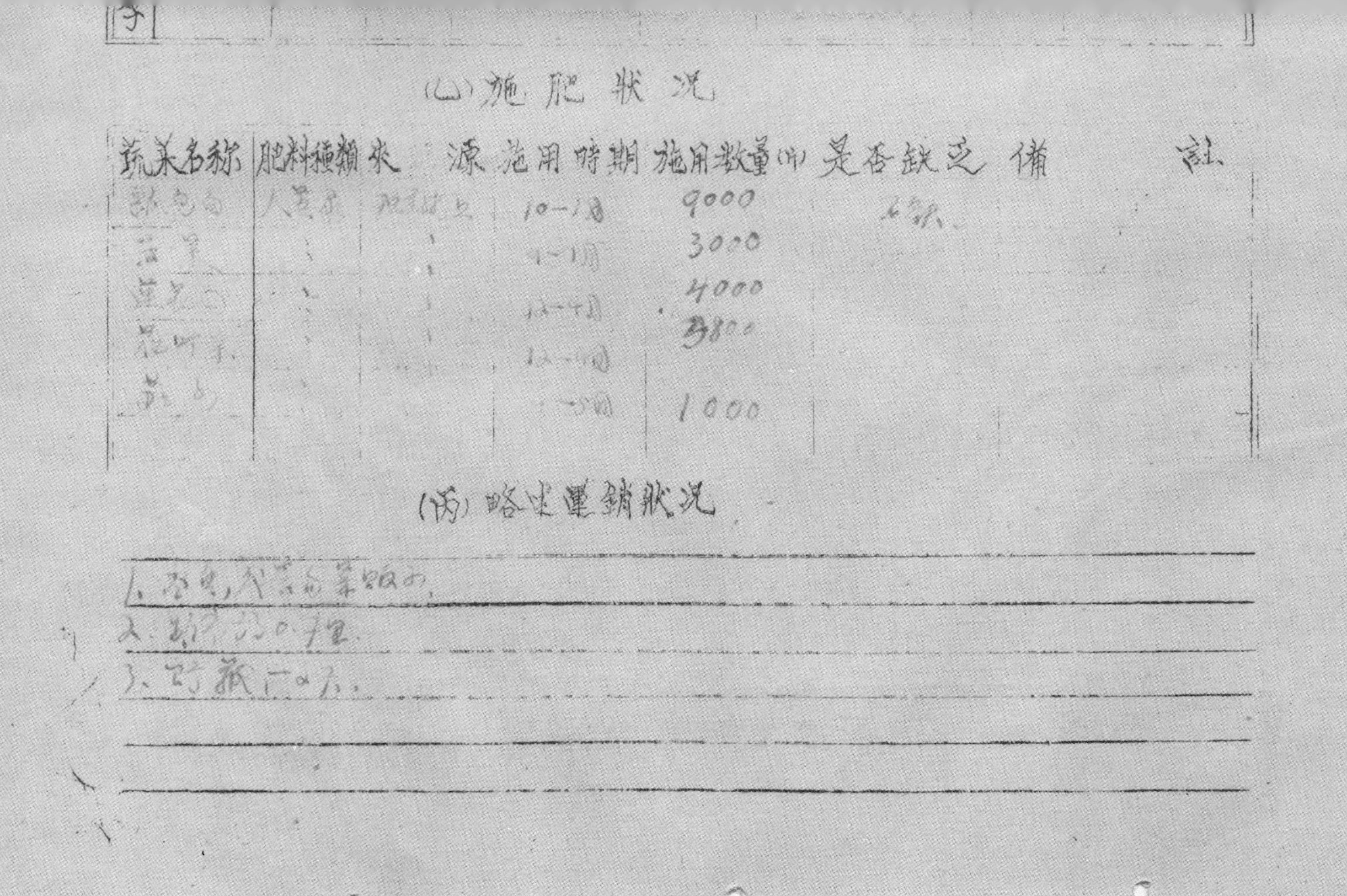

（乙）施肥状况

蔬菜名称	肥料种类	来源	施用时期	施用数量(斤)	是否缺乏	备註
[illegible]	人粪尿	[illegible]	10-1月	9000	不缺	
[illegible]	、	、	9-1月	3000		
[illegible]	、	、	12-4月	4000		
[illegible]	、	、	12-4月	3800		
[illegible]	、	、	1-5月	1000		

（丙）略述运销状况

1. [illegible]
2. [illegible]
3. [illegible]

华西实验区农业组蔬菜产区概况调查表（调查地点：重庆市第十四区） 9-1-259（60）

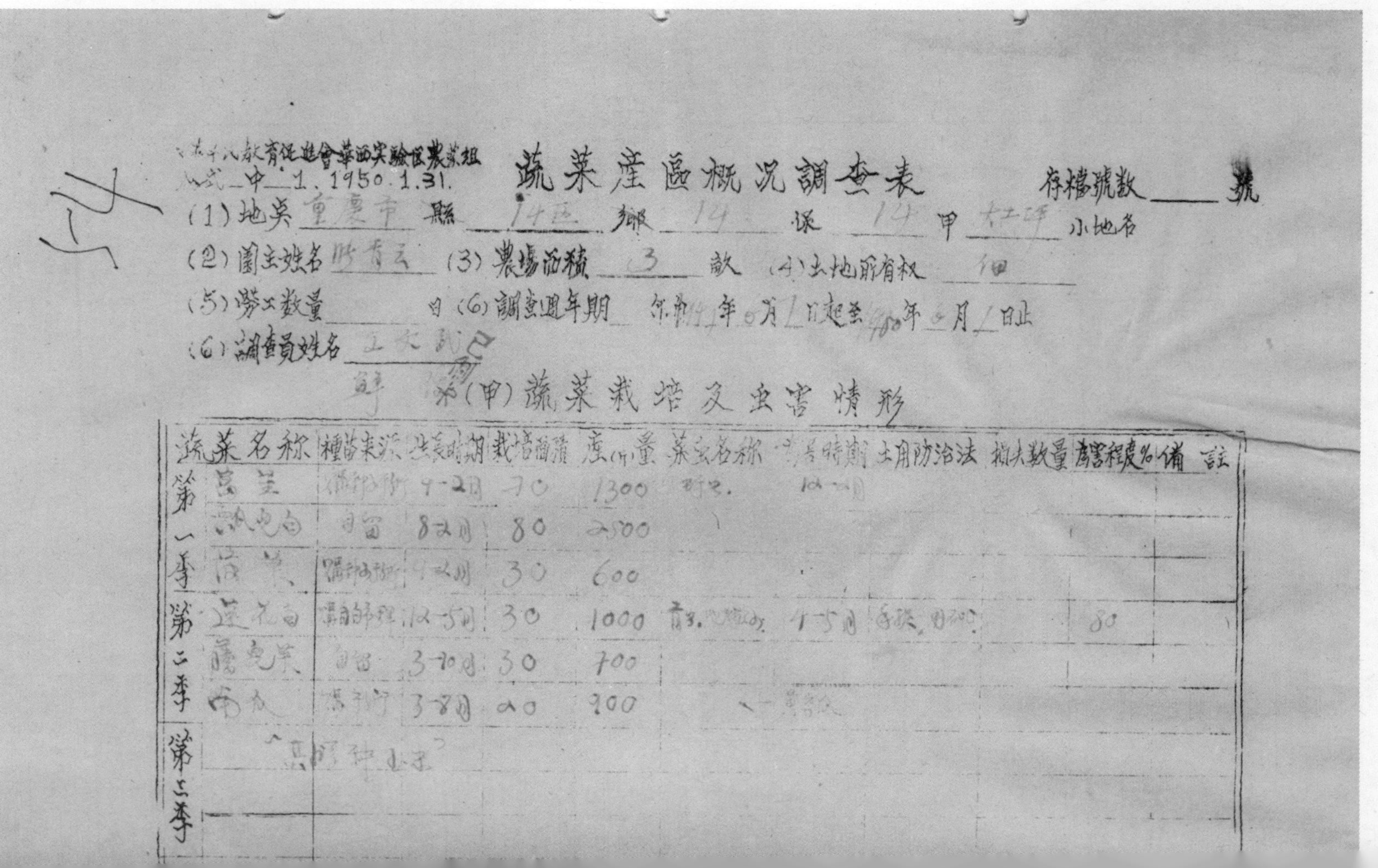

中华平民教育促进会华西实验区农业组
〔表〕式—中—1. 1950.1.31.

蔬菜产区概况调查表

存档号数＿＿号

(1)地点 重庆市 县 14区 乡 14 保 14 甲 大土坪 小地名
(2)园主姓名 [illegible] (3)农场面积 3 亩 (4)土地所有权 佃
(5)劳工数量＿＿日 (6)调查周年期 [illegible]年[illegible]月1日起至[illegible]年[illegible]月1日止
(6)调查员姓名 [illegible]

(甲)蔬菜栽培及虫害情形

	蔬菜名称	种苗来源	生长时期	栽培面积	产(斤)量	虫害名称	为害时期	土用防治法	损失数量	为害程度%	备注
第一季	莴笋	[illegible]	9-2月	70	1300	[illegible]	[illegible]				
	包包白	自留	8-2月	80	2500						
	菠菜	[illegible]	9-2月	30	600						
第二季	莲花白	[illegible]	12-5月	30	1000	[illegible]	4-5月	[illegible]		80	
	[illegible]	自留	3-10月	30	700						
	[illegible]	[illegible]	3-8月	20	900	[illegible]					
第三季	[illegible]										

(乙)施肥状况

蔬菜名称	肥料种类	来源	施用时期	施用数量(斤)	是否缺乏	备注
莴笋	人粪尿	自购买	11-1月	4000	不缺、	
莲花白	〃	〃	10-1月	6000		
[illegible]	〃	〃	9-1月	3000		
[illegible]	〃	〃	10-3月	4000		
[illegible]	〃	〃		2400		
[illegible]	〃	〃	3-8月			
[illegible]	〃	〃	3-8月	1600		

(丙)略述运销状况

1.[illegible]、[illegible]
2.[illegible]0.7里.
3.[illegible]1-2天.

华西实验区农业组蔬菜产区概况调查表（调查地点：重庆市第十四区） 9-1-259（61）

中華平民教育促進會華西實驗區農業組
格式—中—1、1950.1.31

蔬菜產區概況調查表

存檔號數____號

（1）地點 重慶市 縣 14區 鄉 14 保 14 甲 [illegible] 小地名

（2）園主姓名 張吉武 （3）農場面積 2 畝 （4）土地所有权____

（5）勞工数量____日 （6）調查週年期 自[illegible]年5月1日起至[illegible]年5月1日止

（7）調查員姓名 立文武

（甲）蔬菜栽培及虫害情形

季	蔬菜名称	種苗来源	生長時期	栽培面積	產（斤）量	某虫名稱	發生時期	土用防治法	損失数量	為害程度%	備註
第一季	蓮花白	[illegible]	[illegible]	60	2000	[illegible]	9-[illegible]			35	
	[illegible]包白	自留	[illegible]	40	1000						
	[illegible]	[illegible]	[illegible]	20	400						
第二季	[illegible]	自留	3-1[illegible]	70	2000						
	[illegible]	[illegible]	3-5[illegible]	20	800		5-[illegible]			40	
	[illegible]										
第三季											

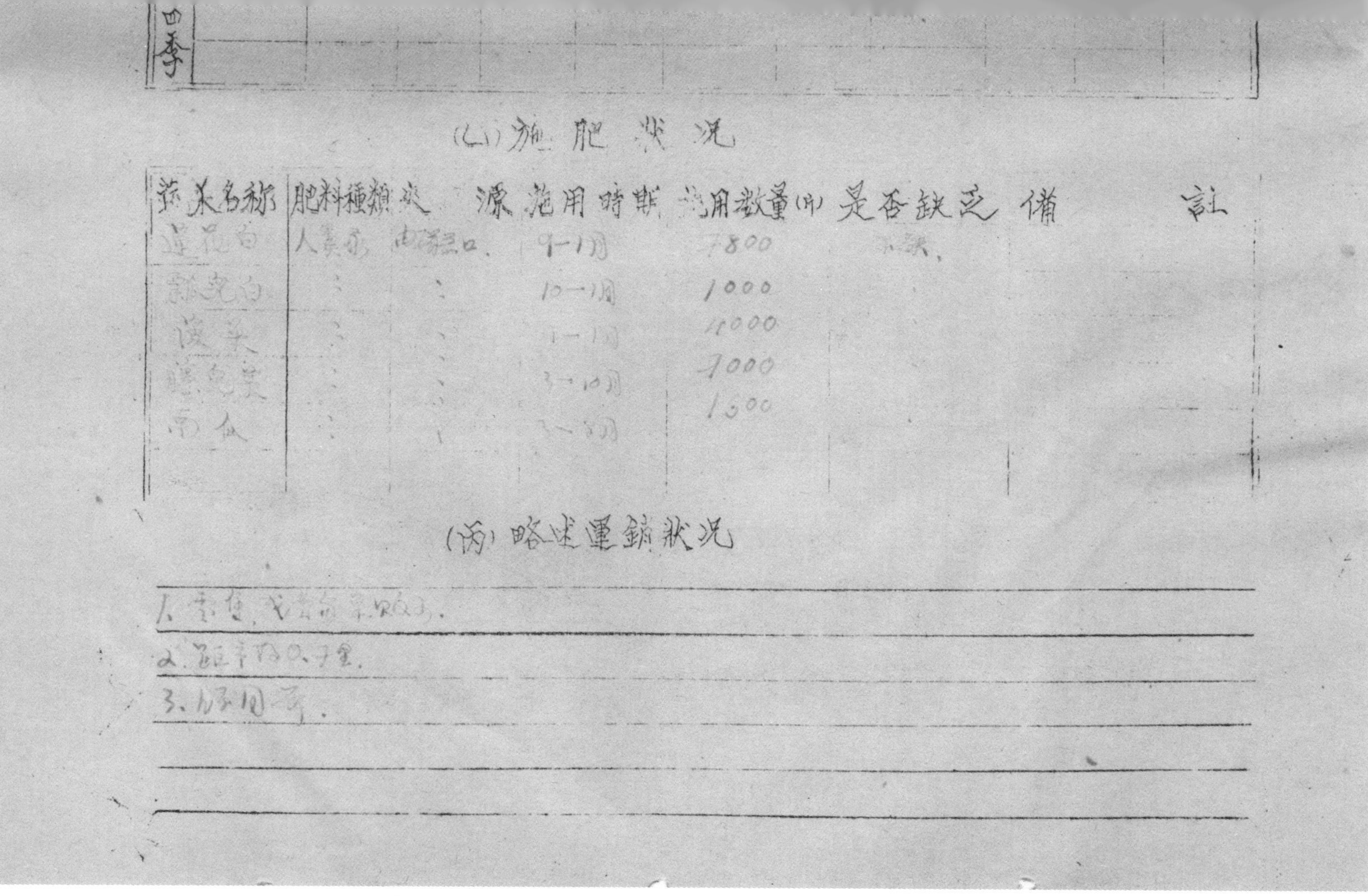

四季

（乙）施肥状况

蔬菜名称	肥料种类	来源	施用时期	施用数量(斤)	是否缺乏	备註
莲花白	人粪尿	由河口	9—1月	7800	不缺	
[illegible]	〃	〃	10—1月	1000		
菠菜	〃	〃	[illegible]	11000		
[illegible]	〃	〃	3—10月	7000		
[illegible]	〃	〃	3—8月	1500		

（丙）略述运销状况

1. [illegible]
2. [illegible]
3. [illegible]

华西实验区农业组蔬菜产区概况调查表（调查地点：重庆市第十四区）　9-1-259（61）

华西实验区农业组蔬菜产区概况调查表（调查地点：重庆市第十四区） 9-1-259（62）

56

中华平民教育促进会华西实验区农业组
格式—中—1.1950.1.31.

蔬菜产区概况调查表

存档号数＿＿号

（1）地点 重庆市 县 14区 乡 14保 保 14 甲 大土坪 小地名
（2）园主姓名 颜尚山 （3）农场面积 8 亩 （4）土地所有权 [illegible]
（5）劳工数量＿＿日 （6）调查周年期 年自 年 月1日起至 年 月1日止
（6）调查员姓名 王文彬

（甲）蔬菜栽培及虫害情形

	蔬菜名称	种苗来源	生长时期	栽培面积	产（斤）量	虫害名称	虫害时期	土用防治法	损失数量	为害程度%	备注
第一季	瓢儿白	自留	8-2月	180	5000						
	莴笋	[illegible]	9-2月	240	4500	蚜虫	12-2月				
	菠菜	〃	9-2月	60	1000						
第二季	南瓜	〃	3-8月	40	1500	黄守瓜	5-6月	打[illegible]		20	
	豇豆	自留	3-7月	20	800	蚜虫	5-6月			30	
	其余种去未[illegible]										
第三季											

[illegible]季								

(乙)施肥状况

蔬菜名称	肥料種類	來源	施用時期	施用數量(斤)	是否缺乏	備註
瓢兒白	人糞尿	自己生产	10—1月	14000	不缺	
萵笋	〃	〃	10—1月	14000		
[illegible]	〃	〃	[illegible]—[illegible]月	6000		
[illegible]	〃	〃	3—7月	3000		
[illegible]豆	〃	〃	3—2月	1000		

(丙)略述運銷狀況

1. [illegible]
2. 距市[illegible]0个里。
3. 約需1—2天。

华西实验区农业组蔬菜产区概况调查表（调查地点：重庆市第十四区） 9-1-259（63）

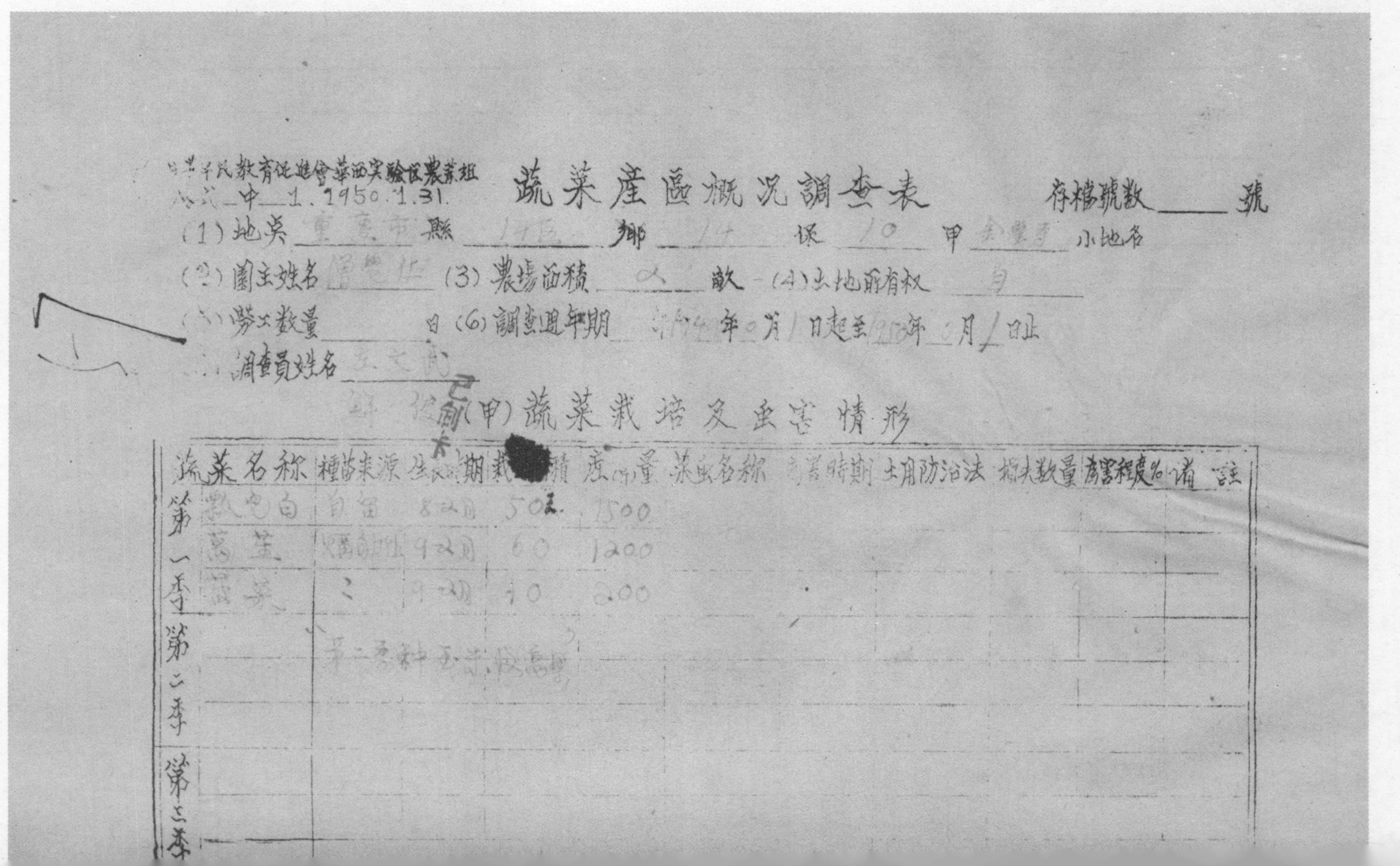

中华平民教育促进会华西实验区农业组

蔬菜产区概况调查表

存档号数____号

1950.1.31

(1) 地点 重庆市 县 14区 乡 14 保 10 甲 [illegible] 小地名

(2) 园主姓名 [illegible] (3) 农场面积 2 亩 (4) 土地所有权 自

(5) 劳工数量____日 (6) 调查周年期 [illegible]年 月 日起至 [illegible]年 月 日止

(7) 调查员姓名 [illegible]

(甲) 蔬菜栽培及虫害情形

季	蔬菜名称	种苗来源	生长期	栽培面积	产(斤)量	菜虫名称	为害时期	采用防治法	损失数量	为害程度	备注
第一季	[illegible]	自留	8-2月	50	1500						
	莴笋	[illegible]	9-2月	60	1200						
	[illegible]	〃	9-2月	10	200						
第二季	[illegible]										
第三季											

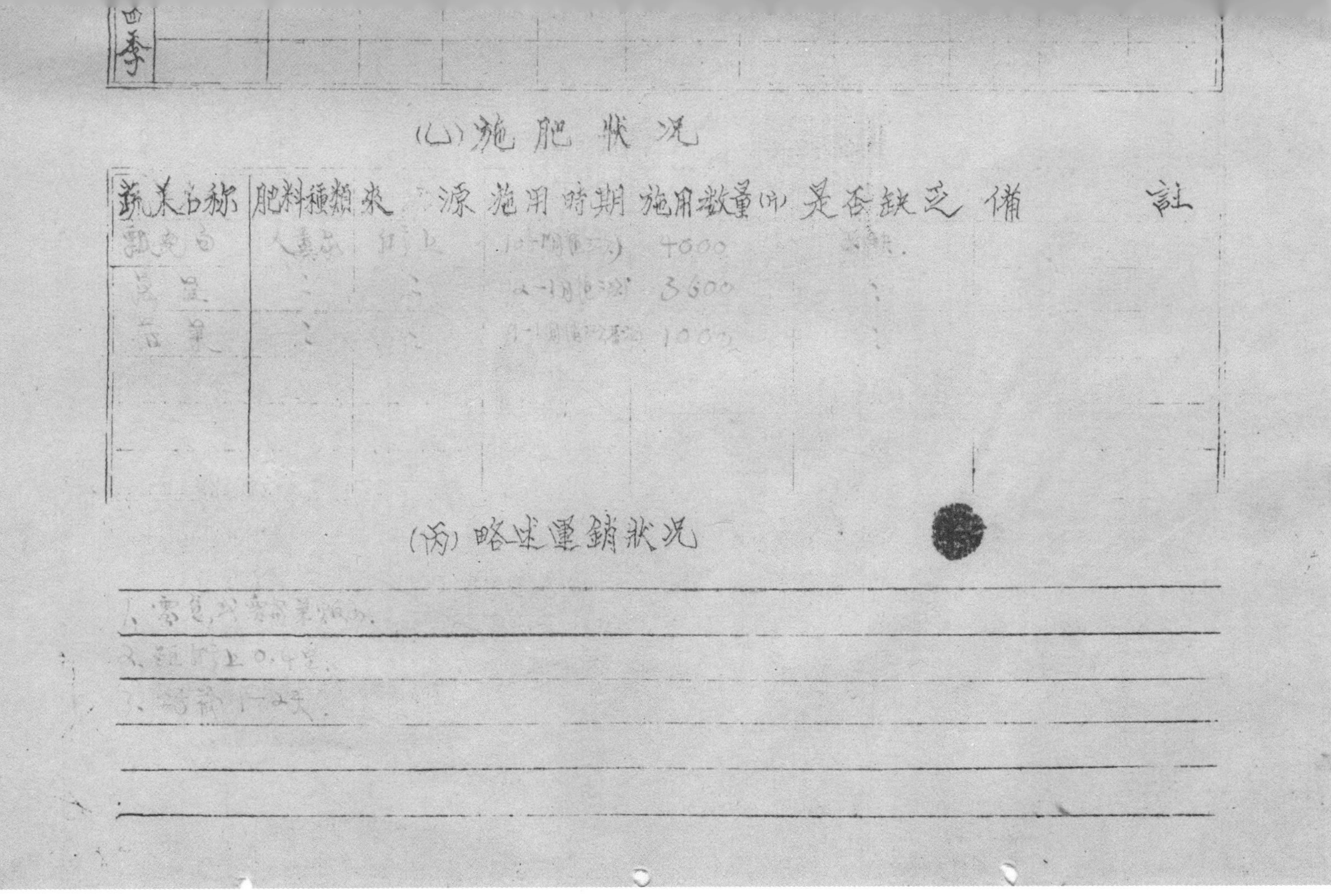

（乙）施肥状况

蔬菜名称	肥料种类	来源	施用时期	施用数量（斤）	是否缺乏	备註
[illegible]	人粪尿	[illegible]	10-1月[illegible]	4000	[illegible]	
[illegible]	〃	〃	[illegible]	3600	〃	
[illegible]	〃	〃	[illegible]	1000	〃	

（丙）略述运销状况

1、[illegible]
2、[illegible] 0.4[illegible]
3、[illegible]

华西实验区农业组蔬菜产区概况调查表（调查地点：重庆市第十四区）　9-1-259（63）

华西实验区农业组蔬菜产区概况调查表（调查地点：重庆市第十四区） 9-1-259（64）

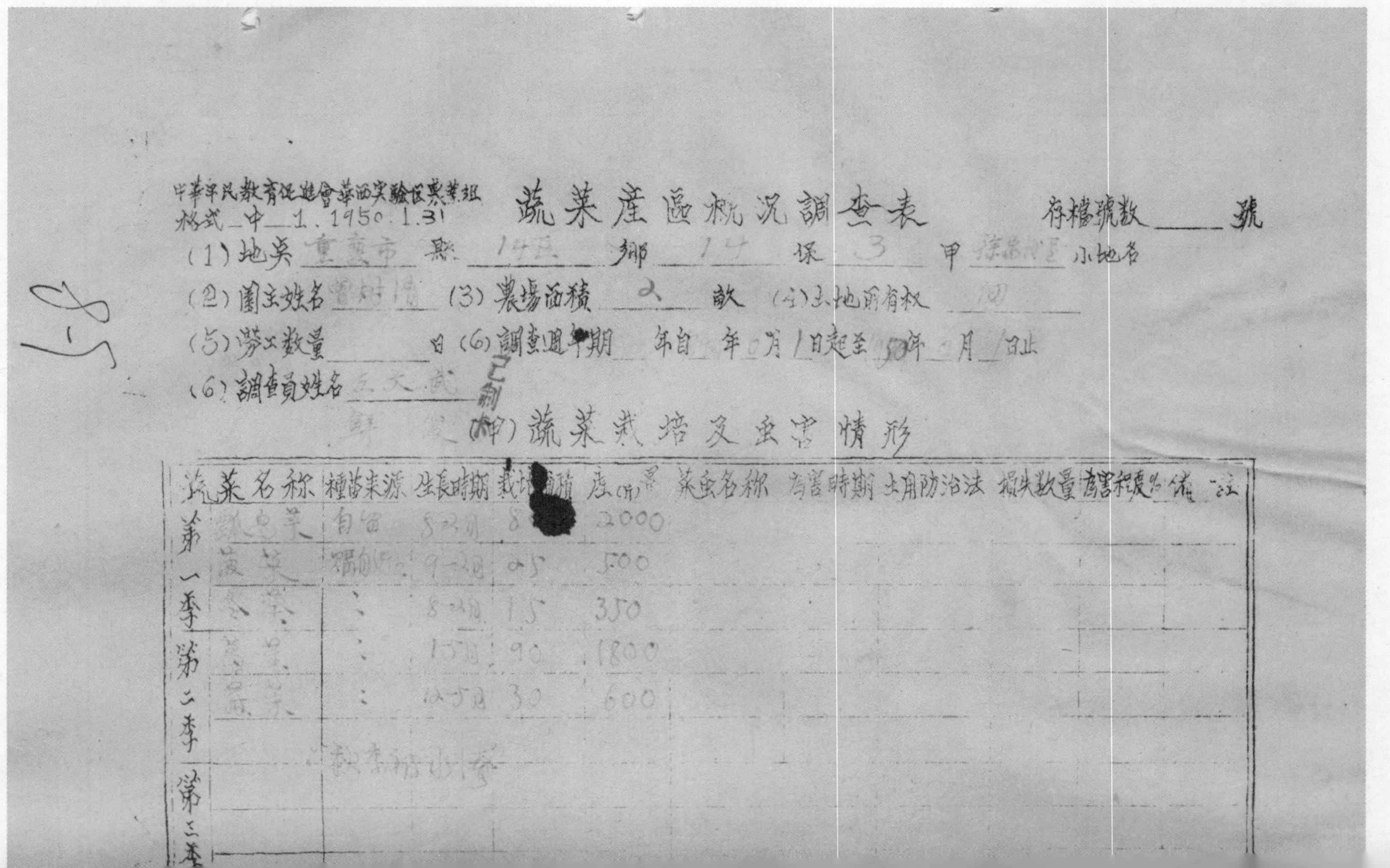

5-8

中华平民教育促进会华西实验区农业组
格式—中—1.1950.1.31

蔬菜產區概况調查表　　存檔號數____號

（1）地点 重庆市 縣 14区 鄉 14 保 3 甲 [illegible] 小地名
（2）園主姓名 [illegible]　（3）農場面積 2 畝　（4）土地所有权 [illegible]
（5）勞工數量____日　（6）調查週年期____年自____年__月1日起至50年__月__日止
（6）調查員姓名 [illegible]

已制

（甲）蔬菜栽培及虫害情形

蔬菜名称		種苗来源	生長時期	栽培面積	產量（斤）	菜虫名称	為害時期	土用防治法	損失數量	為害程度%	備註
第一季	[illegible]	自留	8-2月	8	2000						
	[illegible]	[illegible]	9-2月	25	500						
	[illegible]	、	8-2月	15	350						
第二季	[illegible]	、	1-5月	90	1800						
	[illegible]	、	[illegible]	30	600						
第三季											

四季

(四)施肥状况

蔬菜名称	肥料种类	来源	施用时期	施用数量(斤)	是否缺乏	备注
[illegible]	人肥	[illegible]	[illegible]	5400	不缺	
[illegible]	〃	〃	[illegible]	5500	〃	
[illegible]	〃	〃	[illegible]	600	〃	
[illegible]	〃	〃	[illegible]	5400	〃	

(六)略述运销状况

1. [illegible]
2. 距城0.3里,距重庆35里.
3. [illegible]

华西实验区农业组蔬菜产区概况调查表（调查地点：重庆市第十四区）　9-1-259（65）

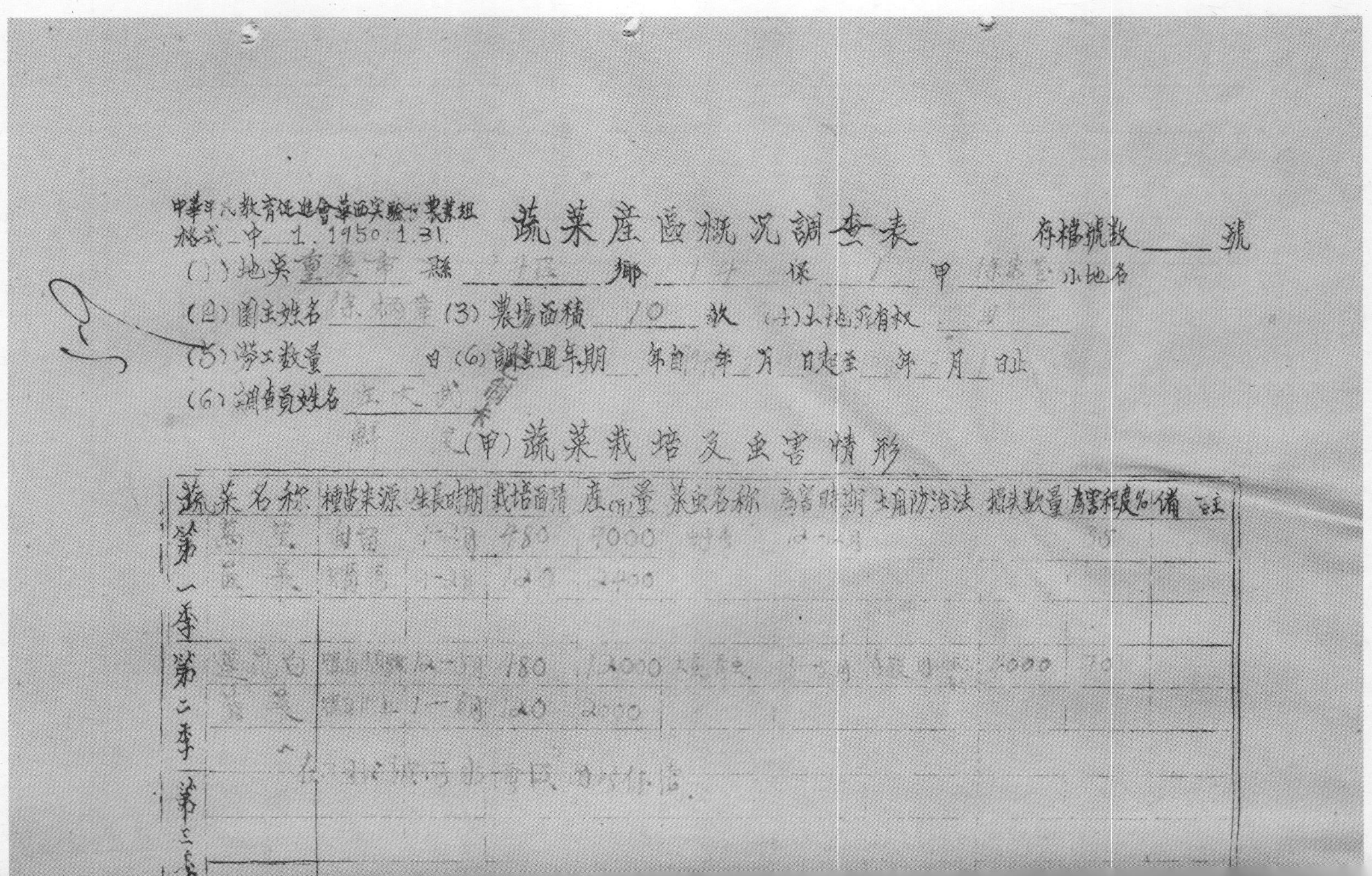

中华平民教育促进会华西实验区农业组
格式—中—1，1950.1.31.

蔬菜產區概况調查表　　存檔號數＿＿號

(1) 地点 重庆市 縣 14区 鄉 14 保 1 甲 [illegible] 小地名

(2) 園主姓名 徐炳章 (3) 農場面積 10 畝 (4) 土地所有权 [illegible]

(5) 勞工数量＿＿日 (6) 調查週年期 年自 年 月 日起至 年 月 日止

(6) 調查员姓名 [illegible]

(甲) 蔬菜栽培及虫害情形

	蔬菜名称	種苗来源	生長时期	栽培面積	產(斤)量	菜虫名称	為害時期	土用防治法	損失数量	為害程度%	備註
第一季	莴笋	自留	1-3月	480	7000	蚜虫	12-1月			35	
	菠菜	[illegible]	1-3月	120	2400						
第二季	莲花白	[illegible]	12-5月	180	13000	[illegible]	3-5月	[illegible]	4000	70	
	莴笋	[illegible]上	1-6月	120	2000						
第三季											

在[illegible]

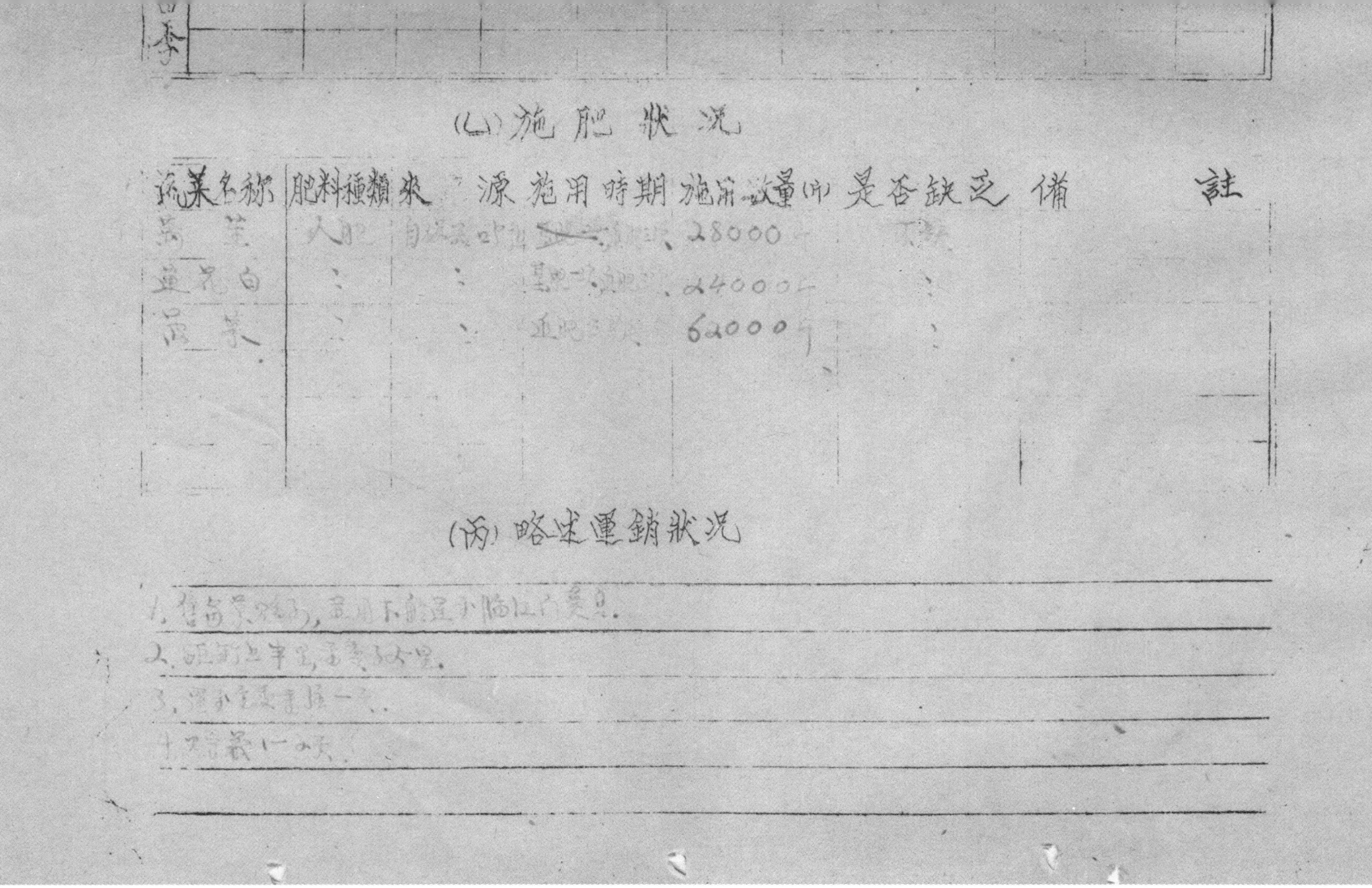

(乙)施肥狀況

蔬菜名稱	肥料種類	來源	施用時期	施用數量(斤)	是否缺乏	備註
莴笋	人肥	[illegible]	[illegible]	28000	[illegible]	
莲花白	〃	〃	[illegible]	24000	〃	
[illegible]	〃	〃	[illegible]	62000	〃	

(丙)略述運銷狀況

1. [illegible]
2. [illegible]
3. [illegible]
4. [illegible]

华西实验区农业组蔬菜产区概况调查表（调查地点：重庆市第十四区） 9-1-259（65）

华西实验区农业组蔬菜产区概况调查表（调查地点：重庆市第十四区） 9-1-259（66）

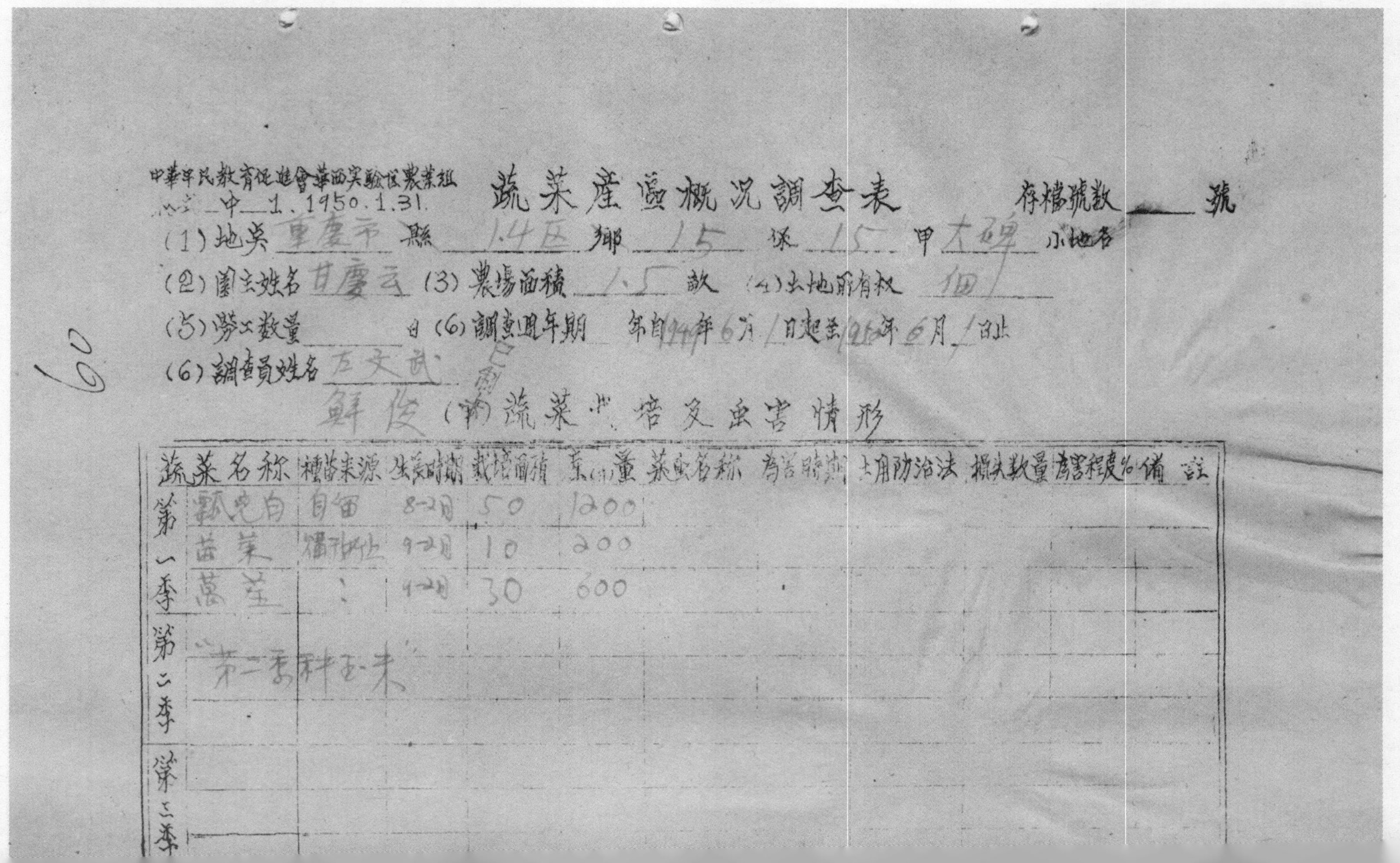

60

中華平民教育促進會華西实驗区農業組 中 1. 1950.1.31.

蔬菜產區概況調查表

存檔號數 —— 號

(1)地點 重慶市 縣 14区 鄉 15 保 15 甲 大碑 小地名

(2)園主姓名 甘慶云 (3)農場面積 1.5 畝 (4)土地所有权 佃

(5)勞工數量 日 (6)調查週年期 自 年6月1日起至 年6月1日止

(6)調查員姓名 左文武 鮮俊

(七)蔬菜栽培及虫害情形

	蔬菜名称	種苗来源	生長時期	栽培面積	產(斤)量	病虫名称	为害時期	土用防治法	損失數量	为害程度%	備註
第一季	瓢儿白	自留	8-2月	50	1200						
	苗菜	[illegible]	9-2月	10	200						
	莴笋	〃	4-2月	30	600						
第二季	第二季种玉米										
第三季											

李

（乙）施肥狀況

蔬菜名称	肥料種類	來源	施用時期	施用数量（斤）	是否缺乏	備註
瓢兒白	人糞尿	担自学校	11-1月	4000	不缺	
菠菜	〃	〃	11-1月	1000	〃	
莴笋	〃	〃	12-1月	1800	〃	

（丙）略述運銷狀況

1.零售.

2.距市1里.

华西实验区农业组蔬菜产区概况调查表（调查地点：重庆市第十四区）　9-1-259（66）

华西实验区农业组蔬菜产区概况调查表（调查地点：重庆市第十四区） 9-1-259（67）

中华平民教育促进会华西实验区农业组
格式-中-1.1950.1.31

蔬菜产区概况调查表

存档号数____号

(1)地点 重庆市 县 14区 乡 11 保 14 甲 ____ 小地名

(2)园主姓名 何树成 (3)农场面积 1.5 亩 (4)土地所有权 佃

(5)劳工数量____日 (6)调查周年期 年自 49 年 6 月 1 日起至 50 年 6 月 1 日止

(6)调查员姓名 左文武 鲜俊 已剔

(7)蔬菜栽培及虫害情形

	蔬菜名称	种苗来源	生长时期	栽培面积	产(斤)量	菜虫名称	为害时期	采用防治法	损失数量	为害程度%	备注
第一季	莴笋	购于市上	9-1月	20	400						
	黄秧白		8-3月	20	600						
	萬笋		9-2月	30	600						
第二季	菾菜		8-2月	10	300						
	冬葵		8-3月	10	250						
	第二季包种玉米										
第三季											

李

（乙）施肥状况

蔬菜名称	肥料种类	来源	施用时期	施用数量（斤）	是否缺乏	备考
莴菜	人粪尿	担子零收	10—1月	2000	不缺	
黄秧白	〃	〃	10—1月	1600	〃	
莴笋	〃	〃	12—1月	1800	〃	
青菜	〃	〃	11—1月	200	〃	
冬葵	〃	〃	12月	400	〃	

（丙）路途运销状况

1.零售。

2.距市场1里。

华西实验区农业组蔬菜产区概况调查表（调查地点：重庆市第十四区）　9-1-259（67）

华西实验区农业组蔬菜产区概况调查表（调查地点：重庆市第十四区） 9-1-259（68）

62

中华平民教育促进会华西实验区农业组
格式 中 1.1950.1.31.

蔬菜产区概况调查表

存档号数______号

（1）地点 重庆市 县 14区 乡 11 保 14 甲 大碑 小地名
（2）园主姓名 李德二 （3）农场面积 1 亩 （4）土地所有权 佃
（5）劳工数量______日 （6）调查周年期 年自 [illegible]年6月1日起至[illegible]年6月1日止
（6）调查员姓名 王文武

（甲）蔬菜栽培及虫害情形

	蔬菜名称	种苗来源	生长时期	栽培面积	产(市)量	害虫名称	为害时期	主用防治法	损失数量	为害程度%	备注
第一季	菠菜	[illegible]	9-2月	10	200						
	黄秧白	〃	8-2月	20	600						
	莴笋	〃	9-2月	30	600	蚜虫	12-1月				
第二季	南瓜	〃	3-8月	10	450						
	[illegible]豆	〃	3-7月	20	800						
	"[illegible]种玉米"										
第三季											

(乙)施肥状况

蔬菜名称	肥料种类	来源	施用时期	施用数量(斤)	是否缺乏	备考
菠菜	人粪尿	担自粪坑	全年	1000	不缺	
黄秧白	〃	〃	〃	1600	〃	
莴笋	〃	〃	〃	1800	〃	
南瓜	〃	〃	〃	800	〃	
菜豆	〃	〃	〃	1200	〃	

(丙)略述运销状况

1. 零售.

2. 距市场1里.

华西实验区农业组蔬菜产区概况调查表（调查地点：重庆市第十四区） 9-1-259（68）

华西实验区农业组蔬菜产区概况调查表（调查地点：重庆市第十四区） 9-1-259（69）

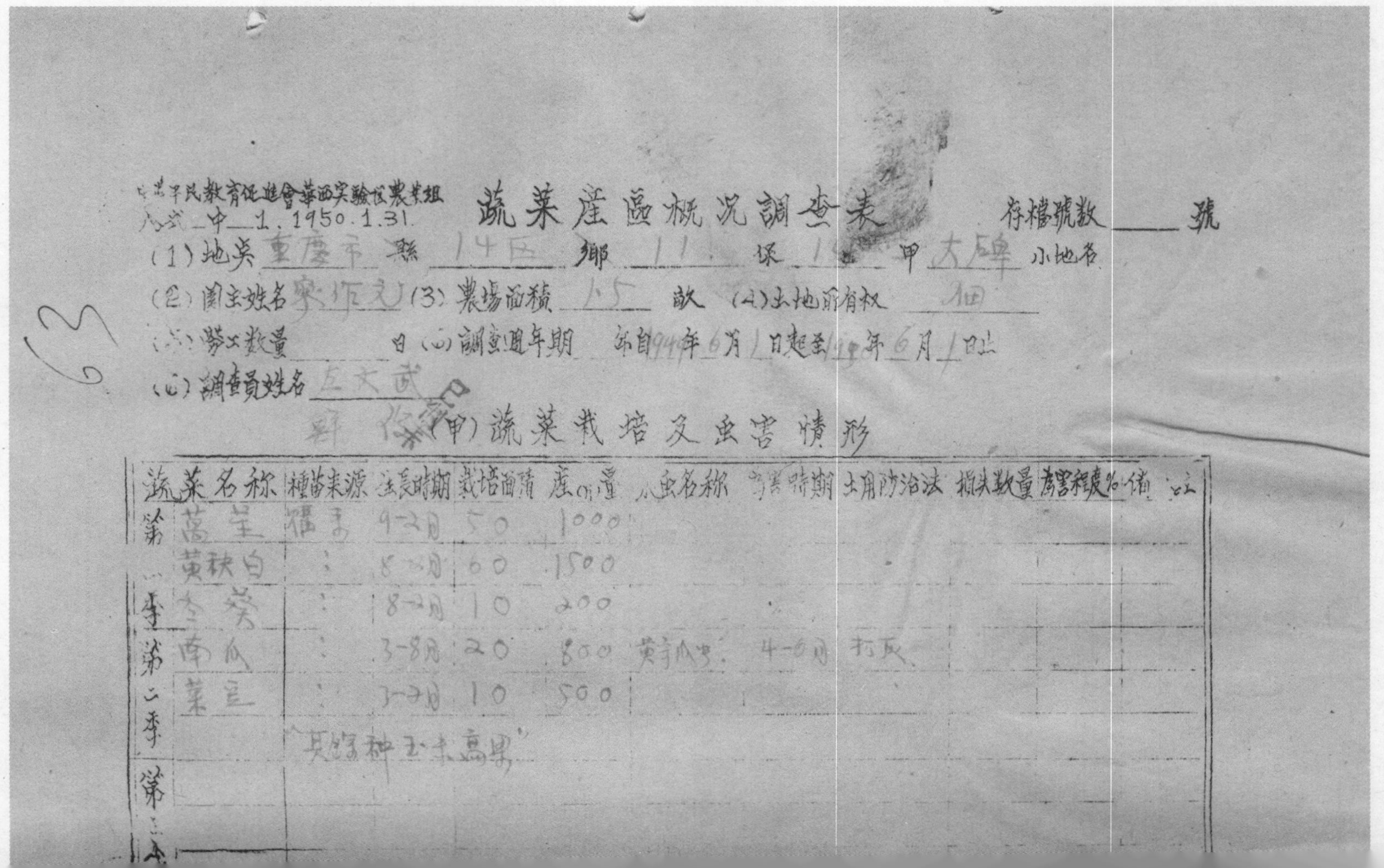

中华平民教育促进会华西实验区农业组
蔬菜产区概况调查表 存档号数____号
八式 中 1. 1950.1.31

（1）地点 重庆市 县 14区 乡 11 保 1 甲 大碑 小地名
（2）园主姓名 宋作文（3）农场面积 1.5 亩 （4）土地所有权 佃
（5）劳工数量 日 （6）调查周年期 自49年6月1日起至50年6月1日止
（7）调查员姓名 左文武

（甲）蔬菜栽培及虫害情形

	蔬菜名称	种苗来源	生长时期	栽培面积	产量	虫名称	为害时期	采用防治法	损失数量	为害程度	备注
第一季	莴笋	福寿	9-2月	50	1000						
	黄秧白	”	8-2月	60	1500						
	冬苋	”	8-2月	10	200						
第二季	南瓜	”	3-8月	20	800	黄守瓜虫	4-6月	打灰			
	菜豆	”	3-7月	10	500						
	“只经种玉米高粱”										
第三季											

四季						

（乙）施肥状况

蔬菜名称	肥料种类	来源	施用时期	施用数量（斤）	是否缺乏	备注
莴笋	人粪尿	附近农村	全年	3000	不缺	
黄秧白	〃	〃	〃	4800	〃	
冬葵	〃	〃	〃	400	〃	
南瓜	〃	〃	〃	1600	〃	
豇豆	〃	〃	〃	800	〃	

（丙）蔬菜运销状况

1. 零售。
2. 距市区1里。

华西实验区农业组蔬菜产区概况调查表（调查地点：重庆市第十四区） 9-1-259（69）

华西实验区农业组蔬菜产区概况调查表（调查地点：重庆市第十四区） 9-1-259（70）

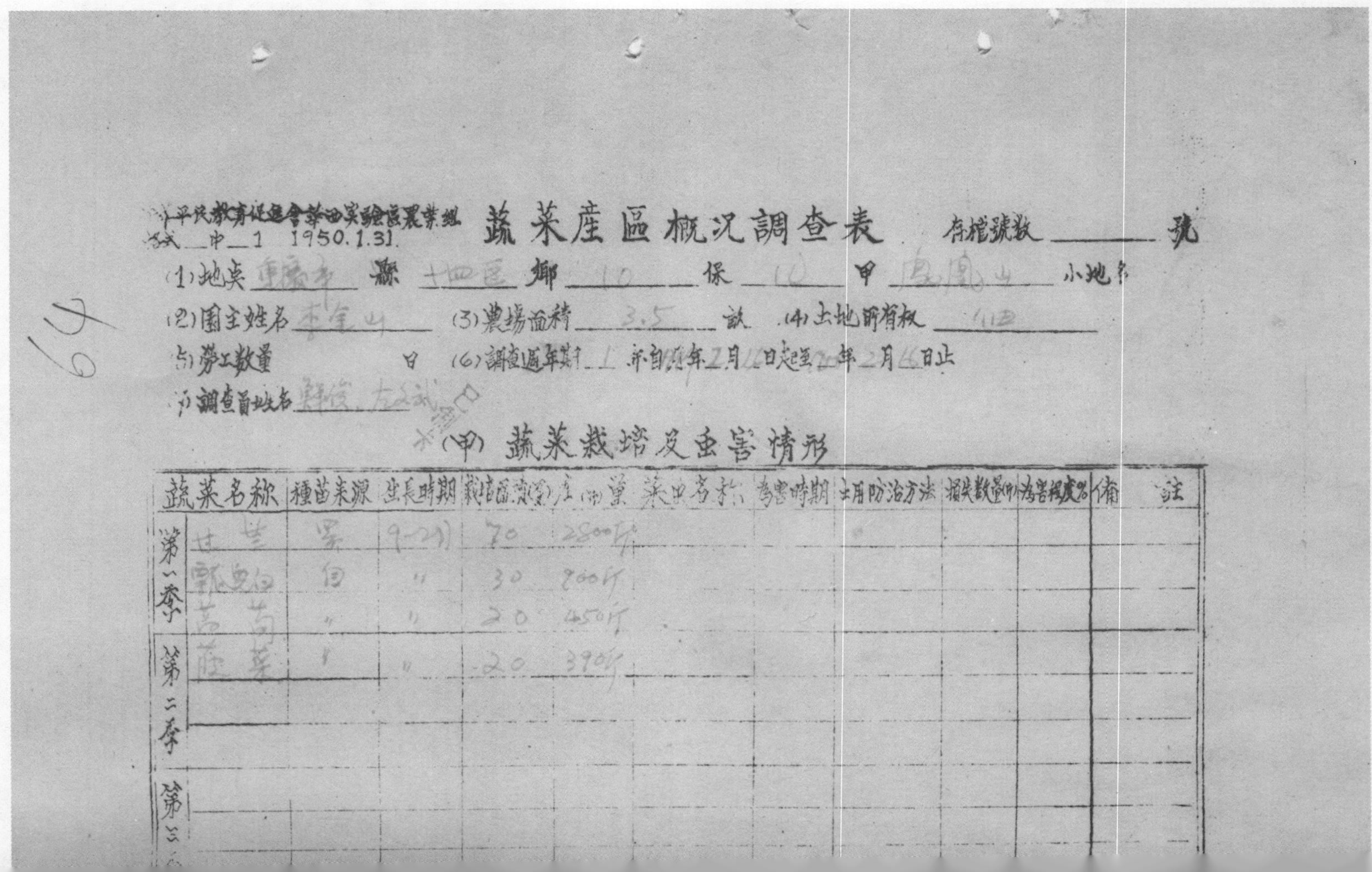

平民教育促進會華西實驗區農業組
表式 甲 1 1950.1.31.

蔬菜產區概况調查表

存檔號數＿＿＿＿號

(1)地点 重庆市 縣 十四區 鄉 10 保 11 甲 鳳凰山 小地名

(2)園主姓名 李全山 (3)農場面積 3.5 畝 (4)土地所有权 佃

(5)勞工數量 日 (6)調查週年期 1 年 自 年 2月 日起至 年 2月 日止

(7)調查員姓名 [illegible]

(甲) 蔬菜栽培及虫害情形

	蔬菜名称	種苗来源	生長時期	栽培面積(畝)	產量	病虫名称	為害時期	施用防治方法	损失數量(斤)	為害程度%	備註
第一季	甘蓝	买	9-2[illegible]	70	2800斤						
	瓢儿白	自	〃	30	800斤						
	萵笋	〃	〃	20	450斤						
第二季	菠菜	〃	〃	20	390斤						
第三季											

（乙）施肥状况

菜名称	肥料种类	来源	施用时期	施用数量(斤)	是否缺乏	备注
甘蓝	人粪尿	乡村上挑	追肥三次	9100斤	缺	
瓢儿白	〃	〃	〃 二次	2000斤	〃	
莴笋	〃	〃	〃 三次	1600斤	〃	
菠菜	〃	〃	〃 三次	2000斤	〃	

（丙）略述运销状况

① 零售 [illegible]

② 抽佣 [illegible]

③ [illegible]

华西实验区农业组蔬菜产区概况调查表（调查地点：重庆市第十四区） 9-1-259（70）

华西实验区农业组蔬菜产区概况调查表（调查地点：重庆市第十四区） 9-1-259（71）

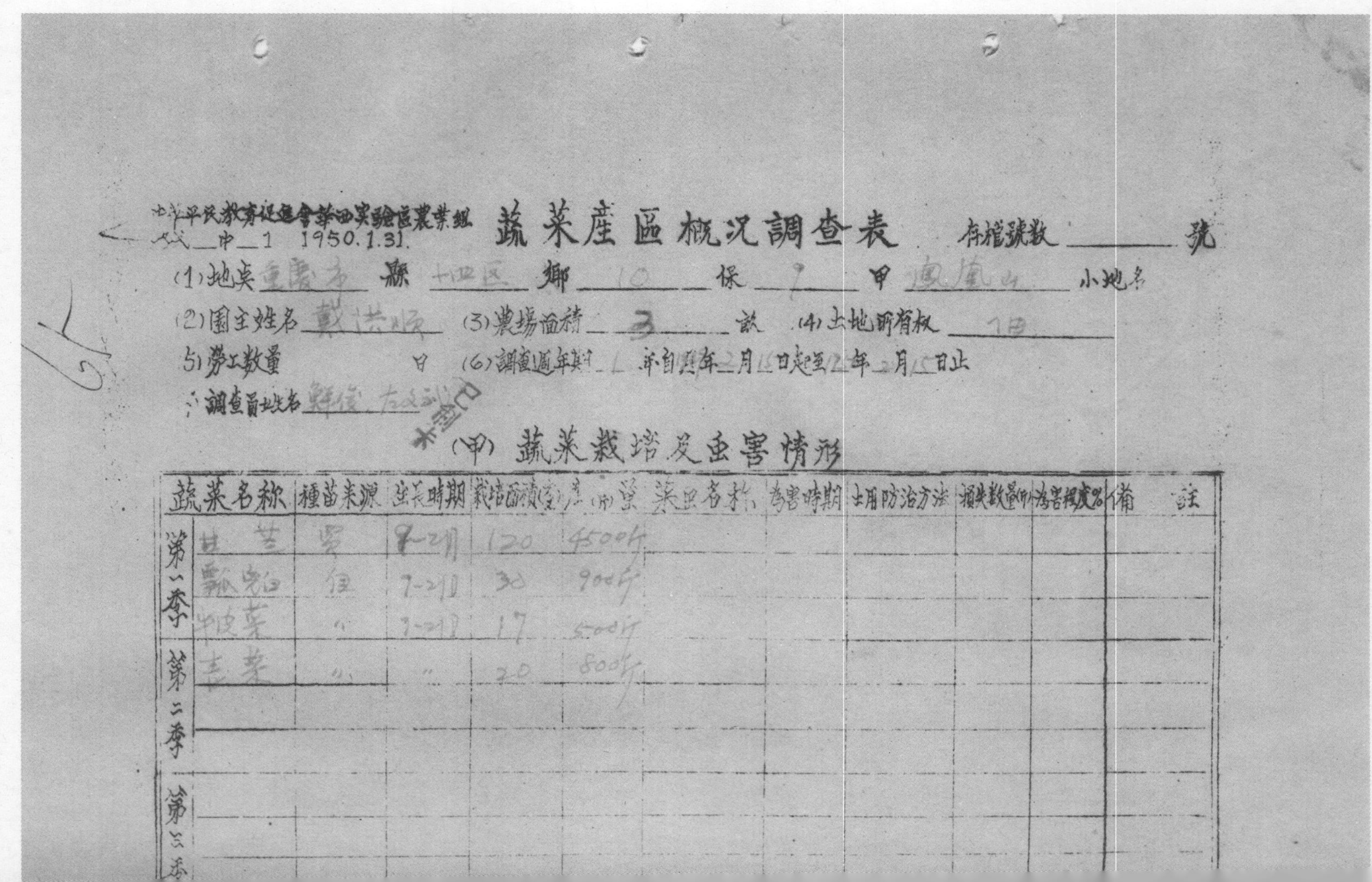

中华平民教育促进会华西实验区农业组
文 中 1 1950.1.31.

蔬菜產區概況調查表　存檔號數______號

(1)地点 重庆市 縣 十四区 鄉 10 保 9 甲 凤凰山 小地名

(2)園主姓名 戴洪顺 (3)農場面積 3 畝 (4)土地所有权 佃

(5)勞工數量 日 (6)調查週年期 1 年自 年 月 日起至 年 月 日止

(7)調查員姓名 [illegible]

(甲) 蔬菜栽培及虫害情形

蔬菜名称		種苗来源	生長時期	栽培面積(分)	產量(斤)	害虫名称	為害時期	所用防治方法	損失數量(斤)	為害程度%	備註
第一季	甘蓝	买	8-2月	120	4500斤						
	瓢儿白	自	7-2月	30	900斤						
	牛皮菜	〃	7-2月	17	500斤						
	青菜	〃	〃	20	800斤						
第二季											
第三季											

季												

（乙）施肥状况

蔬菜名称	肥料种类	来　源	施用时期	施用数量(斤)	是否缺乏	备　注
甘　蓝	人粪尿	乡下收	9-11月	15000斤	缺	
黄芽白	〃	〃	〃	18000斤	〃	

（丙）略述运销状况

① 本地产蔬菜除自给外，由农民用木船集体运至 Chungking

② 运费抽税约15%

③ 菜不能贮藏

④ 蔬菜以熟食为主

⑤ 距城35里，一日来回

华西实验区农业组蔬菜产区概况调查表（调查地点：重庆市第十四区）　9-1-259（71）

华西实验区农业组蔬菜产区概况调查表（调查地点：重庆市第十四区）　9-1-259（72）

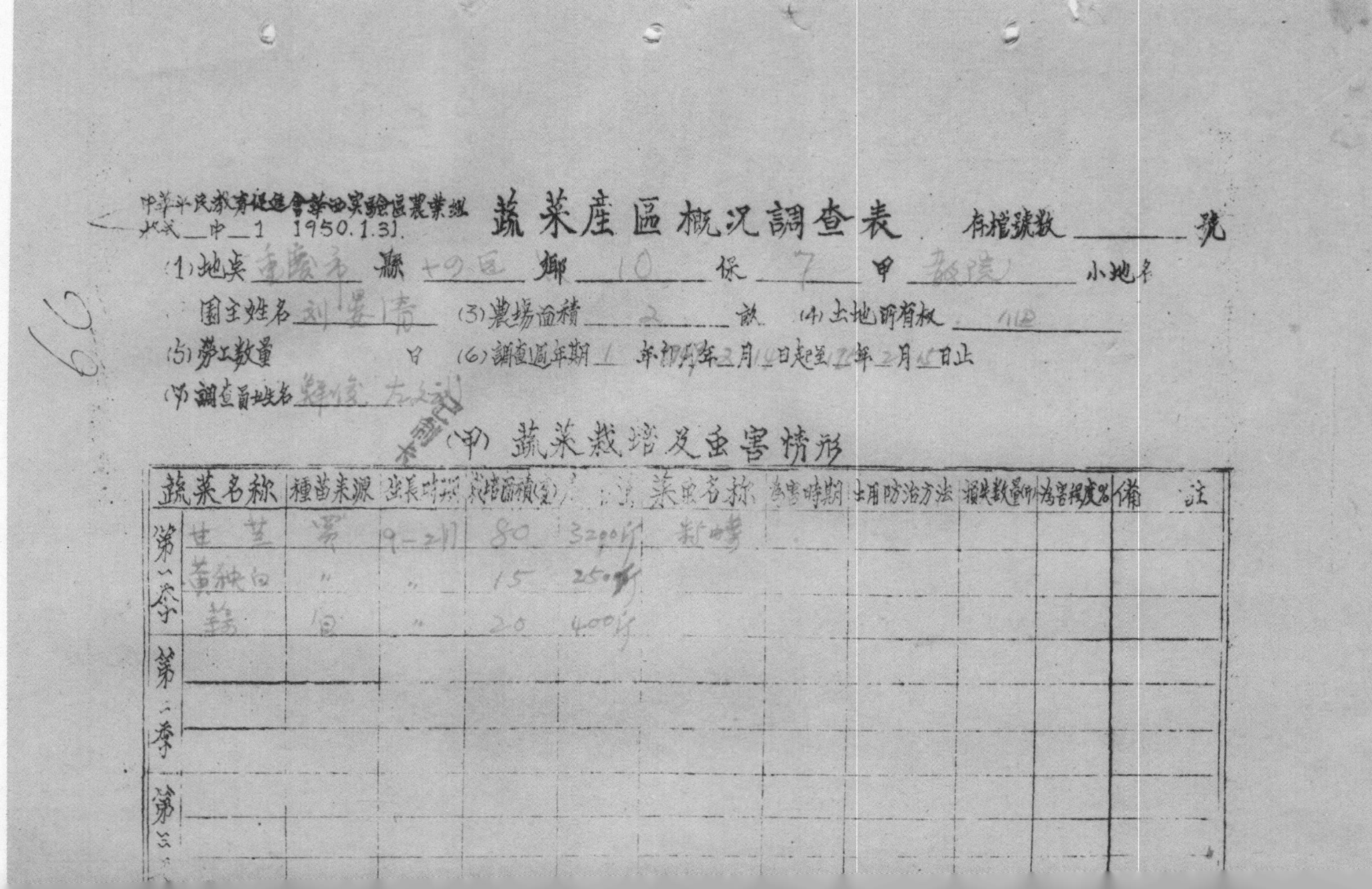

中华平民教育促进会华西实验区农业组 表式＿中＿1　1950.1.31.

蔬菜産區概况調查表　存檔號數＿＿＿＿號

(1)地点 重庆市 縣 十四区 鄉 10 保 7 甲 [illegible] 小地名

園主姓名 刘[illegible] (3)農場面積 2 畝 (4)土地所有权 [illegible]

(5)勞工数量 日 (6)調查週年期 1 年初 年 2 月 14 日起至 年 2 月 15 日止

(7)調查員姓名 [illegible]

(甲) 蔬菜栽培及虫害情形

	蔬菜名称	種苗来源	生長時期	栽培面積(方)	[illegible]	菜虫名称	為害時期	施用防治方法	損失数量(斤)	為害程度%	備注
第一季	甘兰	買	9-2月	80	3200斤	[illegible]					
	黄秧白	"	"	15	250斤						
	[illegible]	自	"	20	400斤						
第二季											
第三季											

(乙) 施肥状况

蔬菜名称	肥料种类	来源	施用时期	施用数量(斤)	是否缺乏	备注
甘蓝	人粪尿	[illegible]	9—12月	10000斤		
黄秧白	"	"	"	1000斤		
蒜	"	"	"	2000斤		

(丙) 略述运销状况

①各种菜由[illegible]来收，故无运费，成本[illegible]

②[illegible]

华西实验区农业组蔬菜产区概况调查表（调查地点：重庆市第十四区） 9-1-259（72）

华西实验区农业组蔬菜产区概况调查表（调查地点：重庆市第十四区） 9-1-259（73）

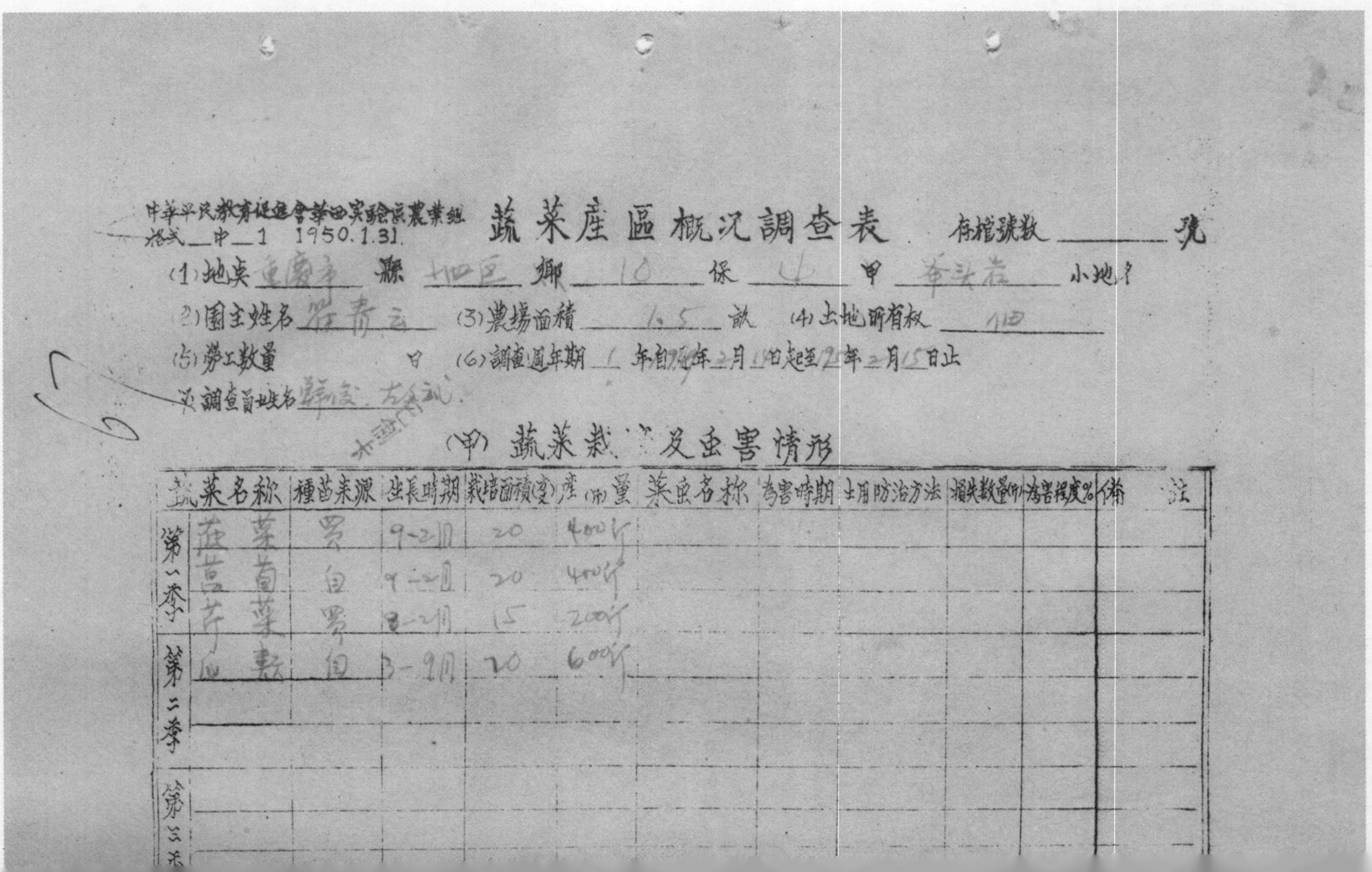

中华平民教育促进会华西实验区农业组
格式 中—1 1950.1.31

蔬菜产区概况调查表

存档号数______号

(1)地点 重庆市 县 十四区 乡 10 保 4 甲 [illegible] 小地名
(2)园主姓名 [illegible]青云 (3)农场面积 1.5 亩 (4)土地所有权 佃
(5)劳工数量 日 (6)调查周年期 1 年自[illegible]年2月1日起至[illegible]年2月15日止
(7)调查员姓名 [illegible]

(甲) 蔬菜栽培及虫害情形

	蔬菜名称	种苗来源	生长时期	栽培面积(方)	产(市)量	菜虫名称	为害时期	施用防治方法	损失数量(市)	为害程度%	价格	备注
第一季	菠菜	买	9-2月	20	400斤							
	[illegible]	自	9-2月	20	400斤							
	芹菜	买	8-2月	15	200斤							
第二季	瓜类	自	3-9月	20	600斤							
第三季												

四季

(乙) 施肥狀況

蔬菜名称	肥料種類	來　源	施用時期	施用数量(斤)	是否缺乏	備　註
菠　菜	人糞尿	附近挑	9-1月	2000斤	[illegible]	
萵　苣	〃	〃	〃	1500斤	〃	
芥　菜	〃	〃	8-2月	1500斤	〃	
瓜　類	〃	〃	3-8月	2500斤	〃	

(丙) 略述運銷狀況

① 自己用竹担挑菜至[illegible]出售

② 此處距市場2里許

③ 惟番南瓜之堆在家中外銷場不在此

华西实验区农业组蔬菜产区概况调查表（调查地点：重庆市第十四区） 9-1-259（74）

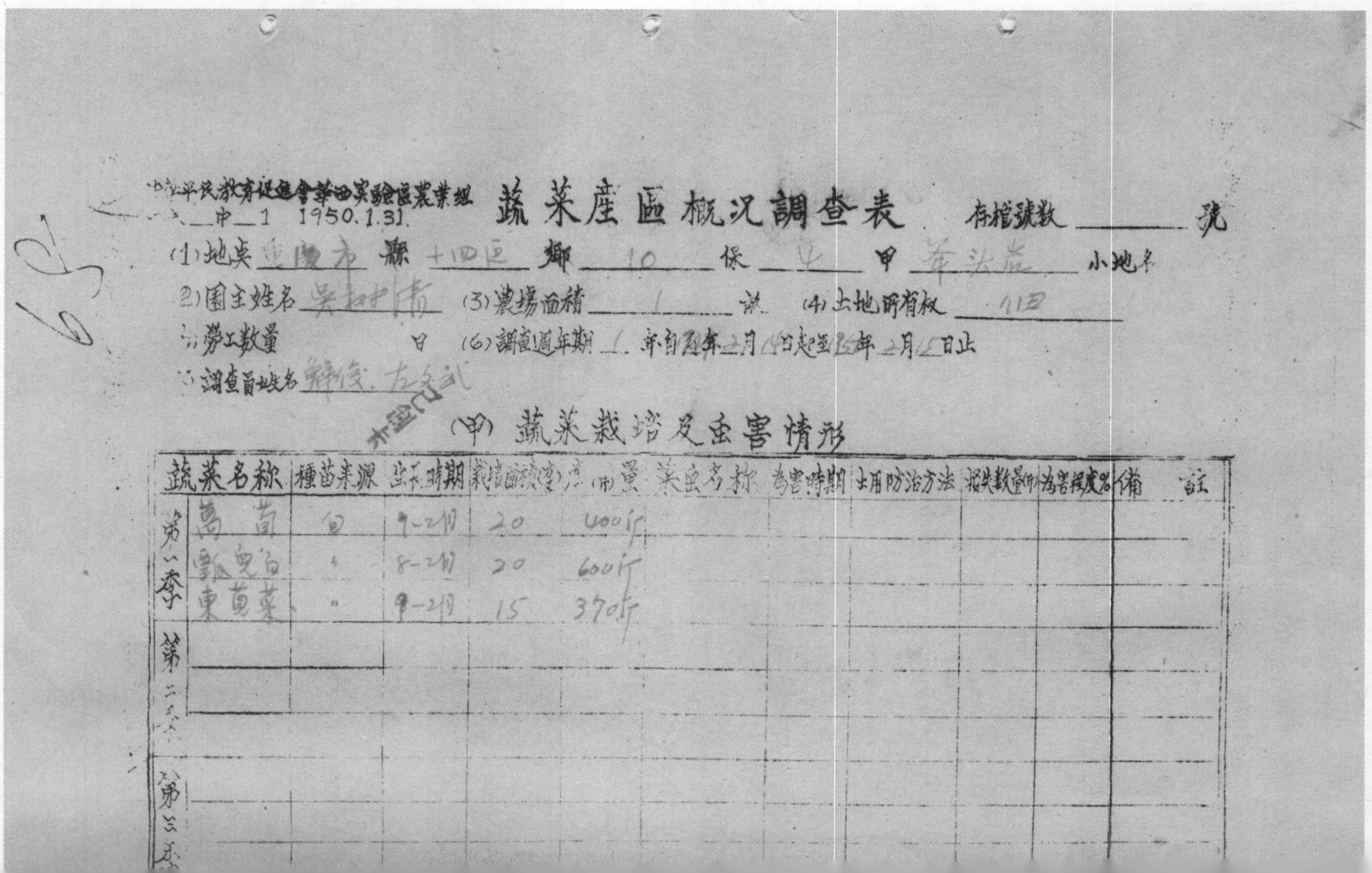

中华平民教育促进会华西实验区农业组

中 1 1950.1.31.

蔬菜產區概況調查表

存檔號數______號

(1)地点 重慶市 縣 十四区 鄉 10 保 4 甲 筆架岩 小地名

(2)園主姓名 吴树清 (3)農場面積 1 畝 (4)土地所有权 佃

(5)勞工數量 日 (6)調查週年期 1 年自39年2月14日起至39年2月15日止

(7)調查員姓名 韩俊、左行武

(甲) 蔬菜栽培及虫害情形

	蔬菜名称	種苗来源	栽培時期	栽培面積(市)畝	産量(市)	害虫名称	為害時期	土用防治方法	損失數量(市)	為害程度%	備註
第一季	萵苣	自	9-2月	20	400斤						
	甑兒白	〃	8-2月	20	600斤						
	東莧菜	〃	9-2月	15	370斤						
第二季											
第三季											

（乙）施肥狀況

菜名称	肥料種類	來源	施用時期	施用数量（斤）	是否缺乏	備註
萵苣	人糞尿	附近收	定期三次	1200斤	不缺	
蓮花白	〃	〃	〃二次	1200斤	〃	
冬莧菜	〃	〃	〃二次	1500斤	〃	

（丙）略述運銷狀況

① 自己挑至[illegible]出卖与贩子，或零售。

② 此距市场二里许，[illegible]。

③ 不储藏蔬菜。

华西实验区农业组蔬菜产区概况调查表（调查地点：重庆市第十四区） 9-1-259（75）

中华平民教育促进会华西实验区农业组
式—中—1 1950.1.31.

蔬菜产区概况调查表

存档号数________号

(1)地点 重庆市 县 十四区 乡 10 保 4 甲 [illegible] 小地名

(2)园主姓名 周坚民 (3)农场面积 1 亩 (4)土地所有权 佃

(5)劳工数量 日 (6)调查周年期 1 年 自 年 二月 14 日起至 年 二月 15 日止

(7)调查员姓名 鲜位、左[illegible]

(甲) 蔬菜栽培及虫害情形

	蔬菜名称	种苗来源	生长时期	栽培面积(市)亩	(市)量	菜虫名称	为害时期	采用防治方法	损失数量(市)	为害程度%	备注
第一季	莴苣	买	9-2月	30	600斤						
	(本户因人数少故其他菜蔬各种并回答本表不填)										
第二季											
第三季											

(七) 施肥狀況

蔬菜名稱	肥料種類	來源	施用時期	施用數量(斤)	是否缺乏	備註
萵苣	人糞尿	自存和收	9—11月	1800斤	缺	

(八) 略述運銷狀況

① 彼隣舍或集上帮忙挑至菜市場出售給販子

② 菜很多時才當賣於地中，不用到[illegible]

华西实验区农业组蔬菜产区概况调查表（调查地点：重庆市第十四区） 9-1-259（75）

华西实验区农业组蔬菜产区概况调查表（调查地点：重庆市第十四区） 9-1-259（76）

中华平民教育促进会华西实验区农业组 蔬菜产区概况调查表 存档号数＿＿號
格式＿中＿1 1950.1.31

(1)地点 重庆市 县 十四区 乡 10 保 4 甲 兰家岩 小地名

(2)园主姓名 赵杰(?) (3)农场面积 1 亩 (4)土地所有权 佃

(5)劳工数量 日 (6)调查周年期 1 年自卅九年二月13日起至40年二月14日止

(7)调查员姓名 鲜位 左子灿

(甲) 蔬菜栽培及虫害情形

	蔬菜名称	种苗来源	生长时期	栽培面积(亩)	产(斤)量	害虫名称	为害时期	土用防治方法	损失数量(斤)	为害程度%	备注
第一季	窝笋	自留种	9-2月	25	5000斤						
	莲菜	〃	9-2月	20	4000斤						
第二季	瓜类	〃	3-9月	40	2000斤	黄守瓜	4月-8月				
	海椒	〃	4-8月	10	150斤	圆虫				10%	
第三季											

(乙) 施肥狀況

蔬菜名称	肥料種類	來源	施用時期	施用數量(斤)	是否缺乏	備註
莴苣	人糞尿	自家积收	9—11月间	1200斤	缺	
菠菜	〃	〃 〃	〃	1300斤	〃	
瓜类	〃	〃	点种之时	6000斤		
	堆肥	自制	基肥	1000斤		

(丙) 略述運銷狀況

① 挑至[illegible]出售给菜贩子或零售。

② 来回步行约2.5里路程。

③ 费用自担。

④ 不贮藏，惟红辣椒用罐装可随时售卖。

华西实验区农业组蔬菜产区概况调查表（调查地点：重庆市第十四区） 9-1-259（76）

华西实验区农业组蔬菜产区概况调查表（调查地点：重庆市第十四区） 9-1-259（77）

中華平民教育促進會華西實驗區農業組
格式 中—1 1950.1.31.

蔬菜產區概況調查表

存檔號數______號

(1)地點 重慶市 縣 十四區 鄉 10 保 11 甲 華巖岩 小地名

(2)園主姓名 劉明成 (3)農場面積 2 畝 (4)土地所有權 佃

(5)勞工數量 日 (6)調查通年期 1 年自 年 2月12日起至 年 2月13日止

(7)調查員姓名 [illegible]

(甲) 蔬菜栽培及虫害情形

	蔬菜名稱	種苗來源	生長時期	栽培面積(丈)	產量(斤)	病虫名稱	為害時期	採用防治方法	損失數量(斤)	為害程度%	備註
第一季	萵笋	自留	9-2月	65	1200斤						
	黃秧白	買	8-2月	20	650斤						
第二季	蓮花白	買	2-5月	35	1300斤	菜白虫蝶	3-5月	手捉		80%	菜白虫害甚烈故少有種植蓮花白者
第三季											

李

（乙）施肥状况

蔬菜名称	肥料种类	来源	施用时期	施用数量(斤)	是否缺乏	备注
莴笋	人粪尿	自有和附近收	9-11月	2800斤	缺	
黄秧白	〃	〃	8-1月	2000斤	〃	
莲花白	〃	〃	追肥二	4000斤	〃	
	草灰粪	自有	基肥	300斤	〃	

（丙）略述运销状况

①运销数量：数挑。

②销售方式：用挑子至磁器口或沙坪坝各挑至磁器口卖给菜贩，或零售

③运销季节：蔬菜成熟后即售。

④此地距磁器口二·五里距沙坪坝约四里。

⑤运输工具：竹挑子。

⑥运输时间约半日

⑦不贮藏，莲花白堆在家中三日左右以便转白。

⑧运销费用自己人工。

华西实验区农业组蔬菜产区概况调查表（调查地点：重庆市第十四区） 9-1-259（77）

华西实验区农业组蔬菜产区概况调查表（调查地点：重庆市第十四区） 9-1-259（78）

中華平民教育促進會華西實驗區農業組
表式__中__1 1950.1.31.

蔬菜產區概況調查表

存檔號數________號

(1)地点 重慶市 縣 十四区 鄉 10 保 3 甲 回 ... 小地名
(2)園主姓名 郭治匡 (3)農場面積 2 畝 (4)土地所有權 佃
(5)勞工數量 日 (6)調查週年期 1 年自廿八年二月1日起至廿九年二月1日止
(7)調查員姓名 鮮俊 左文武

(甲) 蔬菜栽培及虫害情形

	蔬菜名称	種苗来源	生長時期	栽培面積(分)	產量	害虫名称	為害時期	土用防治方法	損失數量(斤)	為害程度%	備註
第一季	黄秧白	自	8-2月	60	1800斤						
	春菠菜	〃	12-5月	20	400斤						
	芹菜	〃	9-2月	30	450斤						
	(夏季田中种稻土中种少许之瓜豆类自食)										
第二季											
第三季											

李

（乙）施肥狀況

蔬菜名称	肥料種類	來　源	施用時期	施用数量(斤)	是否缺乏	備　註
瓢儿白	人糞尿	[illegible]厂收	8-11月	4500斤		
春[illegible]菜	〃	〃	10-4月	2000斤		
芹〃	〃	〃	7-11月	3000斤		

（丙）略述運銷狀況

① 运销数量：每次一挑或二三挑。 ② 不加整理，挑菜至[illegible]即售。

③ 销售方式：挑至[illegible]交菜贩子。 ④ 运销费用自理。

③ 销售季节：每收[illegible]即售。

④ 市场距此二里。

⑤ [illegible]

⑥ 运输费时半小时。

华西实验区农业组蔬菜产区概况调查表（调查地点：重庆市第十四区） 9-1-259（79）

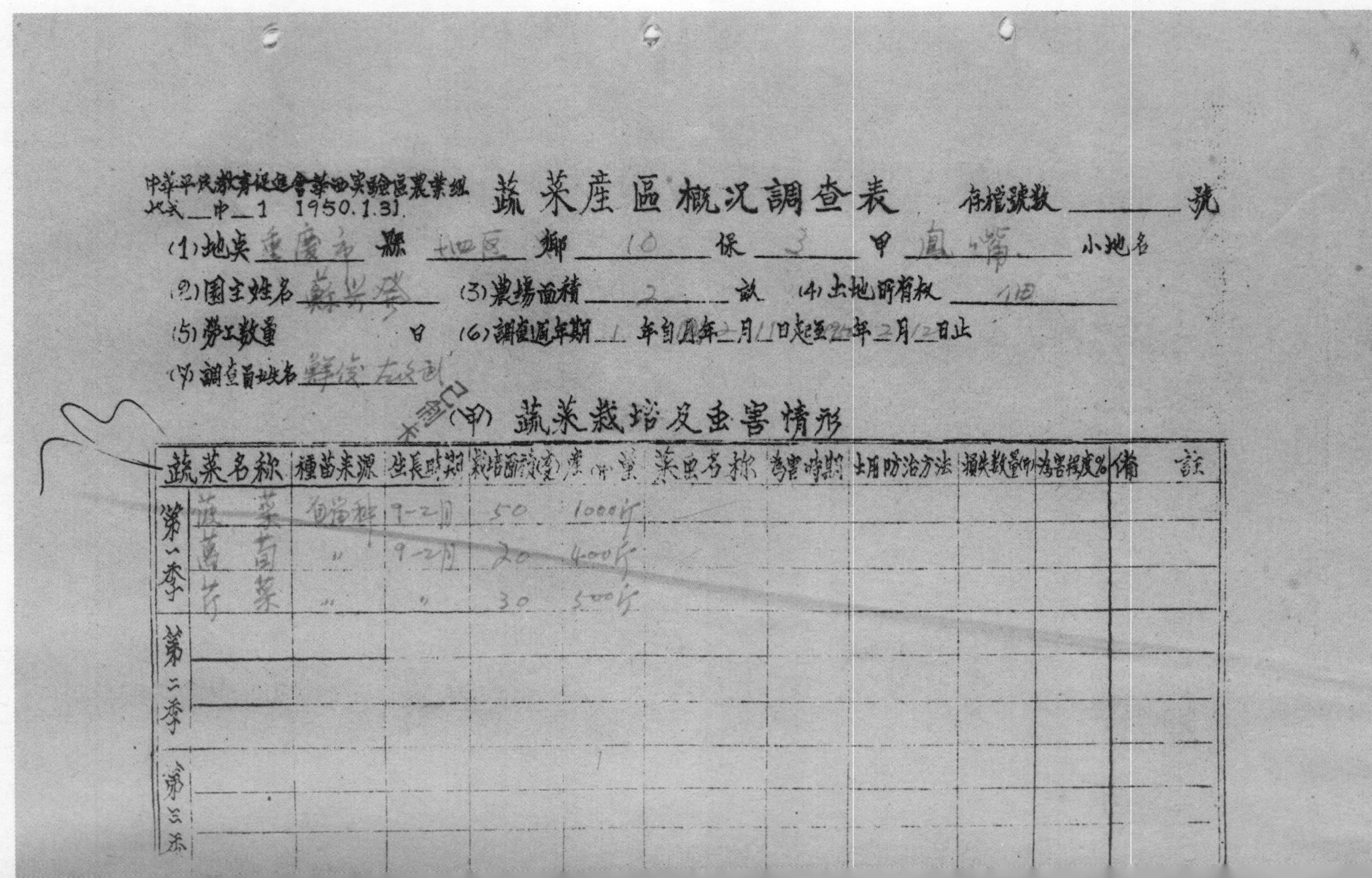

中华平民教育促进会华西实验区农业组
式 中 1 1950.1.31

蔬菜產區概況調查表 存檔號數＿＿＿號

(1)地点 重慶市 縣 十四区 鄉 10 保 3 甲 [illegible] 小地名

(2)園主姓名 蘇[illegible] (3)農場面積 2 畝 (4)土地所有权 佃

(5)勞工數量 日 (6)調查週年期 1 年自 年 月 日起至 年 月 日止

(7)調查員姓名 [illegible]

(甲) 蔬菜栽培及虫害情形

蔬菜名称		種苗来源	生長時期	栽培面積(挑)	產(中)量	蒸虫名称	為害時期	施用防治方法	損失數量(斤)	為害程度%	備註
第一季	菠菜	自留种	9-2月	50	1000斤						
	莴苣	〃	9-2月	20	400斤						
	芹菜	〃	〃	30	500斤						
第二季											
第三季											

（乙）施肥狀況

蔬菜名称	肥料種類	來源	施用時期	施用數量(斤)	是否缺乏	備註
菠菜	草木灰	自	基肥	150斤	缺	
	人糞尿	附近收集	追肥三次	4900斤	〃	
莴苣	〃	〃	〃	1200斤	〃	
芹菜	〃	〃	〃	3000斤	〃	

（丙）略述運銷狀況

[illegible]

华西实验区农业组蔬菜产区概况调查表（调查地点：重庆市第十四区） 9-1-259（79）

华西实验区农业组蔬菜产区概况调查表（调查地点：重庆市第十四区） 9-1-259（80）

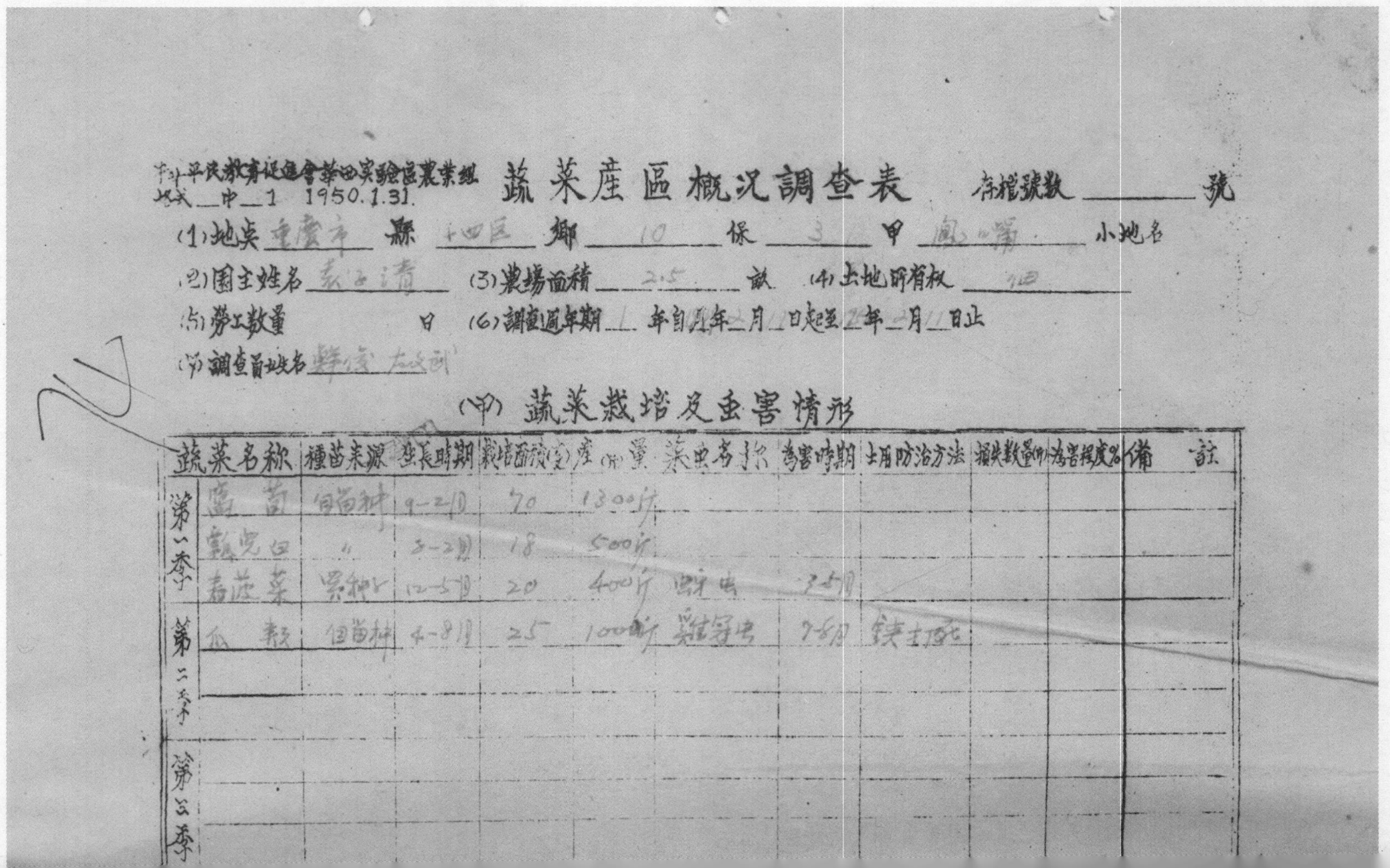

中华平民教育促进会华西实验区农业组
格式 中—1 1950.1.31.

蔬菜產區概況調查表

存檔號數＿＿＿＿號

(1)地點 重慶市 縣 十四区 鄉 10 保 3 甲 鳳嘴 小地名

(2)園主姓名 袁子清 (3)農場面積 2.5 畝 (4)土地所有权 佃

(5)勞工數量 日 (6)調查週年期 [illegible] 年自 [illegible] 年 [illegible] 月 [illegible] 日起至 [illegible] 年 [illegible] 月 [illegible] 日止

(7)調查員姓名 [illegible]

(甲) 蔬菜栽培及虫害情形

	蔬菜名称	種苗来源	生長時期	栽培面積(分)	產(斤)量	害虫名称	為害時期	土用防治方法	損失數量(斤)	為害程度%	備註
第一季	莴笋	自留种	9-2月	70	1300斤						
	甕兜白	〃	3-2月	18	500斤						
	春莲菜	買种	12-5月	20	400斤	蚜虫	3-5月				
第二季	瓜類	自留种	4-8月	25	100斤	瓢守虫	7-8月	铁[illegible]			
第三季											

季

(乙) 施肥狀況

蔬菜名称	肥料種類	來源	施用時期	施用数量(斤)	是否缺乏	備	註
莴苣	人糞尿	[illegible]	9—12月	4000斤	缺		
	猪糞尿	自有	〃	500斤	〃		
[illegible]	人糞尿	[illegible]	4—8月	2000斤	〃		
	草木灰	自有	基肥(和[illegible])	70斤	〃		

(丙) 略述運銷狀況

[illegible]菜贩，[illegible]，或售给工厂，运输费用自理，
不多储藏。

华西实验区农业组蔬菜产区概况调查表（调查地点：重庆市第十四区） 9-1-259（80）

华西实验区农业组蔬菜产区概况调查表（调查地点：重庆市第十四区） 9-1-259（81）

中華平民教育促進會華西實驗區農業組
式 中 1 1950.1.31.

蔬菜產區概況調查表

存檔號數______號

(1)地點 重慶市 縣 十四區 鄉 10 保 3 甲 [illegible] 小地名
(2)園主姓名 嚴超群 (3)農場面積 3 畝 (4)土地所有權 [illegible]
(5)勞工數量 日 (6)調查週年期 1 年自[illegible]年[illegible]月[illegible]日起至[illegible]年[illegible]月[illegible]日止
(7)調查員姓名 鮮俊 [illegible]

甲 蔬菜栽培及虫害情形

	蔬菜名称	種苗来源	生長時期	栽培面積(畝)	產量	病虫名称	為害時期	施用防治方法	損失數量(%)	為害程度(%)	備註
第一季	萵苣	買	9—5月	100	1900斤						
	菠菜	買种子	9—2月	20	400斤						
	瓢兒白	自留	8—12月	30	920斤						
第二季											
第三季											

季

(乙) 施肥狀況

蔬菜名稱	肥料種類	來　源	施用時期	施用數量(斤)	是否缺乏	備　註
萵苣	人糞尿	工廠	1-4月	6200斤	夠	
菠菜	"	"	7-1月	2000斤	"	
瓢兒白	"	"	8-1月	2400斤	"	

(丙) 略述運銷狀況

零售 或賣給菜販 或批賣給工廠，此距市場二里。

华西实验区农业组蔬菜产区概况调查表（调查地点：重庆市第十四区） 9-1-259（81）

华西实验区农业组蔬菜产区概况调查表（调查地点：重庆市第十四区） 9-1-259（82）

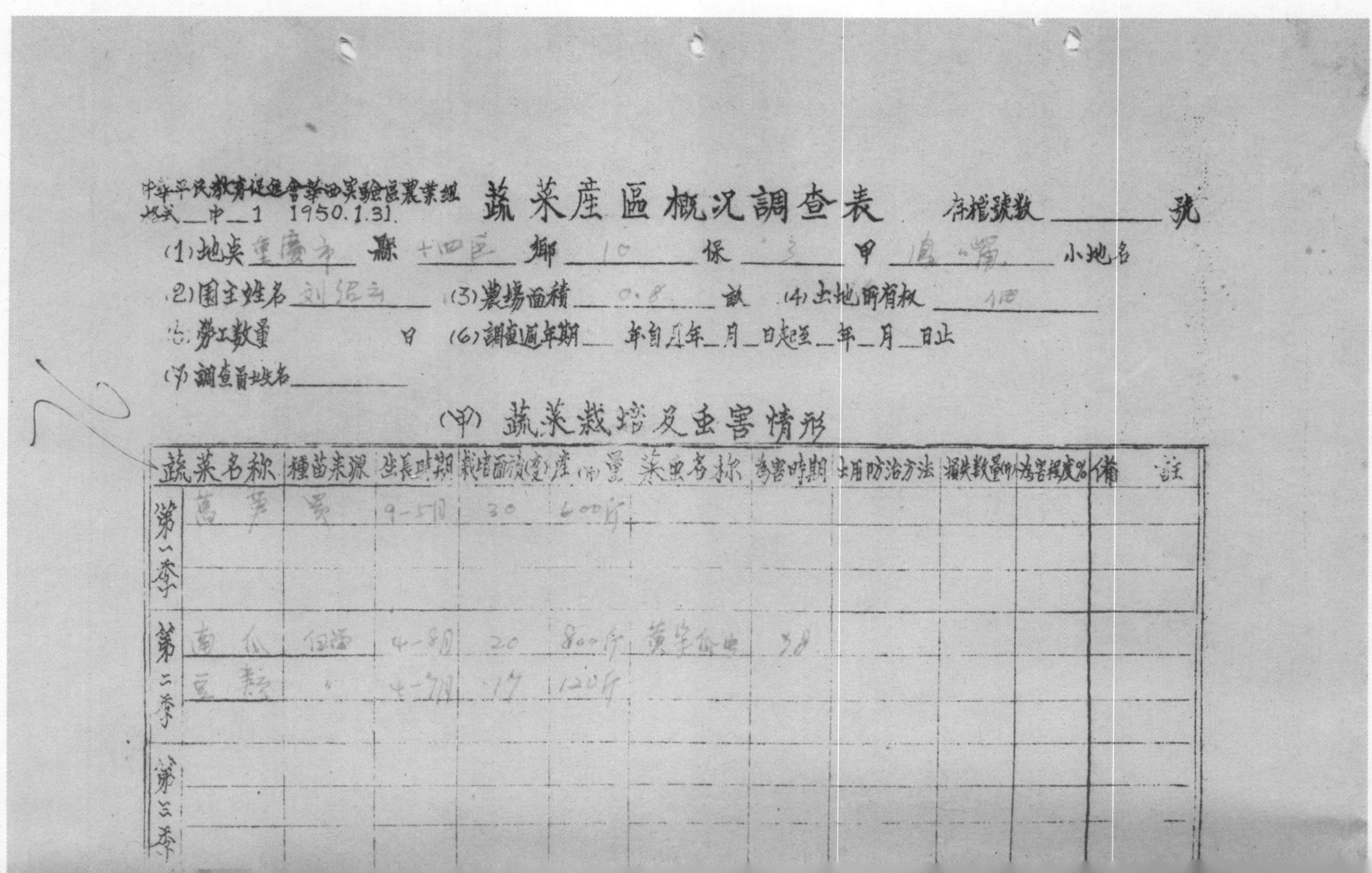

中华平民教育促进会华西实验区农业组
格式 中—1 1950.1.31.

蔬菜产區概况調查表

存档號數________號

(1)地点 重庆市 縣 十四区 鄉 10 保 3 甲 凤嘴 小地名

(2)园主姓名 刘绍云 (3)農場面積 0.8 畝 (4)土地所有权 佃

(5)勞工數量 日 (6)調查周年期 年自 年 月 日起至 年 月 日止

(7)調查員姓名________

(甲) 蔬菜栽培及虫害情形

	蔬菜名称	種苗来源	生長時期	栽培面積(丈)	產(斤)量	害虫名称	為害時期	采用防治方法	损失數量(斤)	為害程度%	備註
第一季	莴笋	買	9-5月	30	600斤						
第二季	南瓜	自留	4-8月	20	800斤	黄守瓜虫	7.8				
	豆类	〃	4-7月	17	120斤						
第三季											

季

(乙)施肥狀況

蔬菜名称	肥料種類	來源	施用時期	施用数量(斤)	是否缺乏	備 註
莴笋	人糞尿	二厰	9-4月	2000斤	[illegible]	
[illegible]	〃	〃	4-8月	3000斤	〃	

(丙)略述運銷狀況

[illegible]

华西实验区农业组蔬菜产区概况调查表（调查地点：重庆市第十四区） 9-1-259（83）

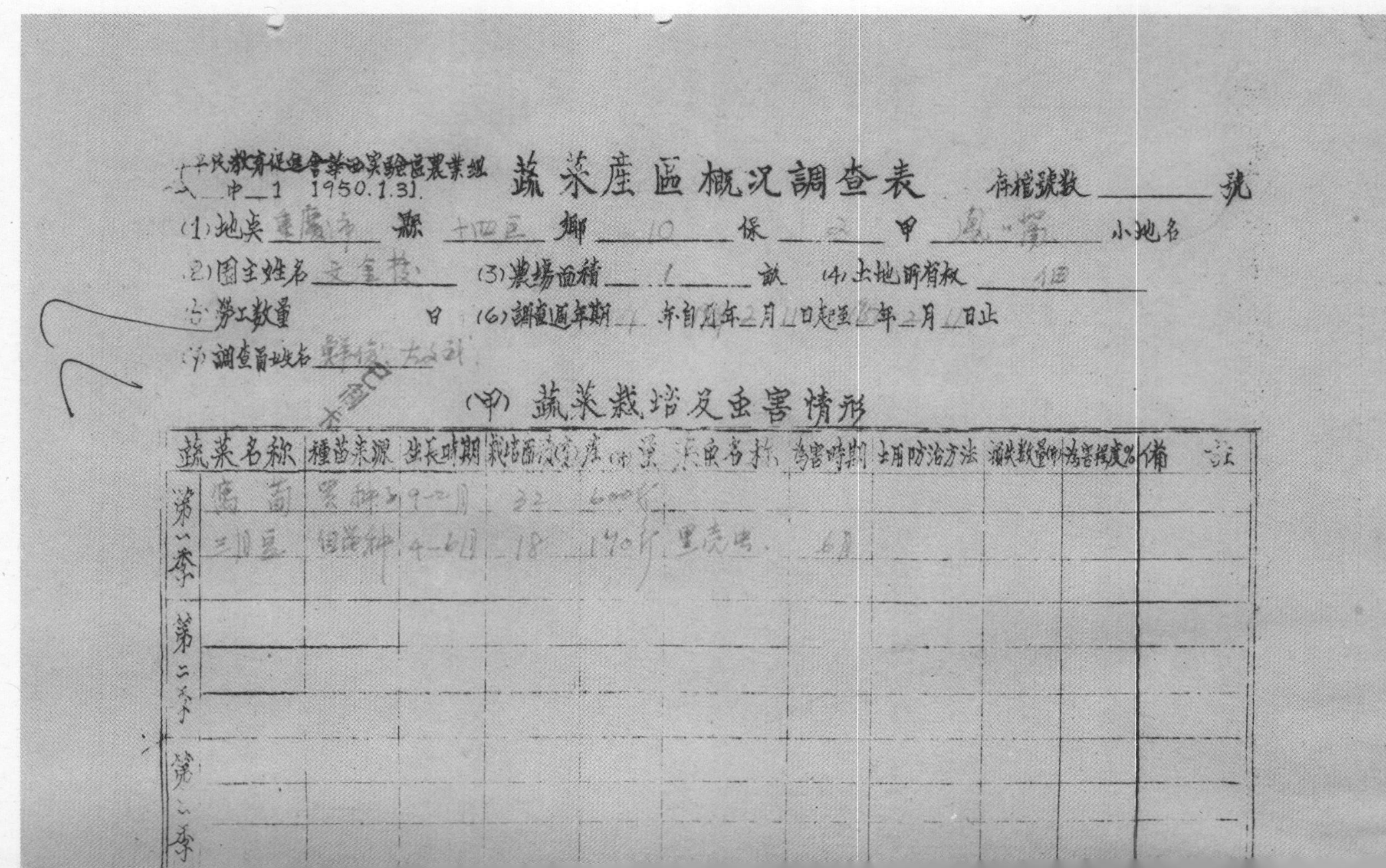

中华平民教育促进会华西实验区农业组
中__1 1950.1.31.

蔬菜產區概況調查表

存檔號数 ________ 號

(1)地点 重慶市 縣 十四區 鄉 10 保 2 甲 鳳嘴 小地名

(2)園主姓名 文金楼 (3)農場面積 1 畝 (4)土地所有权 佃

(5)勞工数量 日 (6)調查週年期 4 年自39年2月11日起至40年2月11日止

(7)調查員姓名 鲜俊 左知利

(甲) 蔬菜栽培及虫害情形

蔬菜名称		種苗来源	生長時期	栽培面積(市亩)	產量(斤)	病虫名称	为害時期	采用防治方法	損失数量(斤)	为害程度%	備註
第一季	莴苣	买种子	9-12月	22	600斤						
	三月豆	自留种	4-6月	18	170斤	黑壳虫	6月				
第二季											
第三季											

季

(乙)施肥状况

蔬菜名称	肥料種類	來　源	施用時期	施用數量(斤)	是否缺乏	備　註
萵　筍	人糞尿	附近收	9-11月	1800斤	缺	
[illegible]	〃	〃	4-5月	200斤	〃	

(丙)略述運銷狀況

[illegible]

华西实验区农业组蔬菜产区概况调查表（调查地点：重庆市第十四区） 9-1-259（84）

中华平民教育促进会华西实验区农业组
表中1 1950.1.31.

蔬菜產區概况調查表

存檔號數________號

(1)地点 重庆市 縣 十四区 鄉 10 保 2 甲 □□ 小地名

(2)園主姓名 伍青云 (3)農場面積 2 畝 (4)土地所有权 佃

(5)勞工數量 日 (6)調查適年期 1 年自□年□月□日起至□年□月□日止

(7)調查員姓名 左文武、解俊

(甲)蔬菜栽培及虫害情形

	蔬菜名称	種苗来源	生長時期	栽培面積(方丈)	產量(斤)	虫病名称	為害時期	使用防治方法	損失數量(斤)	為害程度%	備註
第一季	莴笋	買种	9-5月	50	1100斤	虾虫	3-5月				
	甘蓝	〃	9-2月	10	300斤						
	黄秧白	〃	8-2月	17	400斤						
第二季	瓢儿白	自留	〃	12	310斤						
第三季											

（乙）施肥状况

蔬菜名称	肥料种类	来源	施用时期	施用数量(斤)	是否缺乏	备注
莴笋	人粪尿	附近收	9-4月	4700斤	缺	
其他	"	"		2000斤	"	

（丙）略述运销状况

挑至石碑罗口市场，卖给贩子，或零售少许。

华西实验区农业组蔬菜产区概况调查表（调查地点：重庆市第十四区）　9-1-259（84）

华西实验区农业组蔬菜产区概况调查表（调查地点：重庆市第十四区） 9-1-259（85）

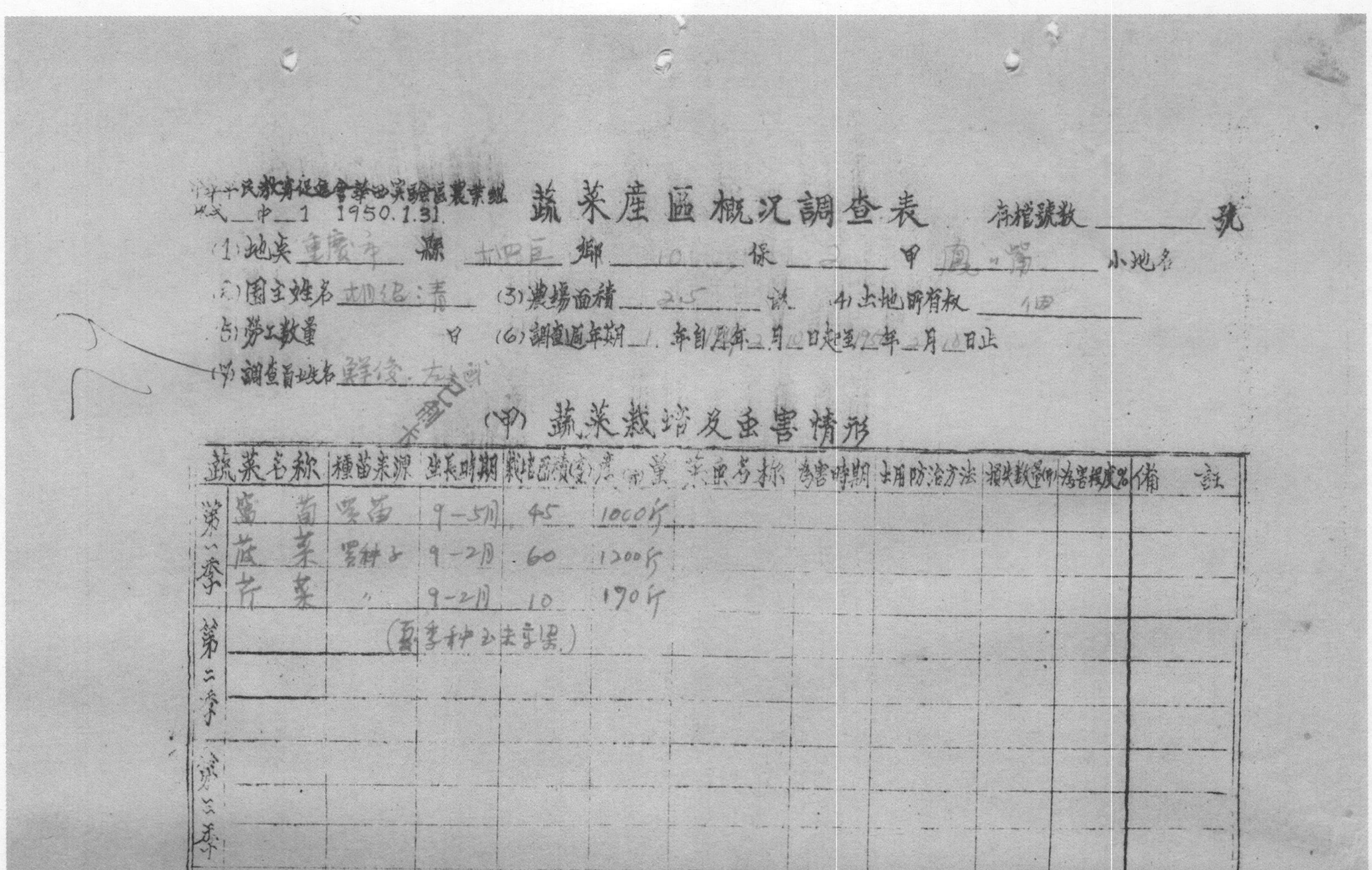

中华平民教育促进会华西实验区农业组
表式 中 1 1950.1.31

蔬菜產區概況調查表

存檔號数______號

(1)地点 重庆市 縣 十四区 鄉 10 保 2 甲 [illegible] 小地名
(2)園主姓名 [illegible] (3)農場面積 2.5 畝 (4)土地所有权 佃
(5)勞工數量 日 (6)調查週年期 1 年自[illegible]年 月 日起至 年 月 日止
(7)調查員姓名 [illegible]

(甲) 蔬菜栽培及虫害情形

	蔬菜名称	種苗来源	生長時期	栽培面積(畝)	產量(斤)	菜虫名称	為害時期	采用防治方法	損失數量(斤)	為害程度%	備註
第一季	萵苣	買苗	9—5月	.45	1000斤						
	菠菜	買种子	9—2月	.60	1200斤						
	芹菜	〃	9—2月	.10	170斤						
第二季	(夏季种[illegible])										
第三季											

（乙）施肥狀況

蔬菜名稱	肥料種類	來源	施用時期	施用數量(斤)	是否缺乏	備註
萵苣	人糞尿	街上收	9-4月	4200斤	够	
菠菜	〃	〃	9-1月	1300斤	〃	
	糠枧油	自己和	9月	少许	〃	
芹菜	畜肥	自有	9-1月	400斤		
	人糞	街上收		700斤		

（丙）略述運銷狀況

零售或担挑至磁器口街上售与菜贩子，此运至市场售之。来回半日即可，运费自己人工，不贮藏。

华西实验区农业组蔬菜产区概况调查表（调查地点：重庆市第十四区） 9-1-259（86）

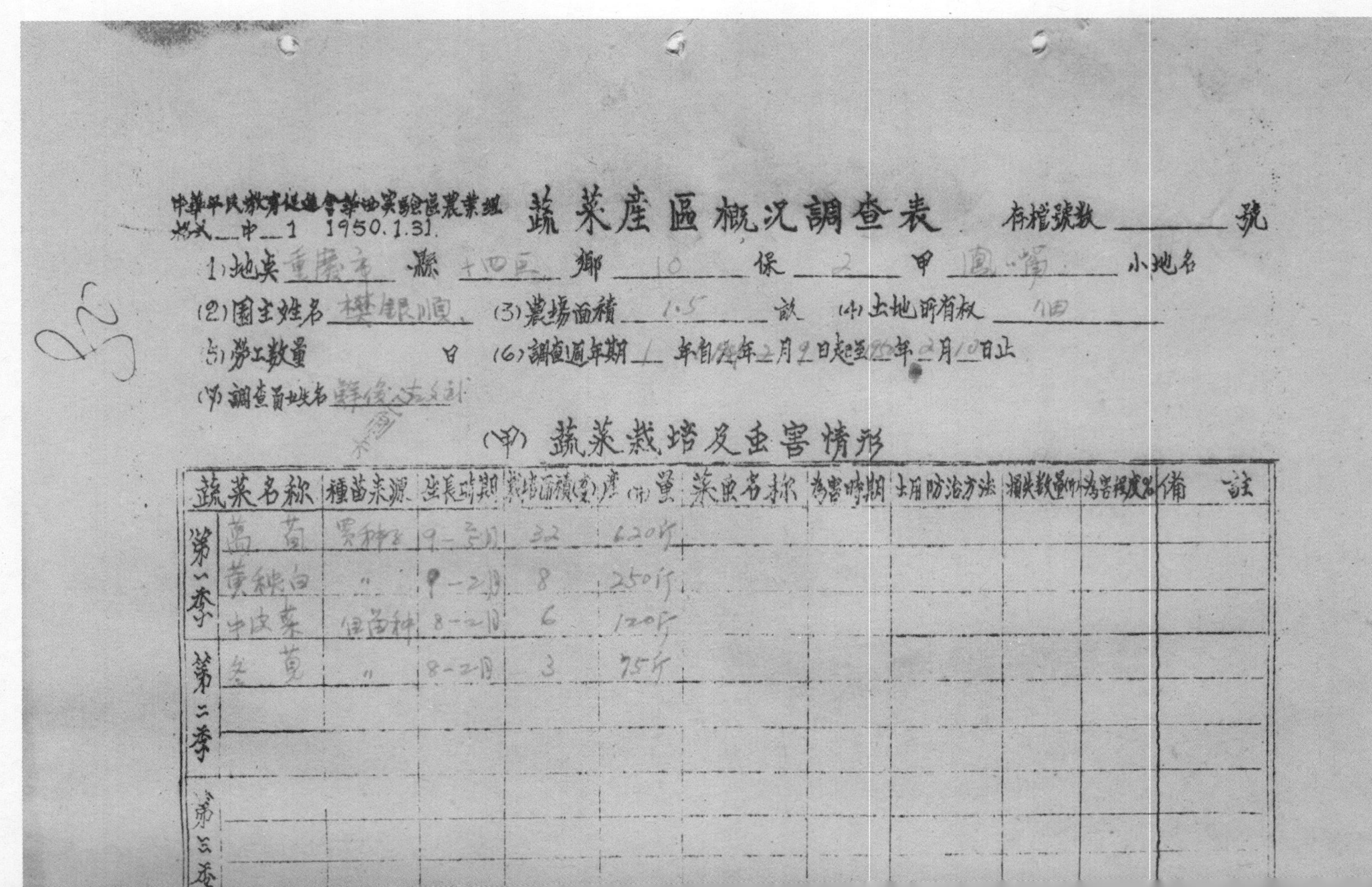

中华平民教育促进会华西实验区农业组
格式__中__1 1950.1.31

蔬菜産區概况調查表

存檔號數______號

(1)地点 重庆市 縣 十四區 鄉 10 保 2 甲 圓嘴 小地名

(2)園主姓名 樊银顺 (3)農場面積 1.5 畝 (4)土地所有权 佃

(5)勞工數量 日 (6)調查週年期 1 年自49年2月9日起至50年2月10日止

(7)調查員姓名 罗俊杰

(甲)蔬菜栽培及虫害情形

蔬菜名称		種苗来源	生長時期	栽培面積(方丈)	產量(斤)	病虫名称	為害時期	施用防治方法	損失數量(斤)	為害程度%	備註
第一季	莴苣	买种子	9-3月	32	620斤						
	黄秧白	"	9-2月	8	250斤						
	中皮菜	自留种	8-2月	6	120斤						
第二季	冬苋	"	8-2月	3	75斤						
第三季											

四季											

（乙）施肥狀況

蔬菜名称	肥料種類	來　源	施用時期	施用数量(斤)	是否缺乏	備　註
萵　苣	人糞尿	附近掏取[illegible]	9—4月	3600斤	缺	
黄秧白	〃	〃	9—1月	700斤	〃	

（丙）略述運銷狀況

①運銷數量：[illegible]挑。

②銷售方式：以竹担担至市场賣給[illegible]。　　⑦[illegible]时间：不[illegible]。

③運銷季节：蔬菜以熟后隨时均可賣。　　⑧運輸費用：自運無費用。

④市场距離：1.5里。

⑤運輸工具：竹担子。

⑥運輸所需时间：半小时。

华西实验区农业组蔬菜产区概况调查表（调查地点：重庆市第十四区） 9-1-259（87）

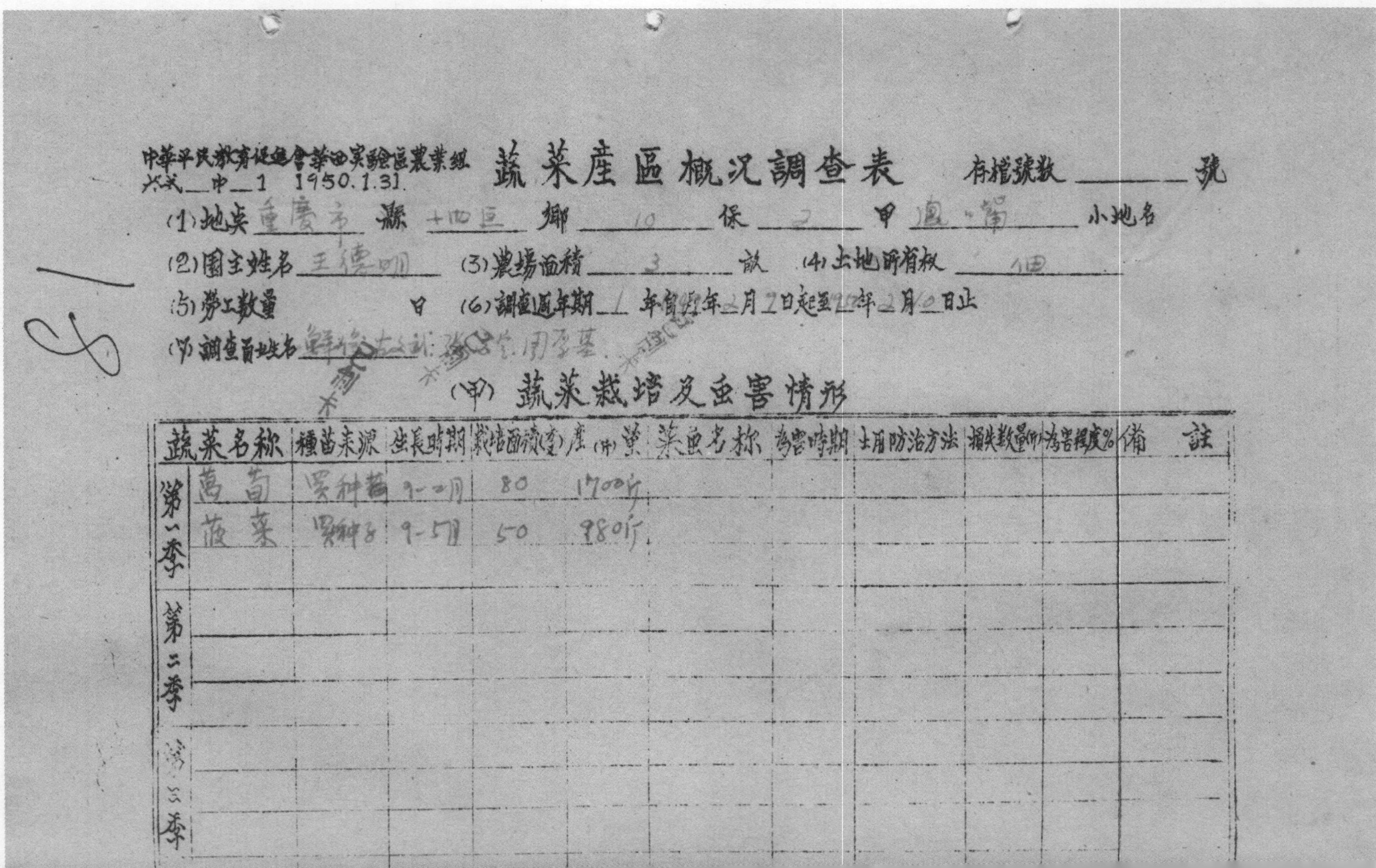

中華平民教育促進會華西實驗區農業組 蔬菜產區概況調查表 存檔號數______號

式__中__1 1950.1.31

(1)地点 重慶市 縣 十四區 鄉 10 保 2 甲 [illegible] 小地名

(2)園主姓名 王德明 (3)農場面積 3 畝 (4)土地所有权 佃

(5)勞工數量 日 (6)調查週年期 1 年自[illegible]年 月 日起至[illegible]年 月 日止

(7)調查員姓名 [illegible]

(甲) 蔬菜栽培及虫害情形

蔬菜名稱		種苗来源	生長時期	栽培面積(方)	產(斤)量	菜虫名称	为害時期	主用防治方法	損失數量(斤)	為害程度%	備註
第一季	萵苣	买种播	9-2月	80	1700斤						
	菠菜	买种播	9-5月	50	980斤						
第二季											
第三季											

季

（乙）施肥狀況

蔬菜名稱	肥料種類	來源	施用時期	施用數量(斤)	是否缺乏	備註
萵苣	人糞尿	街上挑來	9—2月	4800斤	缺	
菠菜	〃	〃	9—4月	5000斤	〃	

（丙）略述運銷狀況

零售，或挑至磁器口鎮內[illegible]販子，此地距市場1.5里，3小時即可挑去，貯藏一二日。

华西实验区农业组蔬菜产区概况调查表（调查地点：重庆市第十四区） 9-1-259（87）

华西实验区农业组蔬菜产区概况调查表（调查地点：重庆市第十四区） 9-1-259（88）

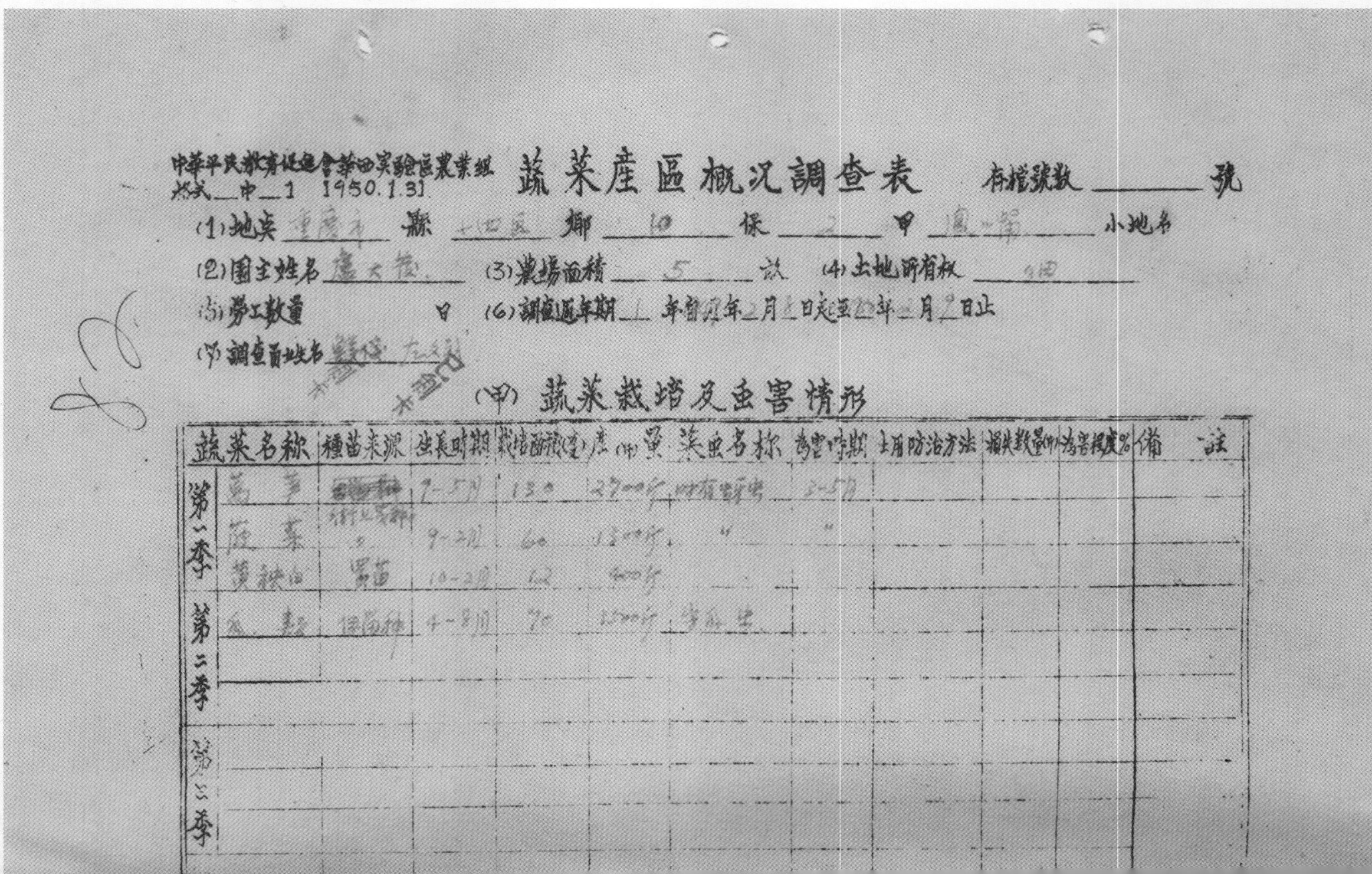

中華平民教育促進會華西实验区農業组
然式 中 1 1950.1.31

蔬菜產區概況調查表

存檔號數＿＿＿＿號

(1)地点 重慶市 縣 十四区 鄉 10 保 2 甲 [illegible] 小地名
(2)園主姓名 [illegible] (3)農場面積 5 畝 (4)土地所有权 佃
(5)勞工數量 日 (6)調查週年期 1 年自 年2月8日起至 年2月9日止
(7)調查員姓名 [illegible]

(甲) 蔬菜栽培及虫害情形

	蔬菜名称	種苗来源	生長時期	栽培面積(方丈)	產量(斤)	害虫名称	為害時期	土用防治方法	損失数量(斤)	為害程度%	備註
第一季	萵笋	[illegible]	7-5月	130	2700斤	叶有害虫	3-5月				
	菠菜	[illegible] 〃	9-2月	60	1300斤	〃	〃				
	黄秧白	買苗	10-2月	12	400斤						
第二季	瓜類	自留种	4-8月	70	3500斤	守瓜虫					
第三季											

(乙)施肥状况

蔬菜名称	肥料种类	来源	施用时期	施用数量(斤)	是否缺乏	备注
莴笋	人粪尿	附近挑来	9-12 2-4月	8000斤	缺	
莲菜	〃	〃	9-2月	6000斤	〃	

(丙)略述运销状况

待菜成熟后，用竹篮挑至石岩口，卖与零售菜贩，距本场约一里路许，来回行需时半日。为求销售以整块田菜，向于菜贩[illegible]挑[illegible]，运销[illegible]费用自给，蔬菜[illegible]储藏[illegible]。

华西实验区农业组蔬菜产区概况调查表（调查地点：重庆市第十四区）　9-1-259（88）

华西实验区农业组蔬菜产区概况调查表（调查地点：重庆市第十四区） 9-1-259（90）

中华平民教育促进会华西实验区农业组
格式 中 1 1950.1.31

蔬菜产区概况调查表

存档号数______号

(1)地点 重庆市 县 十四区 乡 10 保 1 甲 凤嘴 小地名

(2)园主姓名 张允修 (3)农场面积 2 亩 (4)土地所有权 佃

(5)劳工数量 1 日 (6)调查周年期 1 年自1949年2月8日起至1950年2月9日止

(7)调查员姓名 鲜俊、左如斌、张西鸾、周厚基

(甲)蔬菜栽培及虫害情形

	蔬菜名称	种苗来源	生长时期	栽培面积(方)	产量(市)	害虫名称	为害时期	使用防治方法	损失数量(市)	为害程度%	备注
第一季	莲花白菜	买来	10-2月	70	2800斤	白粉蝶	2月	手捉			
	菠菜	自留	9-2月	12	200斤						
	莴笋	卫生署种	9-2-3月	7	130斤						
第二季	南瓜	自留	3-8月	19	470斤	守瓜虫	7月				
第三季											

李

（乙）施肥狀况

蔬菜名称	肥料種類	來　源	施用時期	施用数量(斤)	是否缺乏	備　註
莲花白菜	人糞尿	工廠挑来	10-11月施三次	3000斤	够用	
南　瓜	〃	〃	3-6月	2500斤	〃	
	家園土	挑滿来	3月-七月	基肥1000斤	不缺	

（丙）略述運銷狀况

本地菜农多担至磁器口街上零卖，或售给零卖贩子，运输工具多为竹篮，约费时间约四小时，储藏甚（南瓜）老可放两三月再出卖。

华西实验区农业组蔬菜产区概况调查表（调查地点：重庆市第十四区）　9-1-259（90）

华西实验区农业组蔬菜产区概况调查表（调查地点：重庆市第十四区） 9-1-259（91）

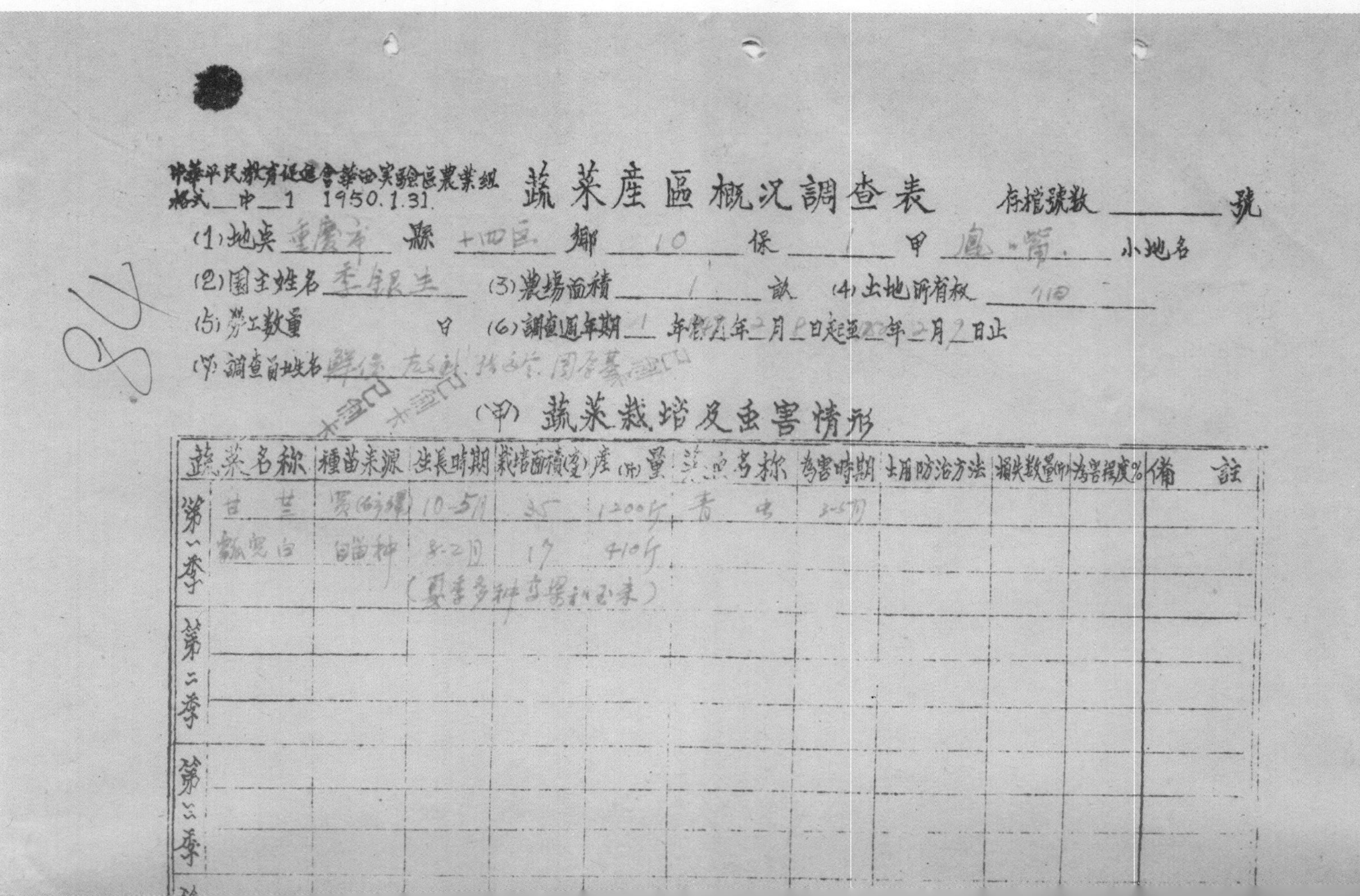

中華平民教育促進會華西實驗區農業組
格式—中—1 1950.1.31.

蔬菜產區概況調查表

存檔號數______號

(1)地点 重庆市 縣 十四区 鄉 10 保 1 甲 凤嘴 小地名
(2)園主姓名 李银生 (3)農場面積 1 畝 (4)土地所有权 佃
(5)勞工數量 日 (6)調查週年期 1 年（自 年二月1日起至 年二月2日止）
(7)調查員姓名 [illegible]

(甲) 蔬菜栽培及虫害情形

	蔬菜名称	種苗来源	生長時期	栽培面積(丈)	產量(斤)	虫害名称	為害時期	土用防治方法	損失数量(斤)	為害程度%	備註
第一季	甘蓝	買(农场)	10-5月	35	1200斤	青虫	3-5月				
	瓢儿白	自留种	8-2月	17	410斤						
	（夏季多种[illegible]）										
第二季											
第三季											

（乙）施肥状况

蔬菜名称	肥料種類	來源	施用時期	施用數量(斤)	足否缺乏	備註
甘蓝	人粪尿	三磁排	10-3月	5000斤	缺乏	
瓢兒白	〃	〃	8-2月	900斤	〃	

（丙）略述運銷狀況

挑至磁器口街上卖，或卖给零售贩子，挑去约费四小时左右即可卖出。

华西实验区农业组蔬菜产区概况调查表（调查地点：重庆市第十四区） 9-1-259（92）

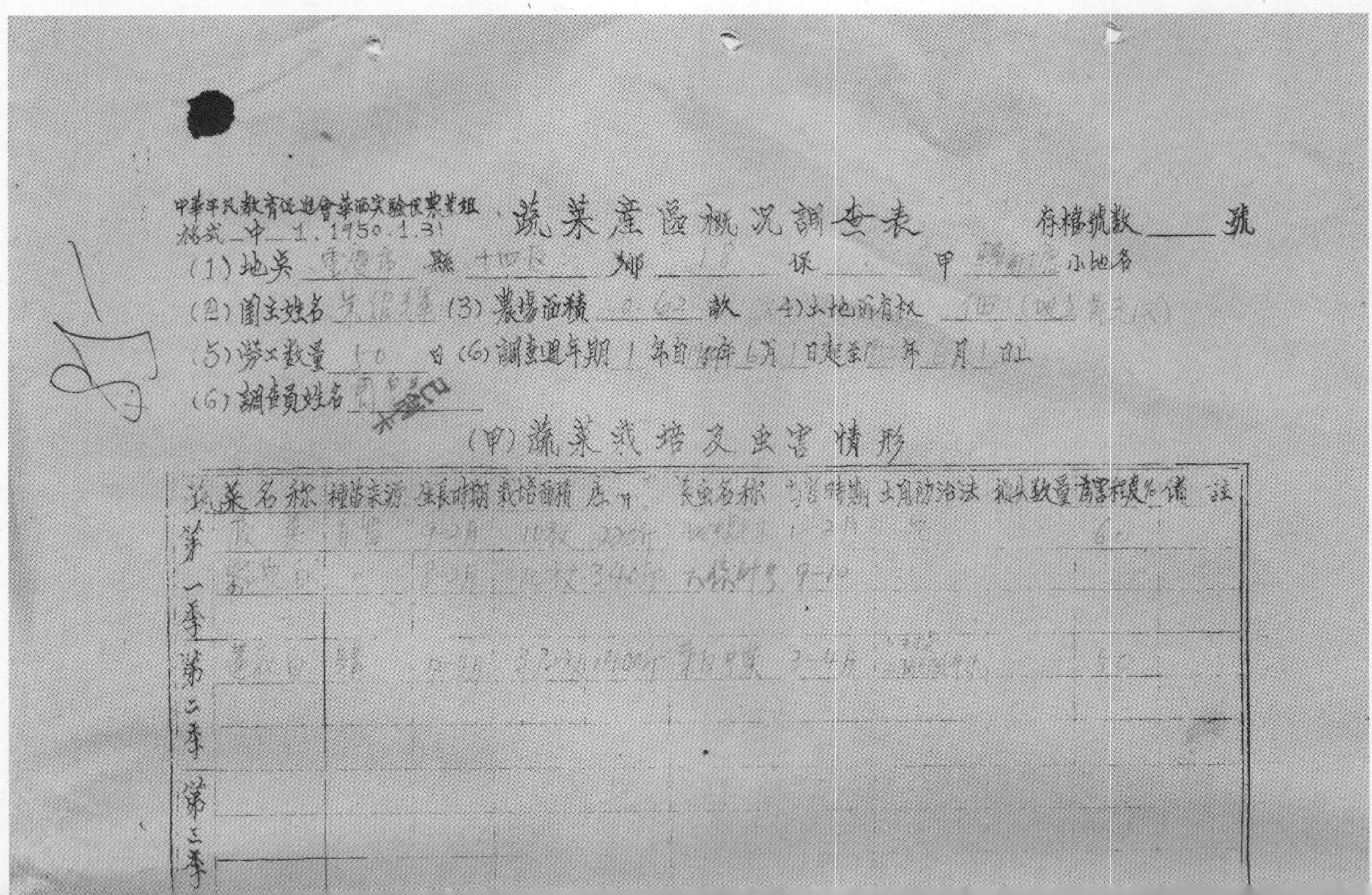

中華平民教育促進會華西实驗區農業組
格式 中 1 . 1950.1.31

蔬菜產區概況調查表

存檔號数____號

(1)地点 重慶市 縣 十四区 鄉 18 保____甲 [illegible] 小地名

(2)園主姓名 [illegible] (3)農場面積 0.62 畝 (4)土地所有权 佃（地主 [illegible]）

(5)勞工数量 50 日 (6)調查週年期 1 年自 [illegible] 年 6 月 1 日起至 [illegible] 年 6 月 1 日止

(6)調查員姓名 [illegible]

（甲）蔬菜栽培及虫害情形

	蔬菜名称	種苗来源	生長時期	栽培面積	产斤	病虫名称	发生時期	土用防治法	损失数量	為害程度%	備註
第一季	菠菜	自留	9-2月	10枚	220斤	[illegible]	1-2月	[illegible]		60	
	[illegible]	〃	8-2月	10枚	340斤	[illegible]	9-10				
第二季	[illegible]	[illegible]	12-4月	37.2枚	1400斤	[illegible]	3-4月	[illegible]		50	
第三季											

四季							

(乙) 施肥[illegible]状况

蔬菜名称	肥料种类	来源	施用时期	施用数量(斤)	是否缺乏	备	注
菠菜	人	1.街上 2.自[illegible]	1.基肥一次 2.追肥二次	1200			
黄秧白	人	仝上	追肥3次	850			
莲花白	人	仝上	1.基肥一次 2.追肥[illegible]次	5000			

(丙) [illegible]运销状况

1. 零售或集体由农会蔬菜贩运股用木船运至[illegible]
2. 春冬两季运销至[illegible](35甲)，才能[illegible]
3. 运输费用农会抽[illegible]15%。
4. 蔬菜多[illegible]

华西实验区农业组蔬菜产区概况调查表（调查地点：重庆市第十四区） 9-1-259（93）

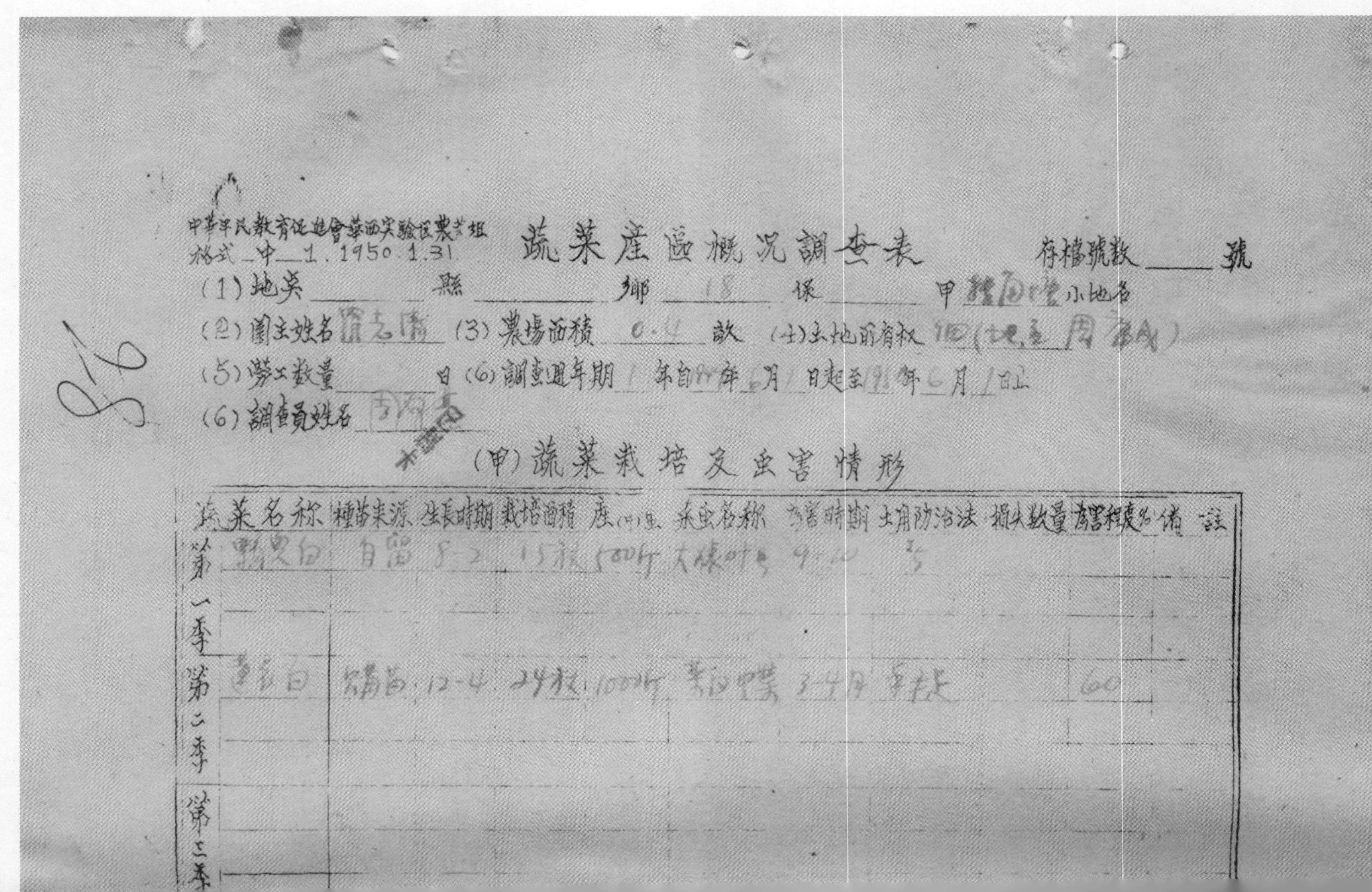

中华平民教育促进会华西实验区农业组
格式—中—1.1950.1.31

蔬菜產區概況調查表 存檔號數____號

(1)地点____縣____鄉 18 保____甲____小地名

(2)園主姓名____ (3)農場面積 0.4 畝 (4)土地所有权____

(5)勞工數量____日 (6)調查週年期 1 年自____年 6 月 1 日起至____年 6 月 1 日止

(6)調查員姓名____

(甲)蔬菜栽培及虫害情形

	蔬菜名稱	種苗来源	生長時期	栽培面積	產(斤)量	病虫名稱	為害時期	土用防治法	損失數量	為害程度%	備註
第一季		自留	8-2	15	500斤		9-10				
第二季			12-4	24	1000斤		3-4月			60	
第三季											

四季						

(乙)施肥状况

蔬菜名称	肥料種類	來源	施用時期	施用數量(斤)	是否缺乏	備註
[illegible]	人	街上	過3	1000		
[illegible]	人	〃	基1,過3	2500		

(丙)略述運銷狀況

华西实验区农业组蔬菜产区概况调查表（调查地点：重庆市第十四区）　9-1-259（93）

华西实验区农业组蔬菜产区概况调查表（调查地点：重庆市第十四区） 9-1-259（94）

中华平民教育促进会华西实验区农业组
中 1. 1950.1.31.

蔬菜产区概况调查表

存档号数＿＿号

（1）地点＿＿县＿＿乡 18 保＿＿甲 [illegible]小地名
（2）园主姓名 吴天柱 （3）农场面积 0.4 亩 （4）土地所有权 佃（地主 [illegible]）
（5）劳工数量＿＿日 （6）调查周年期 1 [illegible]年6月1日起至[illegible]年6月1日止
（7）调查员姓名 [illegible]

註：[illegible]

（甲）蔬菜栽培及虫害情形

	蔬菜名称	种苗来源	生长时期	栽培面积	产量	病虫名称	发生时期	土用防治法	损失数量	为害程度%	备註
第一季	[illegible]白菜	自	8-2	15挑	500	大猿叶虫	9-10	[illegible]			
第二季	莲花白	购苗	12-4	24挑	1000斤	菜白蝶	3-4月	手捉		60	
第三季											

四季

（乙）施肥狀況

蔬菜名称	肥料種類	來源	施用時期	施用数量(斤)	是否缺乏	備註
黄秧白	人	维[illegible]	追3	1000		
莲花白	人	〃	基1,追3	2500		

（丙）略述運銷狀况

零售.

华西实验区农业组蔬菜产区概况调查表（调查地点：重庆市第十四区）　9-1-259（94）

华西实验区农业组蔬菜产区概况调查表（调查地点：重庆市第十四区） 9-1-259（95）

中華平民教育促進會華西实验区農業組
格式 中 1. 1950.1.31

蔬菜產區概况調查表

存檔號數____號

（1）地点 [illegible] 縣 十四区 鄉 [illegible] 保 [illegible] 甲 [illegible] 小地名

（2）園主姓名 [illegible] （3）農場面積 0.5 畝 （4）土地所有权 [illegible]

（5）勞工數量 [illegible] 日 （6）調查週年期 [illegible] 年 [illegible] 月 [illegible] 日起至 [illegible] 年 6 月 1 日止

（6）調查員姓名 [illegible]

註：[illegible]

（甲）蔬菜栽培及虫害情形

	蔬菜名称	種苗来源	生長时期	栽培面積	产（斤）量	病虫名称	为害时期	土用防治法	损失数量	为害程度%	備註
第一季	[illegible]	自留		6 [illegible]	110						
	[illegible]	自留		10 [illegible]	100						
第二季	[illegible]	[illegible]		30 [illegible]	800	[illegible]	3-4 [illegible]	[illegible]		2 [illegible]	
第三季											

(乙)施肥狀況

蔬菜名称	肥料種類	來源	施用時期	施用數量(斤)	是否缺乏	備註
[illegible]	人	[illegible]	追肥一次	400		
[illegible]	人	〃	基肥一次追肥4次	1200		
[illegible]	人	〃	仝上	4000		

(丙)略述運銷狀況

仝前

华西实验区农业组蔬菜产区概况调查表（调查地点：重庆市第十四区） 9-1-259（95）

华西实验区农业组蔬菜产区概况调查表（调查地点：重庆市第十四区） 9-1-259（96）

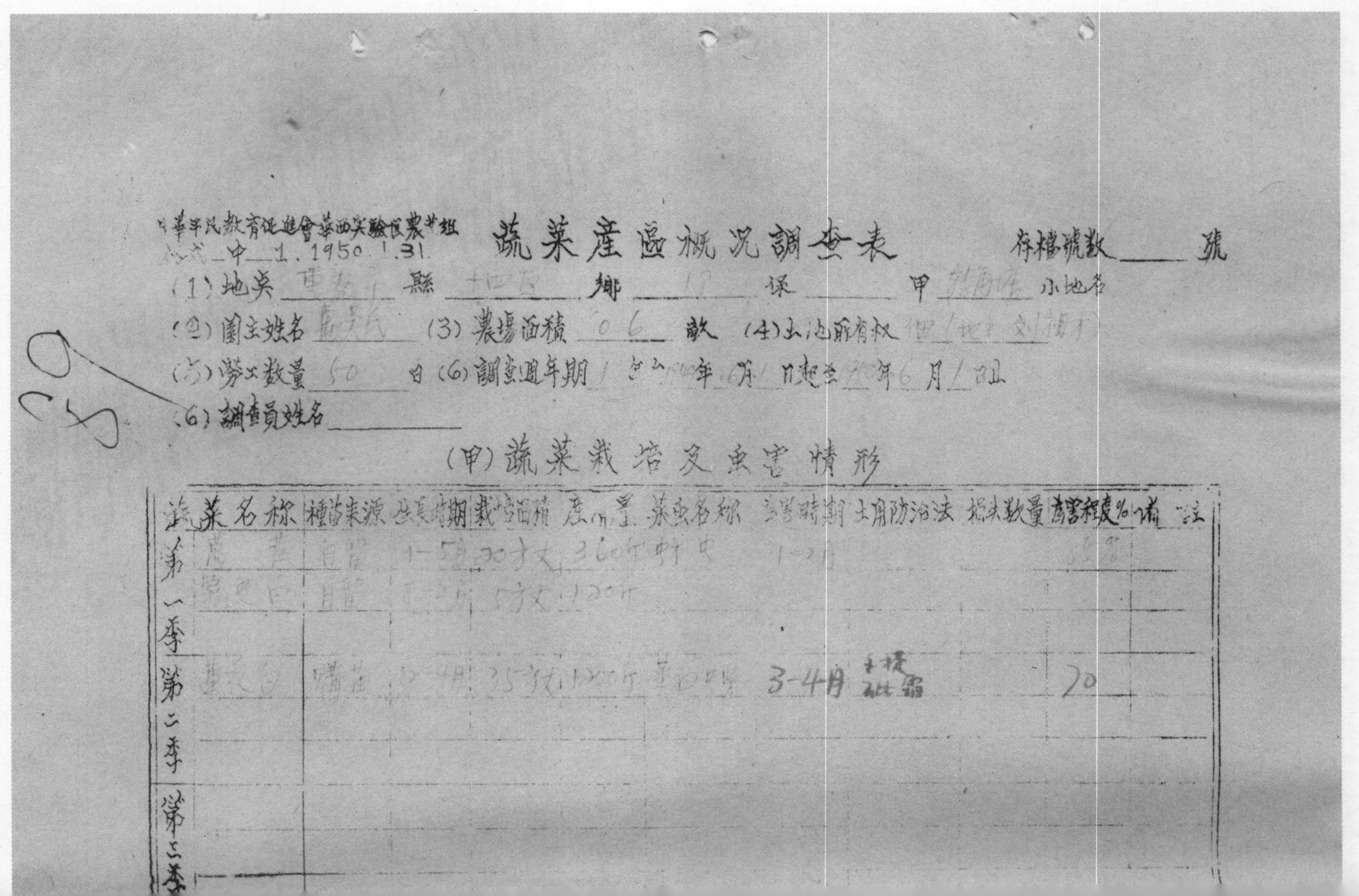

中华平民教育促进会华西实验区农业组
表式 中—1.1950.1.31

蔬菜产区概况调查表

存档号数＿＿号

(1) 地点 重庆市 县 十四区 乡 19 保 ＿＿ 甲 [illegible] 小地名

(2) 园主姓名 [illegible] (3) 农场面积 0.6 亩 (4) 土地所有权 佃（地主 [illegible]）

(5) 劳工数量 50 日 (6) 调查周年期 [illegible] 年 [illegible] 月 [illegible] 日起至 [illegible] 年 6 月 1 日止

(6) 调查员姓名＿＿＿＿

(甲) 蔬菜栽培及虫害情形

	蔬菜名称	种苗来源	生长时期	栽培面积	产量	菜虫名称	为害时期	土用防治法	损失数量	为害程度%	备注
第一季	[illegible]	自留	1-5月	20方丈	360斤	蚜虫	1-2月			[illegible]	
	[illegible]	自留	[illegible]	5方丈	120斤						
第二季	[illegible]	购苗	2-4月	35方丈	1200斤	[illegible]	3-4月	手捉 [illegible]		20	
第三季											

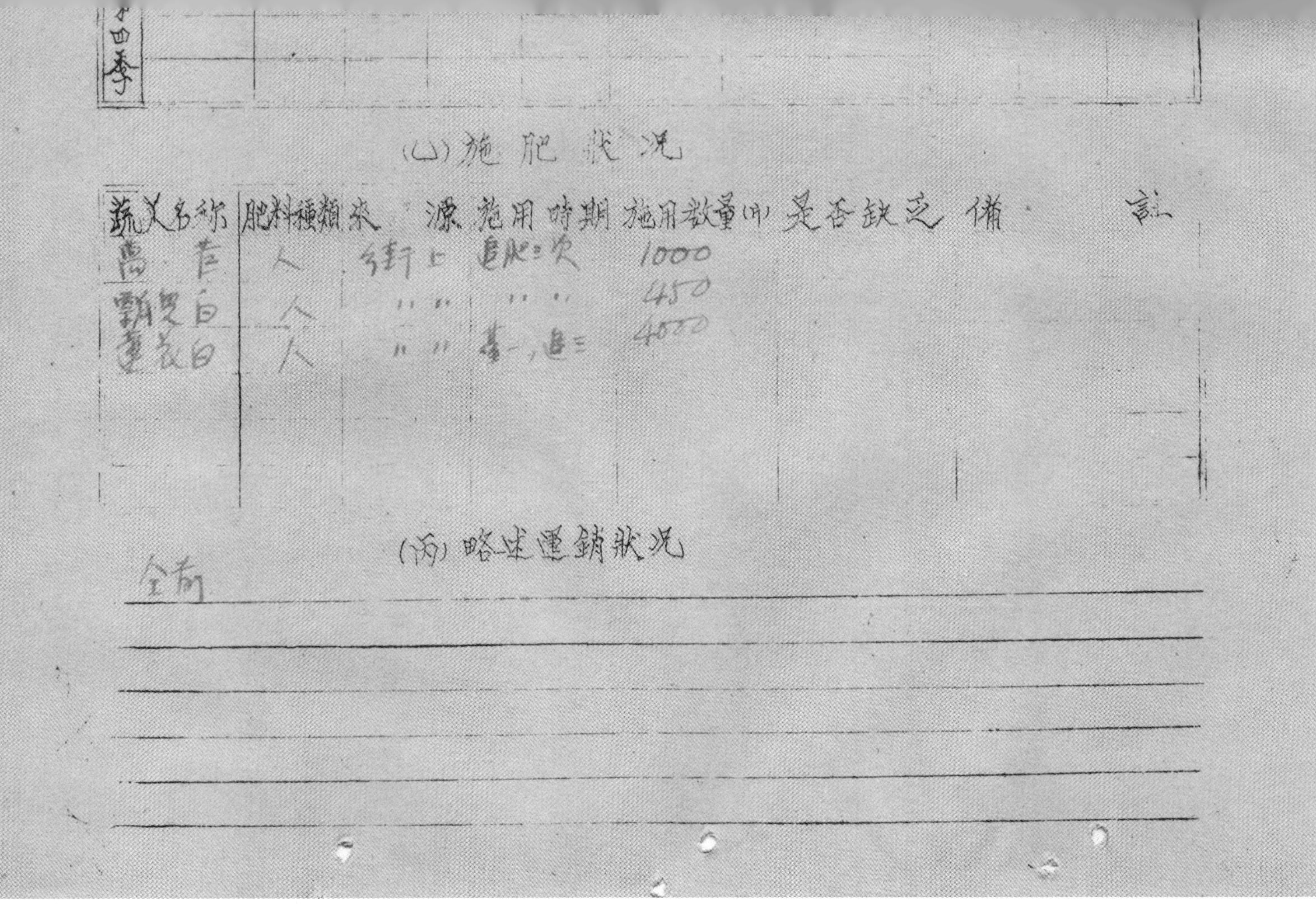
四季

（乙）施肥狀況

蔬菜名称	肥料種類	來源	施用時期	施用数量(斤)	是否缺乏	備註
萵苣	人	街上	追肥三次	1000		
黄秧白	人	〃〃	〃〃	450		
蓮花白	人	〃〃	基一，追三	4000		

（丙）略述運銷狀況

全前

华西实验区农业组蔬菜产区概况调查表（调查地点：重庆市第十四区）　9-1-259（96）

华西实验区农业组蔬菜产区概况调查表（调查地点：重庆市第十四区） 9-1-259（97）

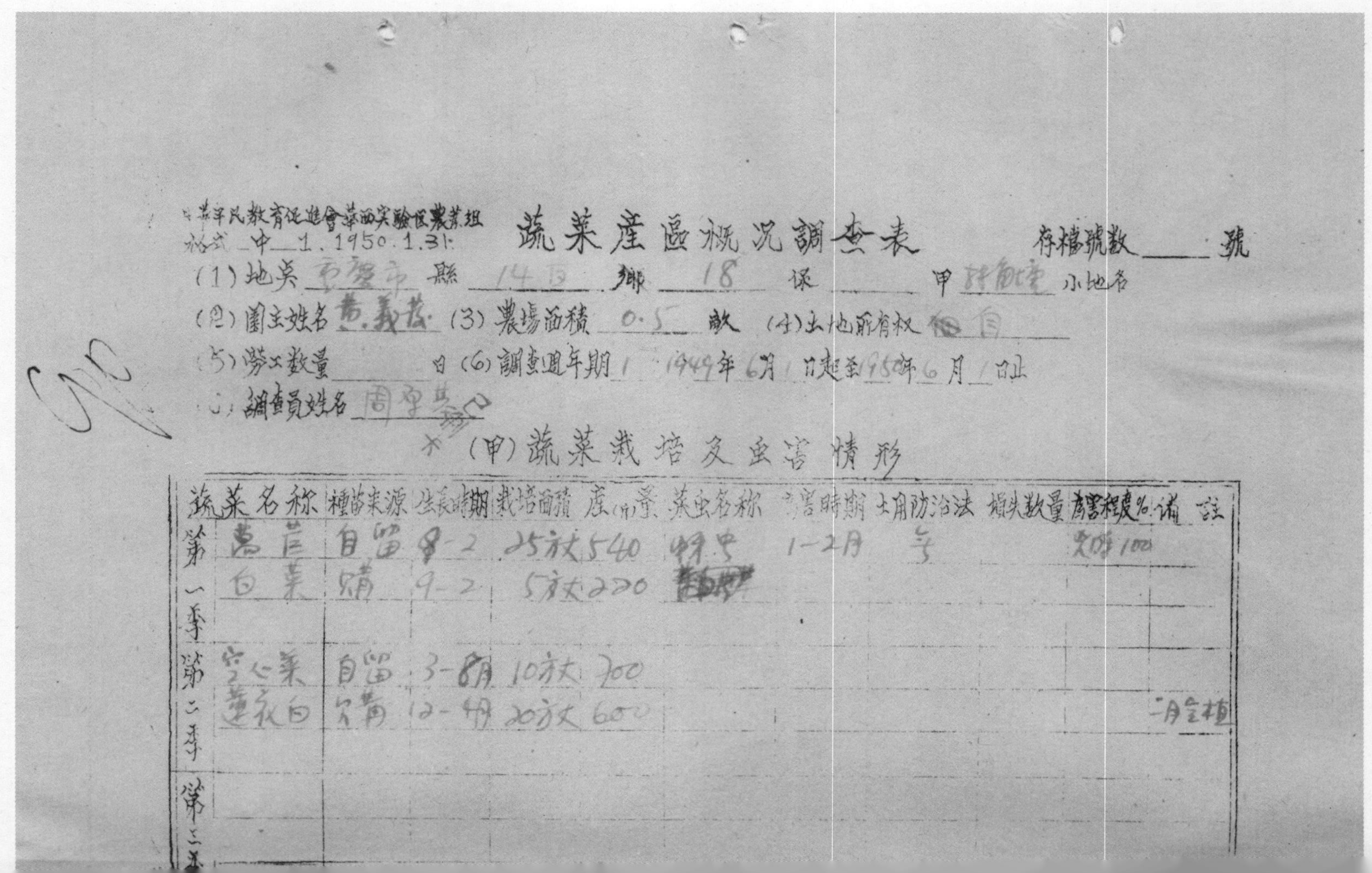

中华平民教育促进会华西实验区农业组
格式 中 1. 1950. 1. 31.

蔬菜產區概况調查表

存檔號數____號

(1) 地点 重庆市 縣 14区 鄉 18 保 ____ 甲 ____ 小地名

(2) 園主姓名 黄義哉 (3) 農場面積 0.5 畝 (4) 土地所有权 [illegible] 自

(5) 勞工數量 ____ 日 (6) 調查週年期 1 1949年6月1日起至1950年6月1日止

(7) 調查員姓名 周學其

(甲) 蔬菜栽培及虫害情形

	蔬菜名称	種苗来源	生長時期	栽培面積	産(斤)量	病虫名称	為害時期	採用防治法	損失数量	為害程度%	備註
第一季	莴苣	自留	8-2	25方丈	540	蚜虫	1-2月	无		欠收100	
	白菜	购	9-2	5方丈	220	[illegible]					
第二季	空心菜	自留	3-8月	10方丈	700						
	蓮花白	购	12-4月	20方丈	600						二月全植
第三季											

第四季

(乙)施肥狀況

蔬菜名称	肥料種類	來源	施用時期	施用數量(斤)	是否缺乏	備註
萵苣	人畜	街上糞房	追肥三次	1600		
白菜	〃 〃	〃	基1,追3.	600		
空心菜	人畜	〃	追6,	2000		
蓮花白	〃 〃	〃	基1,追3.	2500		

(丙)略述運銷狀況

零售.

华西实验区农业组蔬菜产区概况调查表（调查地点：重庆市第十四区）　9-1-259（97）

华西实验区农业组蔬菜产区概况调查表（调查地点：重庆市第十四区） 9-1-259（98）

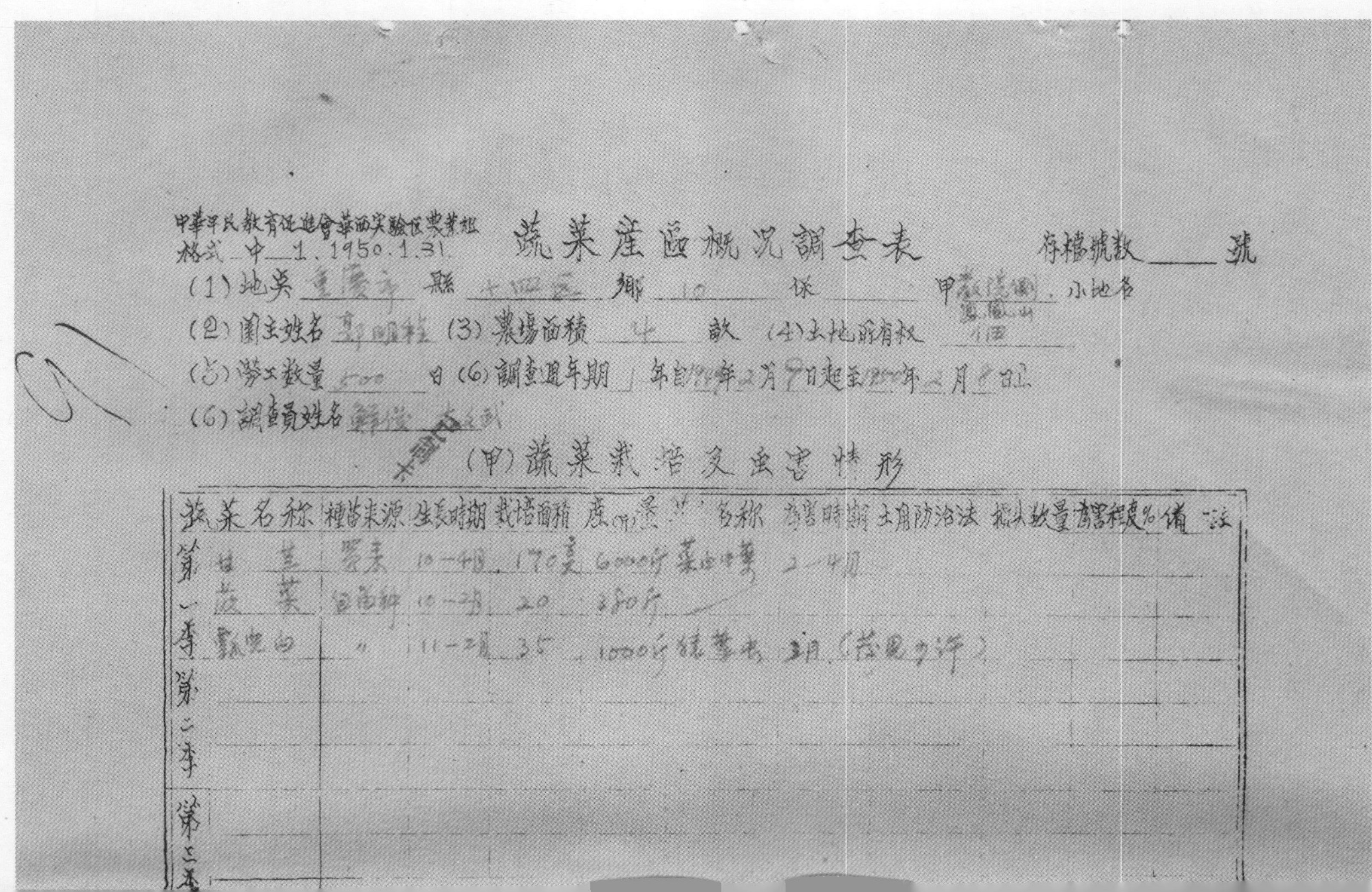

中华平民教育促进会华西实验区农业组
格式 中 1.1950.1.31.

蔬菜産區概況調查表

存檔號數____號

（1）地点 重庆市 縣 十四区 鄉 10 保 甲 菜园坝 凤凰山 小地名

（2）园主姓名 郭明程 （3）农场面积 4 畝 （4）土地所有权 佃

（5）劳工数量 500 日 （6）調查週年期 1 年自1949年2月9日起至1950年2月8日止

（6）調查員姓名 鲜俊 李代斌

（甲）蔬菜栽培及虫害情形

	蔬菜名称	種苗来源	生長時期	栽培面積	產（斤）量	虫名称	為害時期	所用防治法	損失数量	為害程度%	備註
第一季	甘蓝	买来	10-4月	170	6000斤	菜白中蝶	2-4月				
	菠菜	自留种	10-2月	20	380斤						
	瓢儿白	〃	11-2月	35	1000斤	猿叶虫	3月	（荣兜白小许）			
第二季											
第三季											

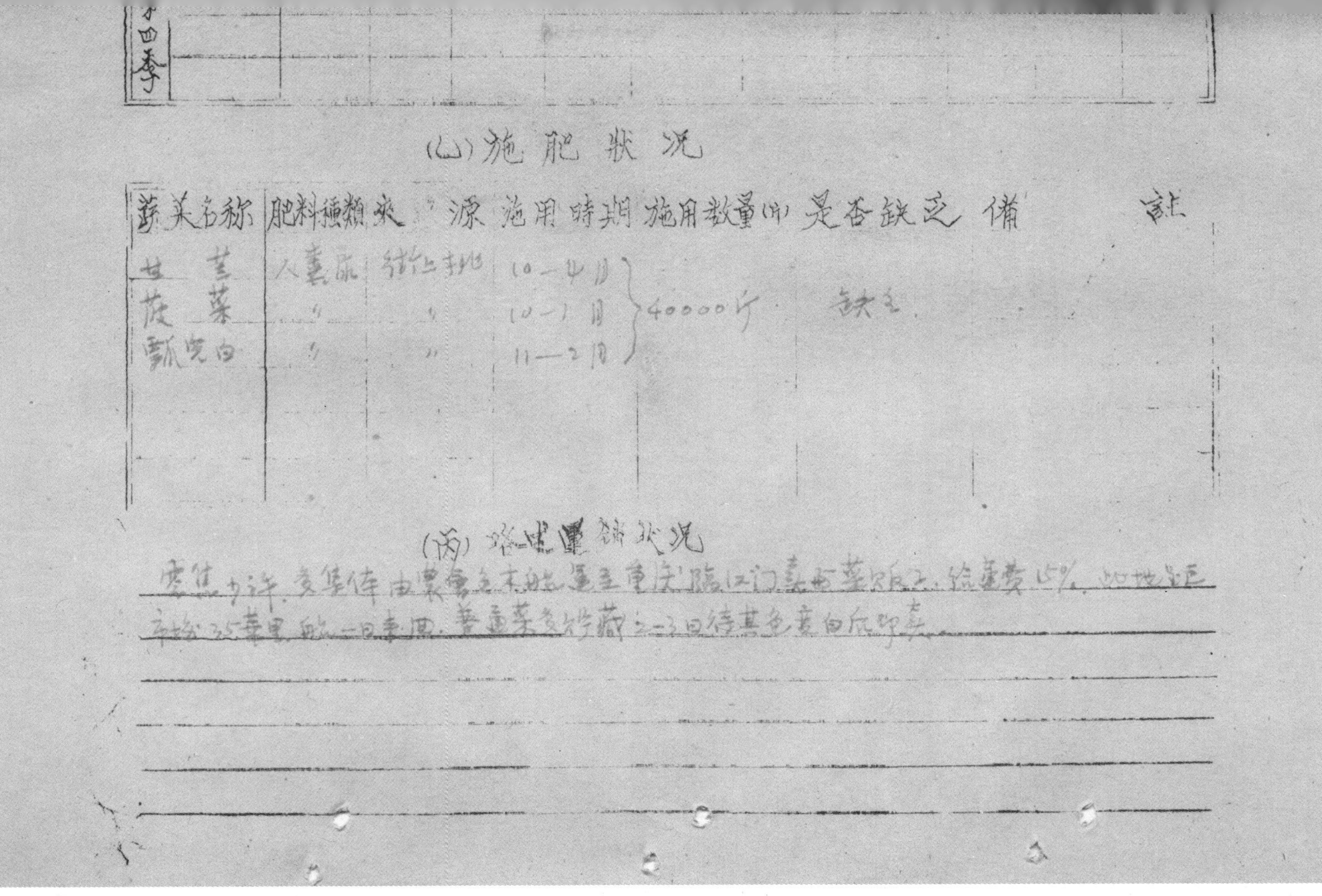

四季

(乙)施肥状况

蔬菜名称	肥料种类	来源	施用时期	施用数量(斤)	是否缺乏	备考
甘蓝	人粪尿	街上挑	10—4月	40000斤	缺乏	
菠菜	〃	〃	10—1月			
瓢儿白	〃	〃	11—2月			

(丙)运销状况

交货方法，交货係由农会包木船运至重庆临江门菜市菜贩之，给运费15%，此地距市约35华里，船一日来回，普通菜在储藏二三日待其色变白后即卖

华西实验区农业组蔬菜产区概况调查表（调查地点：重庆市第十四区） 9-1-259（99）

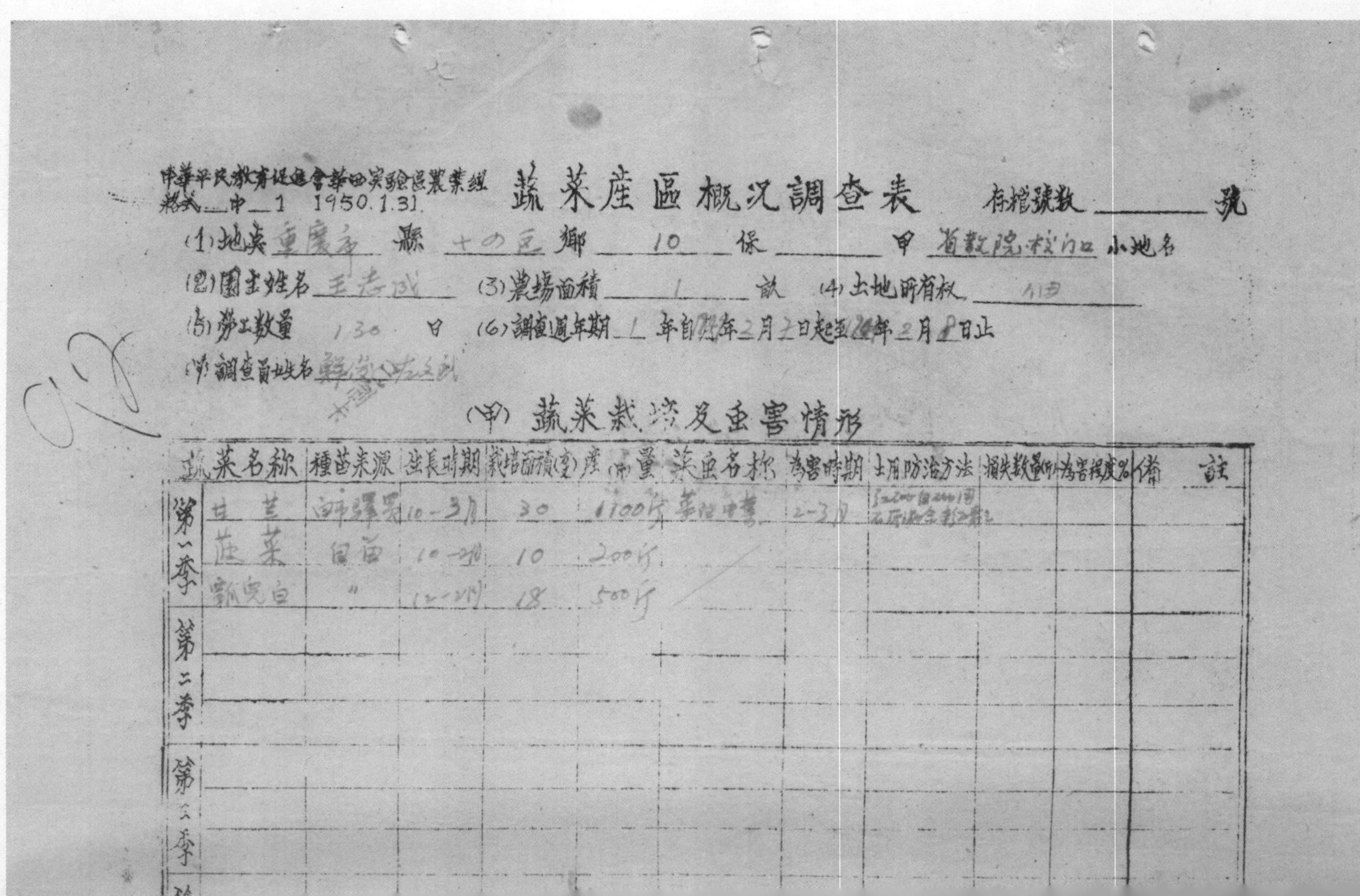

中華平民教育促進會華西實驗區農業組
格式 中 1 1950.1.31

蔬菜產區概况調查表 存檔號數______號

(1)地点 重慶市 縣 十四区 鄉 10 保 ______ 甲 省教院校门口 小地名

(2)園主姓名 王寿成 (3)農場面積 1 畝 (4)土地所有权 自田

(5)勞工數量 130 日 (6)調查週年期 1 年自[illegible]年2月2日起至[illegible]年2月[illegible]日止

(7)調查員姓名 [illegible]

（甲）蔬菜栽培及虫害情形

季别	蔬菜名稱	種苗來源	生長時期	栽培面積(方)	產(斤)量	害虫名稱	為害時期	土用防治方法	損失數量(斤)	為害程度%	備註
第一季	甘藍	向[illegible]	10—3月	30	1100斤	[illegible]	2—3月	[illegible]			
	蓮菜	自留	10—2月	10	200斤						
	瓢兒白	〃	12—2月	18	500斤						
第二季											
第三季											

（乙）施肥狀況

蔬菜名称	肥料種類	來　源	施用時期	施用数量(斤)	是否缺乏	備
甘　蓝	人糞尿	[illegible]	10—2月	3300斤	缺	

（丙）略述運銷狀況

挑至街上賣，距街约半里路，[illegible]运至重慶賣，[illegible]一二日[illegible]五六日即賣。

华西实验区农业组蔬菜产区概况调查表（调查地点：重庆市第十四区） 9-1-259（100）

中华平民教育促进会华西实验区农业组
格式_中_1 1950.1.31.

蔬菜产区概况调查表

存档号数________号

(1)地点 重庆市 县第十四区 乡 17 保 ______ 甲 [illegible] 小地名
(2)园主姓名 [illegible] (3)农场面积 6.5 亩 (4)土地所有权 自耕
(5)劳工数量 560 日 (6)调查周年期 1 年自[illegible]年2月十日起至[illegible]年2月十日止
(7)调查员姓名 [illegible]

(甲) 蔬菜栽培及虫害情形

	蔬菜名称	种苗来源	生长时期	栽培面积(方)	产(斤)量	害虫名称	为害时期	施用防治方法	损失数量(斤)	为害程度%	备注
第一季	甘蓝	自市购	1-5月	360	12600斤	菜白蝶	4-5月	[illegible]	15-20%		春季
	[illegible]	自留种	12-2月	18	550斤						
	莴笋	"	11-2月	10	230斤	蚜虫	2-3月				
第二季	菠菜	"	10-2月	6	150斤	"	"				
第三季											

(乙) 施肥狀況

蔬菜名称	肥料種類	來源	施用時期	施用数量(斤)	是否缺乏	備註
甘蓝	人粪尿	街上挑	1-2月	60000斤	缺	
	糖子粪	糖房收	1-2月	3000斤	〃	
菠菜	〃	〃	10-2月	500斤	〃	

(丙) 略述運銷狀況

零售挑至石桥铺街上卖，或售与运至重庆临江门，卖给菜贩，以售价15%作盈余，木船一日来回，距城35里，贮藏普通多为一二日

华西实验区农业组蔬菜产区概况调查表（调查地点：重庆市第十四区）　9-1-259（100）

华西实验区农业组蔬菜产区概况调查表（调查地点：重庆市第十四区） 9-1-259（101）

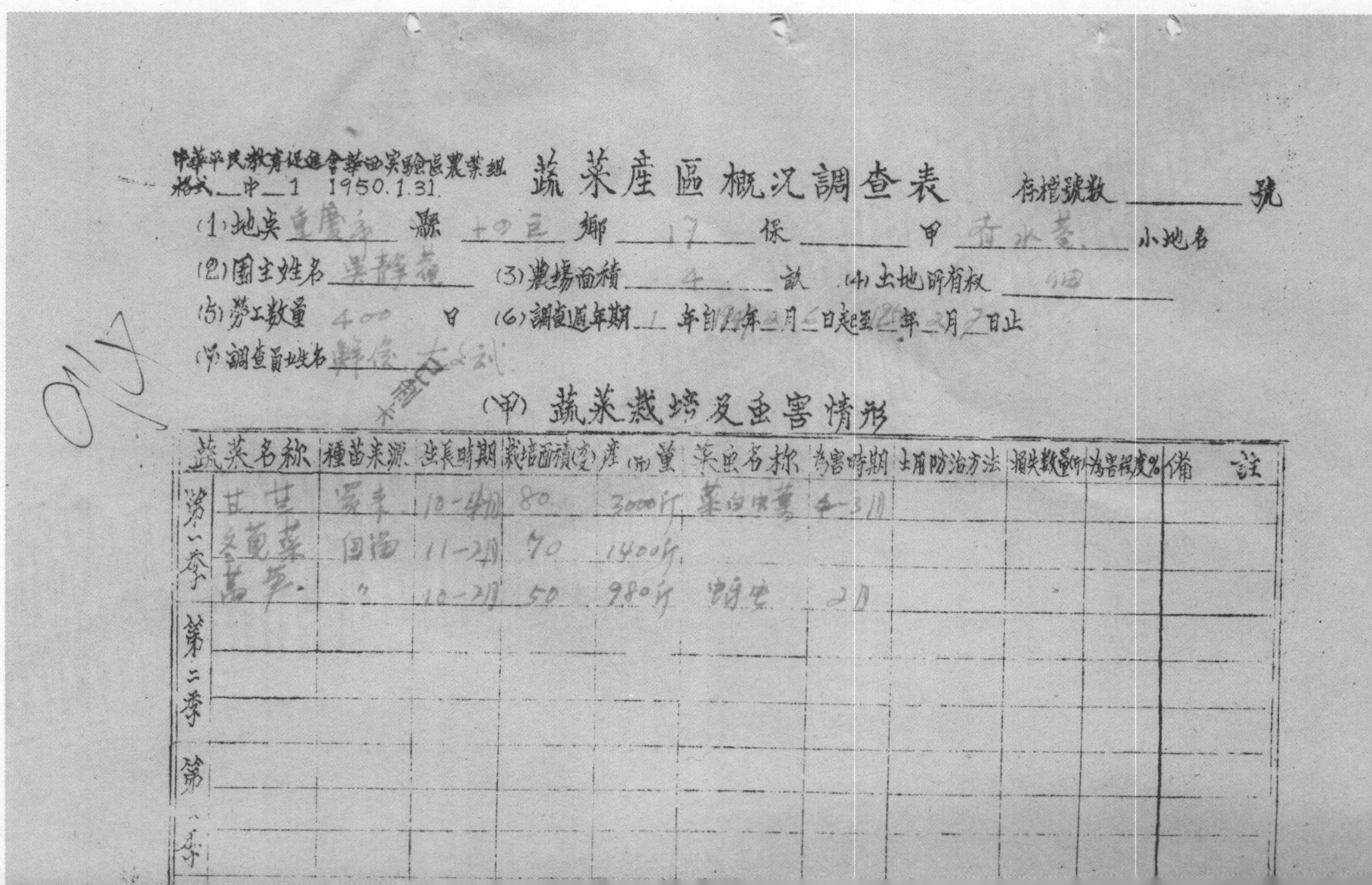

中華平民教育促進會華西實驗區農業組
格式＿中＿1 1950.1.31.

蔬菜產區概況調查表 存檔號數＿＿＿號

(1)地点 重慶市 縣 十四區 鄉 17 保＿＿ 甲 大水巷 小地名

(2)園主姓名 吳靜蓮 (3)農場面積 4 畝 (4)土地所有权 佃

(5)勞工數量 400 日 (6)調查週年期 1 年自38年2月1日起至39年2月2日止

(7)調查員姓名 韓俊 方剑

(甲)蔬菜栽培及虫害情形

	蔬菜名称	種苗来源	生長時期	栽培面積(方)	產量(斤)	病虫名称	為害時期	施用防治方法	損失數量(斤)	為害程度%	備註
第一季	甘苷	買来	10-4月	80	3000斤	菜白虫蓼	4-3月				
	冬莧菜	自留	11-2月	70	1400斤						
	萵笋	〃	10-2月	50	980斤	蚜虫	2月				
第二季											
第三季											

李

（乙）施肥狀況

蔬菜名称	肥料種類	來源	施用時期	施用数量(斤)	是否缺乏	備註
甘蓝	人粪尿	街上挑来	10—3月	10400斤	缺	
包白菜	〃	〃	11—2月	5600斤	〃	
莴笋	〃	〃	10—1月	2700斤	〃	

（丙）略述運銷狀況

零售或集体运至重庆临江门、储奇门菜贩手，抽佣金之15%，为运费，此地距市场约35华里，能来回一日，储藏时间为一二天。

华西实验区农业组蔬菜产区概况调查表（调查地点：重庆市第十四区） 9-1-259（102）

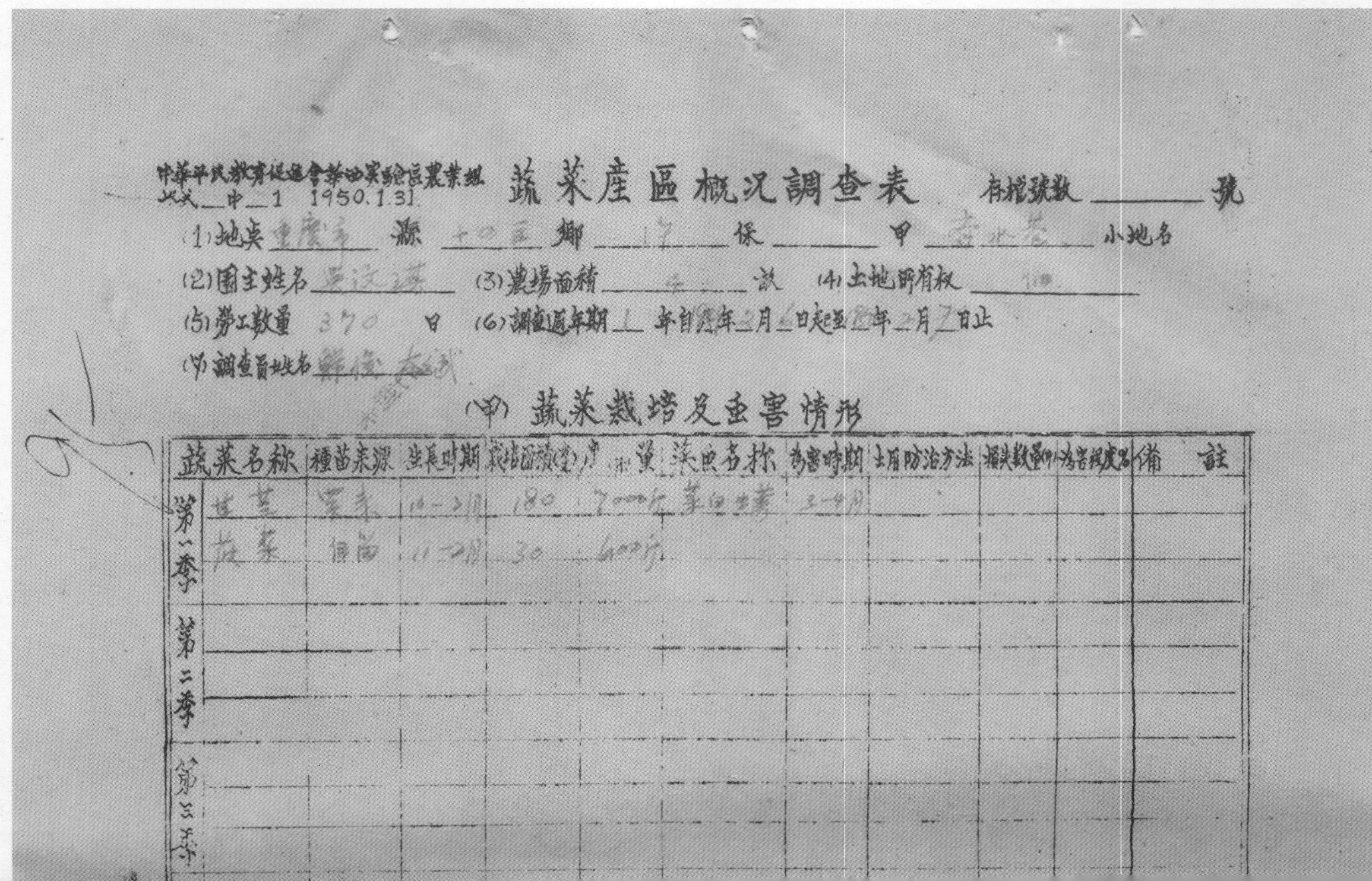

中华平民教育促进会华西实验区农业组 蔬菜产区概况调查表 存档号数______号

式 中 1 1950.1.31.

(1)地点 重庆市 县 十四区 乡 17 保 ______ 甲 ______ 小地名

(2)园主姓名 ______ (3)农场面积 ______ 亩 (4)土地所有权 ______

(5)劳工数量 370 日 (6)调查周年期 1 年自 年 月 日起至 年 月 日止

(7)调查员姓名 ______

(甲) 蔬菜栽培及虫害情形

	蔬菜名称	种苗来源	生长时期	栽培面积(方)	产量	害虫名称	为害时期	土用防治方法	损失数量(%)	为害程度(%)	备注
第一季	甘蓝	买来	10-2月	180	7000斤	菜白虫等	3-4月				
	菠菜	自留	11-2月	30	600斤						
第二季											
第三季											

（乙）施肥状况

蔬菜名称	肥料种类	来源	施用时期	施用数量(斤)	是否缺乏	备考
甘蓝	人粪尿	街上挑来	10—2月	10000斤	缺乏	
菠菜	〃	〃	11—1月	2500斤	缺乏	

（丙）略述运销状况

需售少许，余菜併由农会用木船运至重庆卖给菜贩，来回一日，运费每户均摊15%。市场距离35华里，菜能藏约一二日即售出。

华西实验区农业组蔬菜产区概况调查表（调查地点：重庆市第十四区） 9-1-259（103）

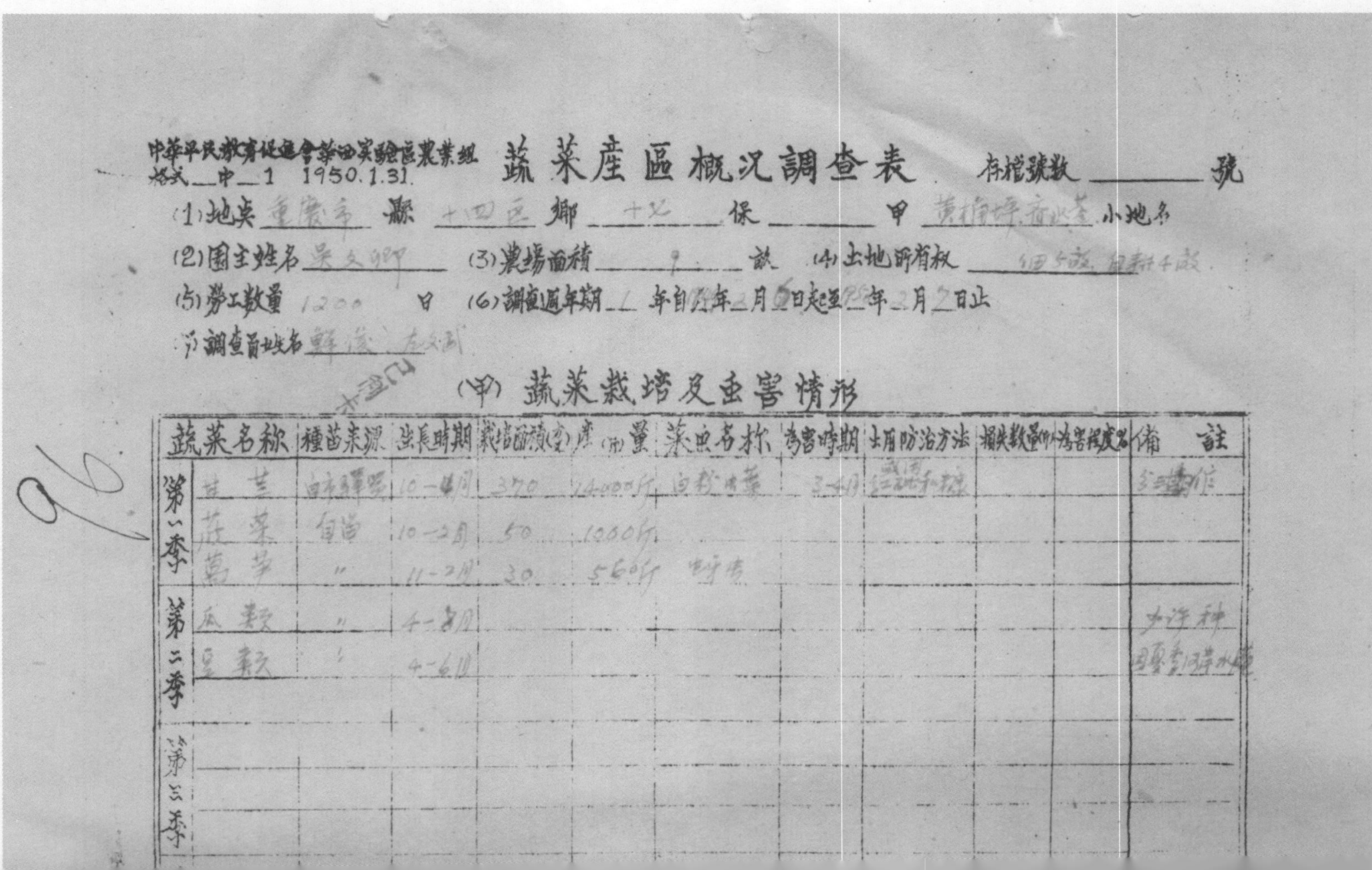

中華平民教育促進會華西實驗區農業組
格式 中 1 1950.1.31.

蔬菜產區概況調查表

存檔號數 ________ 號

(1)地點 重慶市 縣 十四区 鄉 十七 保 ______ 甲 黄桷垭、[illegible] 小地名

(2)園主姓名 吴文卿 (3)農場面積 9 畝 (4)土地所有权 佃5畝，自耕4畝

(5)勞工數量 1200 日 (6)調查過年期 1 年自[illegible]年2月2日起至[illegible]年2月2日止

(7)調查員姓名 鲜[illegible]、[illegible]

(甲) 蔬菜栽培及虫害情形

	蔬菜名稱	種苗來源	生長時期	栽培面積(方)	產(斤)量	菜虫名稱	為害時期	採用防治方法	損失數量(斤)	為害程度(%)	備註
第一季	甘蓝	[illegible]	10-4月	370	14000斤	[illegible]	3-4月	[illegible]			[illegible]
	菠菜	自留	10-2月	50	1000斤						
	莴笋	"	11-2月	30	560斤	[illegible]					
第二季	瓜類	"	4-8月								少许种
	豆類	"	4-6月								[illegible]
第三季											

四季

（乙）施肥状况

蔬菜名称	肥料種類	來　源	施用時期	施用數量(斤)	是否缺乏	備　註
甘蓝	人糞尿	街上担	10—2月	40000斤		
菠菜	〃	〃	10—1月		缺乏	
莴笋	〃	〃	11—1月			

（丙）略述運銷狀況

组成蔬菜福利社，计有船只运销重庆，一日来回，船只共五人，每人每日米二石（市石），由组织，运费农家共同负担，约抽15%，储藏时间1—2天，由重庆大批售给菜贩。

华西实验区农业组蔬菜产区概况调查表（调查地点：重庆市第十四区） 9-1-259（104）

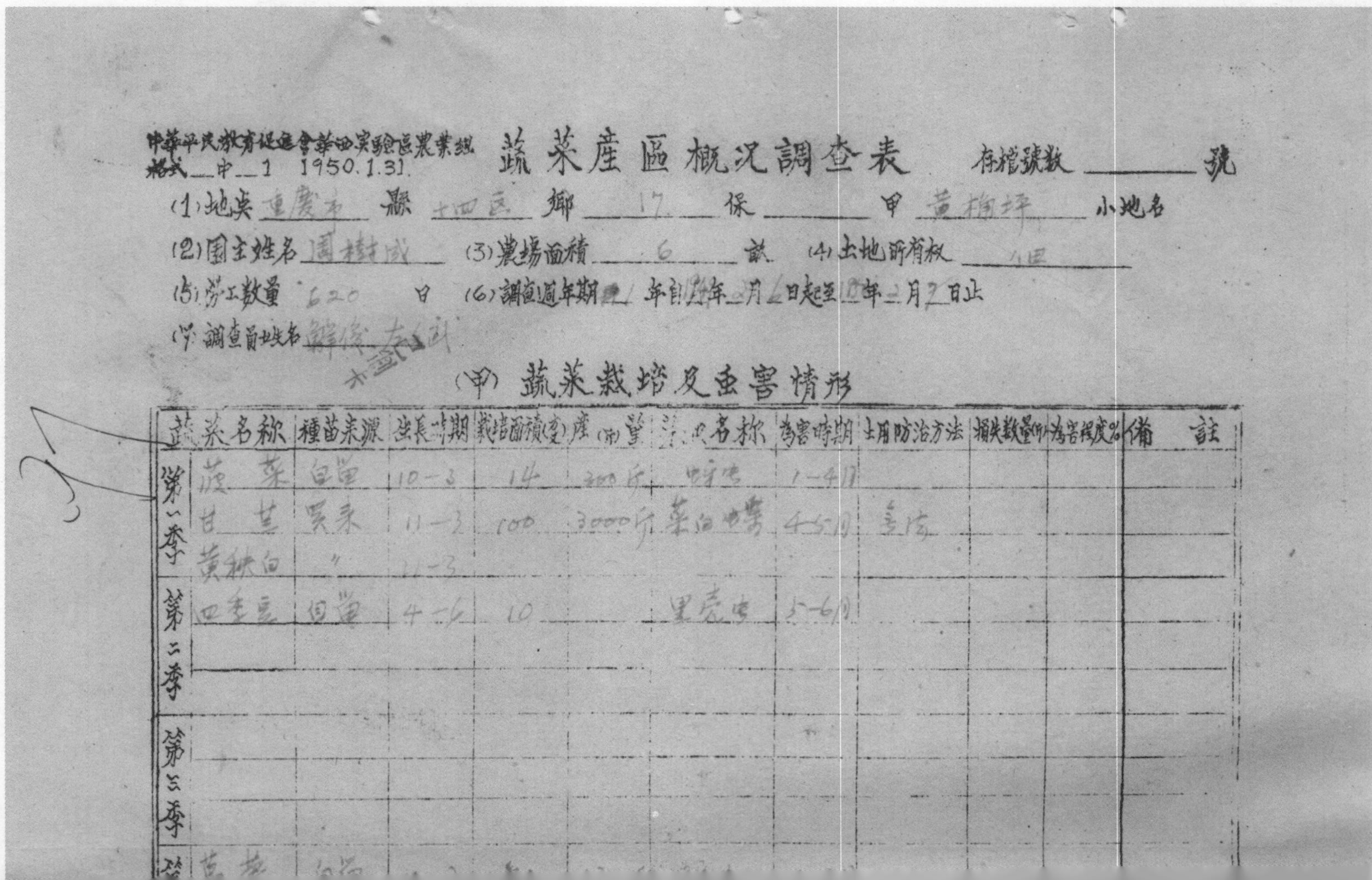

中華平民教育促進會華西實驗區農業組
格式 中 1 1950.1.31

蔬菜產區概況調查表

存檔號數＿＿＿號

(1)地点 重庆市 縣 十四区 鄉 17 保＿＿甲 黄桷坪 小地名

(2)園主姓名 周樹成 (3)農場面積 6 畝 (4)土地所有权 佃

(5)勞工數量 620 日 (6)調查週年期 年自 年 月 日起至 年 月 日止

(7)調查員姓名 [illegible]

（甲）蔬菜栽培及虫害情形

	蔬菜名稱	種苗来源	生長時期	栽培面積(畝)	產量(市)	病虫名稱	為害時期	土用防治方法	損失數量(斤)	為害程度%	備註
第一季	菠菜	自留	10-3	14	200斤	蚜虫	1-4月				
	甘蓝	買来	11-3	100	3000斤	菜白蝶	4-5月	[illegible]			
	黄秧白	〃	11-3								
第二季	四季豆	自留	4-6	10		黑壳虫	5-6月				
第三季											
第四季	[illegible]	自留									

季

（七）施肥狀況

蔬菜名稱	肥料種類	來　　源	施用時期	施用數量（斤）	是否缺乏	備　　註
甘　蓝	人粪尿	街上挑	11—2月	10000斤	缺少许	
莴　笋	〃	〃	10—12月	9000斤	〃	
菠　菜	〃	〃	10—2月	4000斤	〃	

（八）略述運銷狀況

集体生产，蔬菜由农会订木船运至重庆临江门，[illegible]农会在产抽佣金15%，[illegible]运销费

维[illegible]时间[illegible]半日即可。

华西实验区农业组蔬菜产区概况调查表（调查地点：重庆市第十四区） 9-1-259（105）

中华平民教育促进会华西实验区农业组
表式 甲—1 1950.1.31

蔬菜產區概況調查表

存档號數______號

(1)地点 重庆市 縣 第十四区 鄉 17 保 ______ 甲 黄桷坪 小地名

(2)園主姓名 杜華桂 (3)農場面積 5 畝 (4)土地所有权 佃

(5)勞工數量 450 日 (6)調查週年期 1 年自1949年2月20日起至1950年2月2日止

(7)調查員姓名 周芳是、郭作俊、张玉光、左文武

(甲) 蔬菜栽培及虫害情形

	蔬菜名稱	種苗來源	生長時期	栽培面積(方丈)	產量(斤)	病虫名稱	為害時期	應用防治方法	損失數量(斤)	為害程度%	備考
第一季	菠菜	由农家购买	1—4月	30	580斤	蚜虫	1—4月				间作
	甘蓝	"	1—5月	200	6000斤	菜白虫(?)	4—5月	手捉			
	黄秧白	买种或自留种	10—4月	15	150	"	4月	由手捉			
第二季	牛皮菜	自留种	10—3月	6							[illegible]
第三季											
[illegible]	[illegible]	买种[illegible]									

（七）施肥状况

蔬菜名称	肥料种类	来源	施用时期	施用数量(斤)	是否缺乏	备考
甘蓝	人粪尿	街上挑	9—3月	32000斤	尚足够	
莲菜	人粪尿	〃	10—3月	4800斤	〃	
	糖房渣	买或购	10和2月	—	〃	

（八）略述运销状况

1. 销售方式：用木船载至重庆临江门，交给船商以津贴或零售为多许
2. 运销概况：该菜产销是统一船只运出，本区运销由100户农家合股，故可随时运至重庆出售
3. 市场距离远近：重庆约35华里，运输所费时间半日许
4. 运输工具：木船
5. 运输费用：由农会照价付给15%

华西实验区农业组蔬菜产区概况调查表（调查地点：重庆市第十四区） 9-1-259（106）

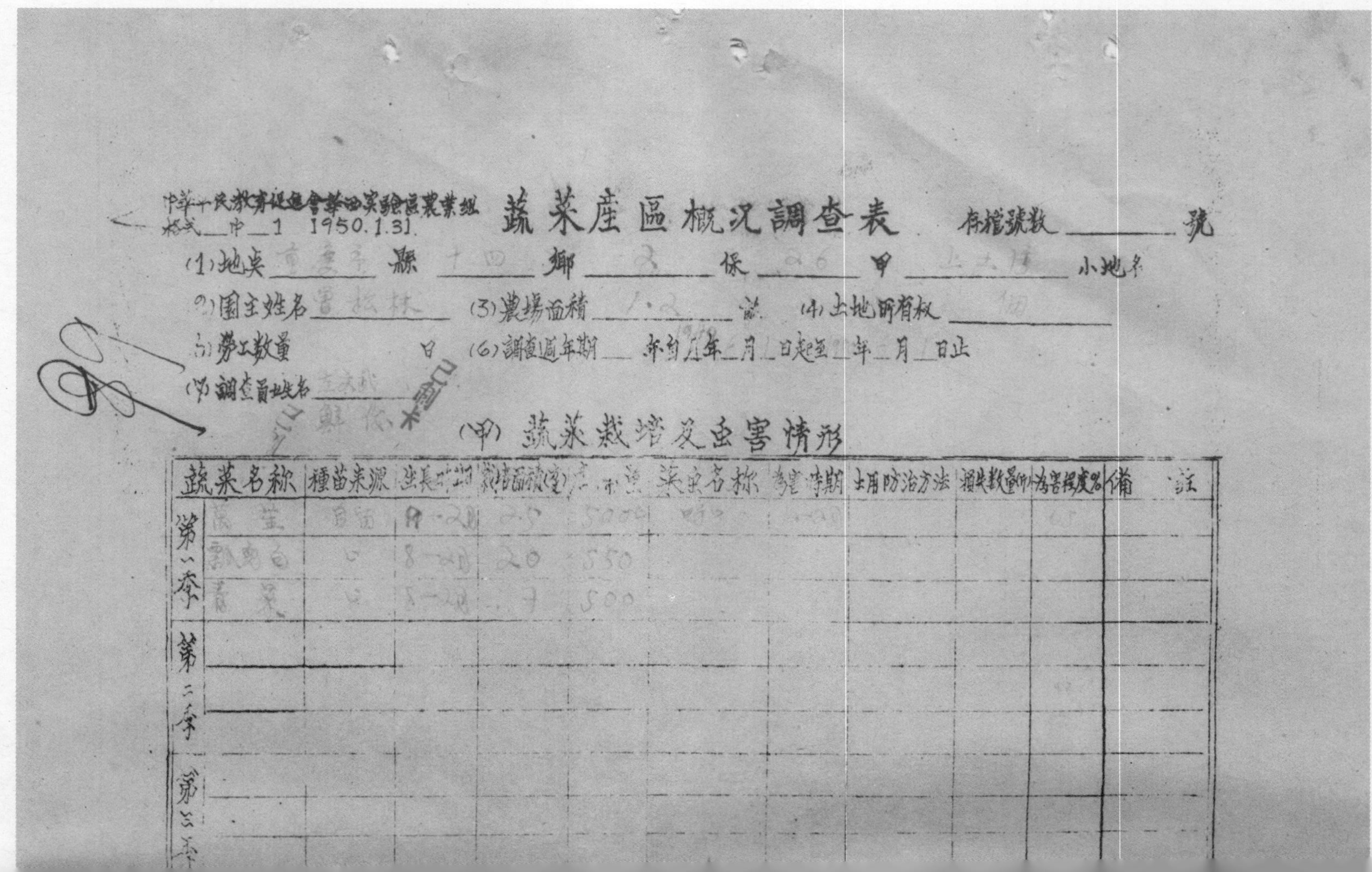

中华平民教育促进会华西实验区农业组
格式 中 1 1950.1.31

蔬菜產區概況調查表

存檔號數＿＿＿＿號

(1)地點 重庆市 縣 十四 鄉 [illegible] 保 26 甲 [illegible] 小地名
(2)園主姓名 曾松林 (3)農場面積 1.2 畝 (4)土地所有权 佃
(5)勞工數量＿＿口 (6)調查週年期＿＿ 年＿月＿日起至＿年＿月＿日止
(7)調查員姓名 [illegible]

（甲）蔬菜栽培及虫害情形

蔬菜名称		種苗来源	生長時間	栽培面積(畝)	產量(斤)	病虫名称	為害時期	採用防治方法	損失數量(斤)	為害程度%	備註
第一季	莴笋	自留	[illegible]-28	2.5	5000	[illegible]	[illegible]			[illegible]	
	瓢儿白	〃	8-28	2.0	550						
	青菜	〃	8-28	.7	500						
第二季											
第三季											

季

（乙）施肥狀況

蔬菜名称	肥料種類	來源	施用時期	施用数量(巿)	是否缺乏	備註
[illegible]	[illegible]	[illegible]	[illegible]	[illegible]		[illegible]
[illegible]	[illegible]	[illegible]	[illegible]	[illegible]		
[illegible]	[illegible]	[illegible]	[illegible]	1200		

（丙）略述運銷狀況

华西实验区农业组蔬菜产区概况调查表（调查地点：重庆市第十四区） 9-1-259（107）

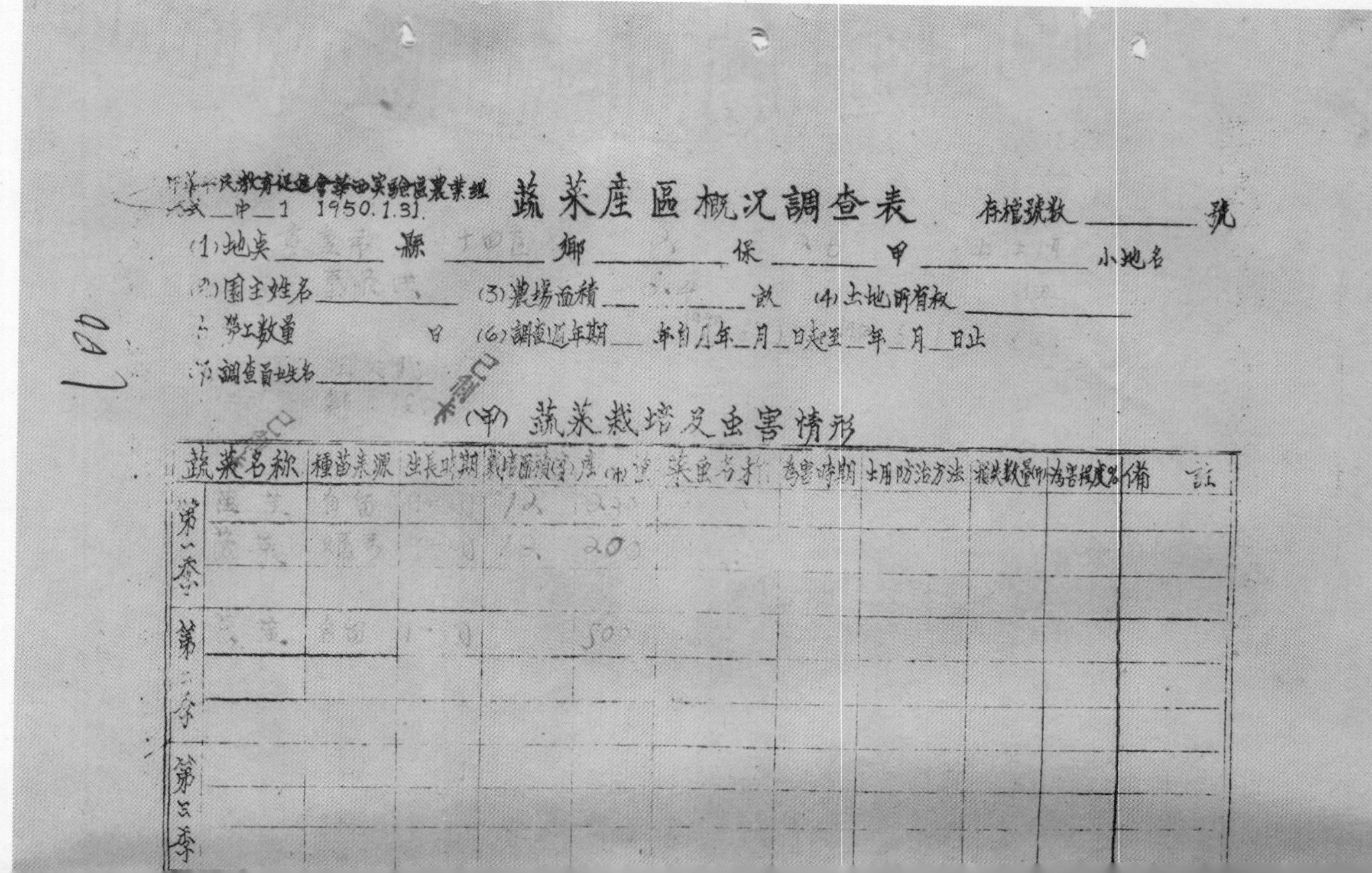

中华平民教育促进会华西实验区农业组
表式 中 1 1950.1.31.

蔬菜產區概況調查表

存檔號數 ______ 號

(1)地点 ______ 縣 ______ 鄉 ______ 保 ______ 甲 ______ 小地名
(2)園主姓名 ______ (3)農場面積 ______ 畝 (4)土地所有权 ______
(5)雇工数量 ______ 日 (6)調查週年期 ______ 年自 月 日起至 年 月 日止
(7)調查員姓名 ______

(甲) 蔬菜栽培及虫害情形

	蔬菜名称	種苗来源	生長時期	栽培面積(方)	產(市)量	病虫名稱	為害時期	施用防治方法	損失數量(市)	為害程度%	備註
第一季	[illegible]	自留	[illegible]	12	[illegible]						
	[illegible]	[illegible]	[illegible]	12	200						
第二季	[illegible]	自留	1-30		500						
第三季											

(乙) 施肥狀況

蔬菜名称	肥料種類	來　源	施用時期	施用数量(斤)	是否缺乏	備　註

(丙) 略述運銷狀況

华西实验区农业组蔬菜产区概况调查表（调查地点：重庆市第十四区） 9-1-259（107）

华西实验区农业组蔬菜产区概况调查表（调查地点：重庆市第十四区） 9-1-259（108）

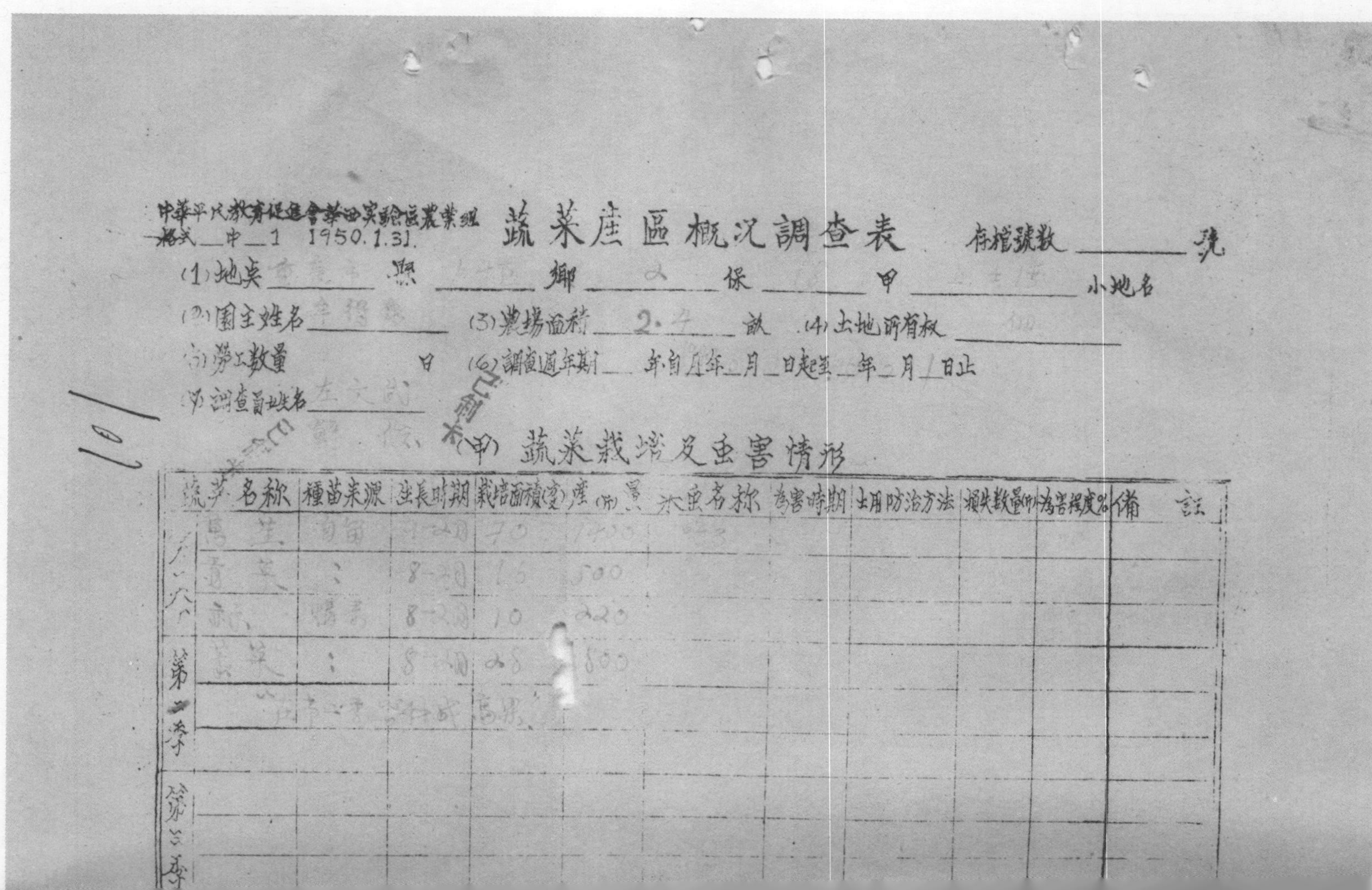

中華平民教育促進會華西實驗區農業組
格式 中 1 1950.1.31.

蔬菜產區概況調查表

存檔號數________號

(1)地点________縣________鄉________保________甲________小地名
(2)園主姓名________ (3)農場面積 2.5 畝 (4)土地所有权________
(5)勞工數量________日 (6)調查逼年期____年自____年____月____日起至____年____月____日止
(7)調查員姓名________

(甲) 蔬菜栽培及虫害情形

蔬菜名称	種苗来源	生長時期	栽培面積(方)	產量(斤)	病虫名称	為害時期	土用防治方法	損失數量(斤)	為害程度%	備註
[illegible]	自留	[illegible]	70	[illegible]						
[illegible]	〃	8-20	16	500						
[illegible]	購買	8-20	10	220						
[illegible]	〃	8-20	28	800						

[illegible]											
季											

(乙)施肥狀況

蔬菜名稱	肥料種類	來　源	施用時期	施用數量(斤)	是否缺乏	備　註
[illegible]	[illegible]	[illegible]	[illegible]	4000	缺	
[illegible]	人[illegible]	[illegible]	[illegible]	1100	〃	
[illegible]	〃	〃	〃	1000	〃	
[illegible]	〃	〃	〃	[illegible]000		

(丙)略述運銷狀況

1、[illegible]

2、[illegible]30里

3、運费由[illegible]

4、[illegible]1—2天

华西实验区农业组蔬菜产区概况调查表（调查地点：重庆市第十四区） 9-1-259（109）

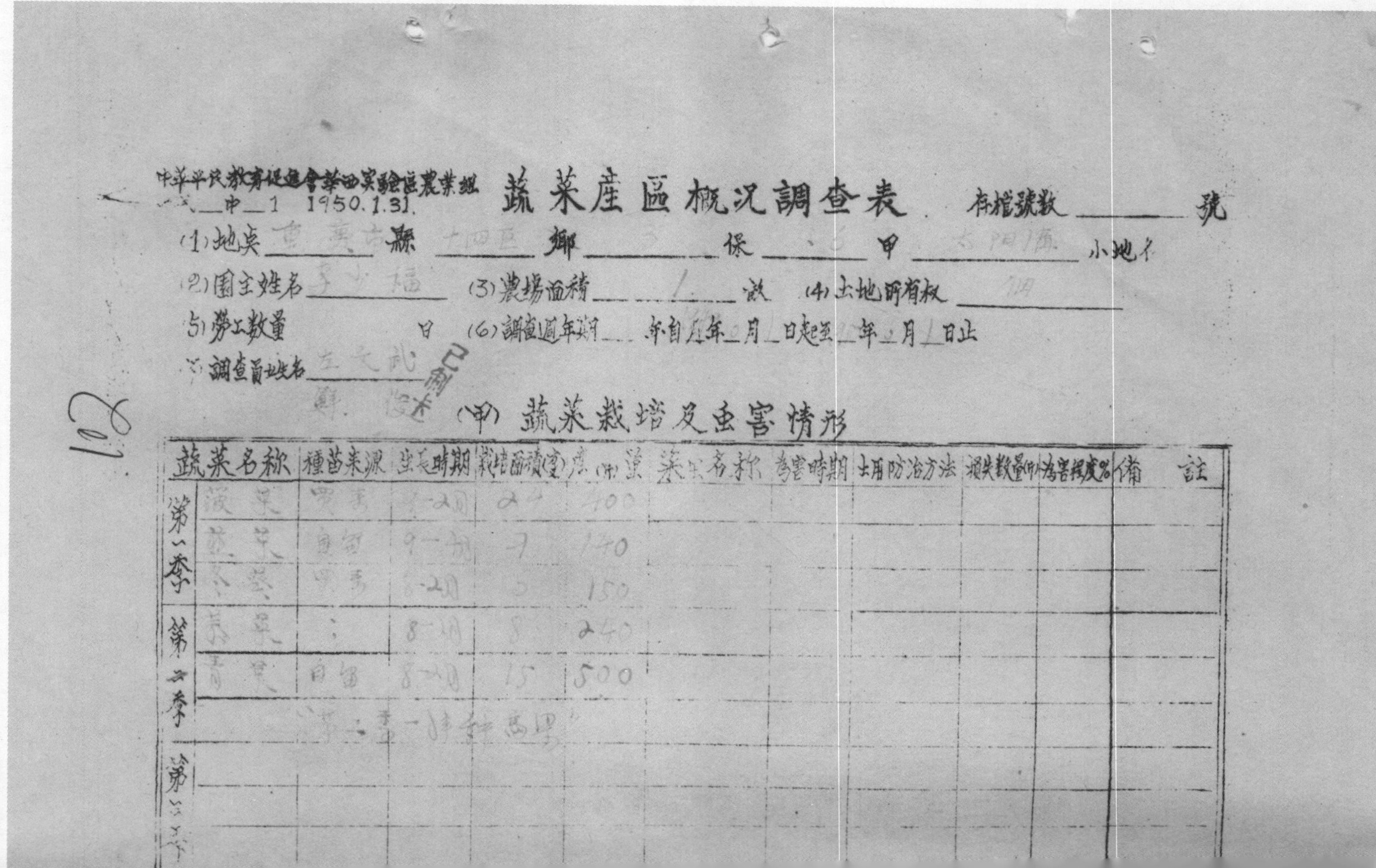
102

中华平民教育促进会华西实验区农业组
中 1 1950.1.31.

蔬菜產區概況調查表

存檔號數______號

(1)地點 重庆市 縣 十四區 鄉______保______甲______小地名
(2)園主姓名 李少福 (3)農場面積 1 畝 (4)土地所有權 佃
(5)勞工數量______日 (6)調查週年期______年自______年______月______日起至______年______月______日止
(7)調查員姓名 左文武 郑俊杰

(甲)蔬菜栽培及虫害情形

蔬菜名稱		種苗來源	生長時期	栽培面積(方丈)	產量(市斤)	病虫名稱	為害時期	土用防治方法	損失數量(市斤)	為害程度%	備註
第一季	菠菜	買來	[illegible]-2月	24	400						
	[illegible]	自留	9-1月	7	140						
	[illegible]	買來	8-2月	5	150						
第二季	[illegible]	：	8-1月	8	240						
	青菜	自留	8-2月	15	500						
	第二季一样种高粱										
第三季											

季

（乙）施肥狀況

菜名称	肥料種類	來源	施用時期	施用数量(市)	是否缺乏	備註
[illegible]、	人肥	[illegible]	[illegible]追肥	2400	缺	
[illegible]	〃	〃	追肥四次、	400		
[illegible]	〃	〃	追二次、	300		
[illegible]、	〃	〃	追四次、	600		
[illegible]	〃	〃	追肥四次	1100		

（丙）略述運銷狀況

1. 零售.
2. 距小龍坎一里.

华西实验区农业组蔬菜产区概况调查表（调查地点：重庆市第十四区） 9-1-259（110）

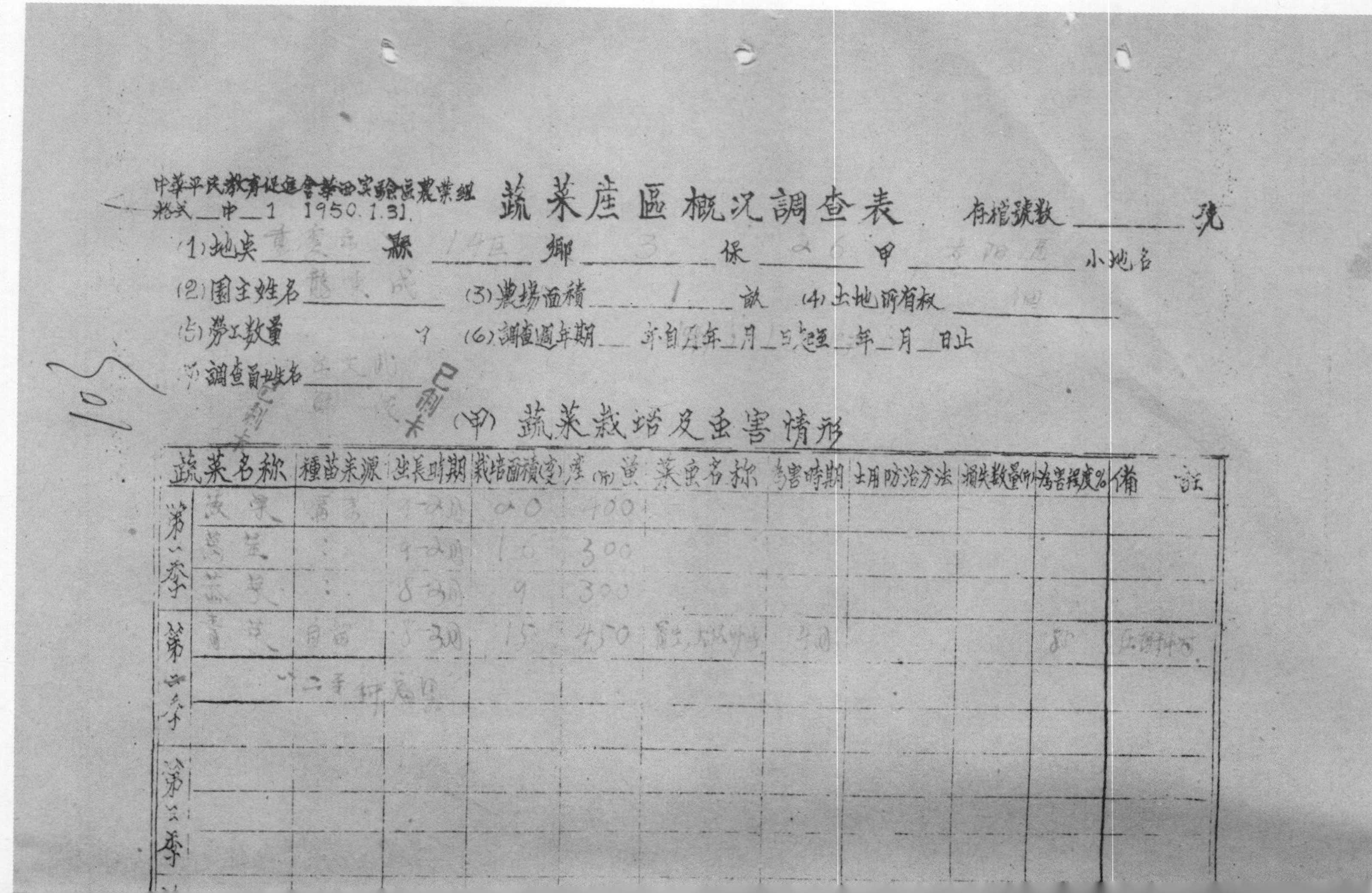

中華平民教育促進會華西實驗區農業組
格式 中 1 1950.1.31.

蔬菜產區概況調查表　存檔號數＿＿＿號

(1)地點 重慶市 縣 14區 鄉 3 保 26 甲 [illegible] 小地名
(2)園主姓名 [illegible] (3)農場面積 1 畝 (4)土地所有权 [illegible]
(5)勞工數量 3 (6)調查週年期 自 年 月 日起至 年 月 日止
(7)調查員姓名 [illegible]

(甲) 蔬菜栽培及虫害情形

	蔬菜名称	種苗来源	生長時期	栽培面積(方)	產(市)量	菜虫名称	為害時期	土用防治方法	損失數量(市)	為害程度%	備註
第一季	[illegible]	[illegible]	[illegible]	20	400						
	[illegible]		[illegible]	1.6	300						
	[illegible]		[illegible]	9	300						
第二季	[illegible]	自留	[illegible]	15	450	[illegible]	[illegible]			5	[illegible]
	[illegible]										
第三季											

(乙) 施肥狀況

蔬菜名稱	肥料種類	來源	施用時期	施用數量(斤)	是否缺乏	備註
[illegible]	人肥	[illegible]	[illegible]	2000	缺	
[illegible]	〃	〃	[illegible]	1000		
[illegible]			[illegible]	700		
[illegible]			[illegible]	1100		

(丙) 略述運銷狀況

1. [illegible]

2. [illegible]

[illegible]

华西实验区农业组蔬菜产区概况调查表（调查地点：重庆市第十四区） 9-1-259（111）

104

中华平民教育促进会华西实验区农业组

式 中 1 1950.1.31

蔬菜產區概況調查表

存檔號數＿＿＿＿號

(1)地点 重庆市 縣 14区 鄉 3 保 26 甲 [illegible] 小地名

(2)園主姓名 何[illegible] (3)農場面積 1 畝 (4)土地所有权 佃

(5)勞工數量 日 (6)調查適年期＿年自＿年＿月＿日起至＿年＿月＿日止

(7)調查員姓名＿＿＿＿

(甲) 蔬菜栽培及虫害情形

	蔬菜名称	種苗来源	生長時期	栽培面積(畝)	产量(市斤)	害虫名称	為害時期	採用防治方法	損失數量(市斤)	為害程度%	備註
第一季	[illegible]	[illegible]	[illegible]	22	440						
	莴笋	〃	[illegible]	14	300						
	[illegible]	〃	-3月	10	[illegible]						
第二季	[illegible]	自留	8-3月	14	400	[illegible]	[illegible]			6	[illegible]
第三季											

(乙)施肥状况

蔬菜名称	肥料种类	来源	施用时期	施用数量(斤)	是否缺乏	备考
[illegible]	人肥	[illegible]	[illegible]	1800	[illegible]	
[illegible]	[illegible]	[illegible]	[illegible]	1000		
[illegible]	[illegible]	[illegible]	[illegible]	000		
[illegible]				1000		

(丙)略述运销状况

1. [illegible]
2. [illegible]
3. [illegible]

华西实验区农业组蔬菜产区概况调查表（调查地点：重庆市第十四区）　9-1-259（111）

华西实验区农业组蔬菜产区概况调查表（调查地点：重庆市第十四区） 9-1-259（112）

中华平民教育促进会华西实验区农业组

蔬菜產區概況調查表

存檔號數______號

1950.1.31

（1）地点 重庆市 縣 14区 鄉 3 保 17 甲 ______ 小地名

（2）園主姓名 ______ （3）農場面積 0.6 畝 （4）土地所有权 ______

（5）勞工數量 ______ 日 （6）調查週年期____年自____年____月____日起至____年____月____日止

（7）調查員姓名 ______

（甲）蔬菜栽培及虫害情形

	蔬菜名称	種苗来源	生長時期	栽培面積（畝）	產量	蟲害名称	為害時期	采用防治方法	損失數量（斤）	為害程度%	備註
第一季	[illegible]	[illegible]	[illegible]	[illegible]	[illegible]						
	[illegible]	[illegible]	[illegible]	[illegible]	[illegible]	[illegible]	[illegible]			[illegible]	[illegible]
第二季											
第三季											

(乙)施肥狀況

蔬菜名稱	肥料種類	來　　源	施用時期	施用数量(斤)	是否缺乏	備　　註
[illegible]	人肥	[illegible]	[illegible]	[illegible]	[illegible]	
[illegible]				500		

(丙)路途運銷狀況

[illegible]

[illegible]

[illegible]

华西实验区农业组蔬菜产区概况调查表（调查地点：重庆市第十四区） 9-1-259（113）

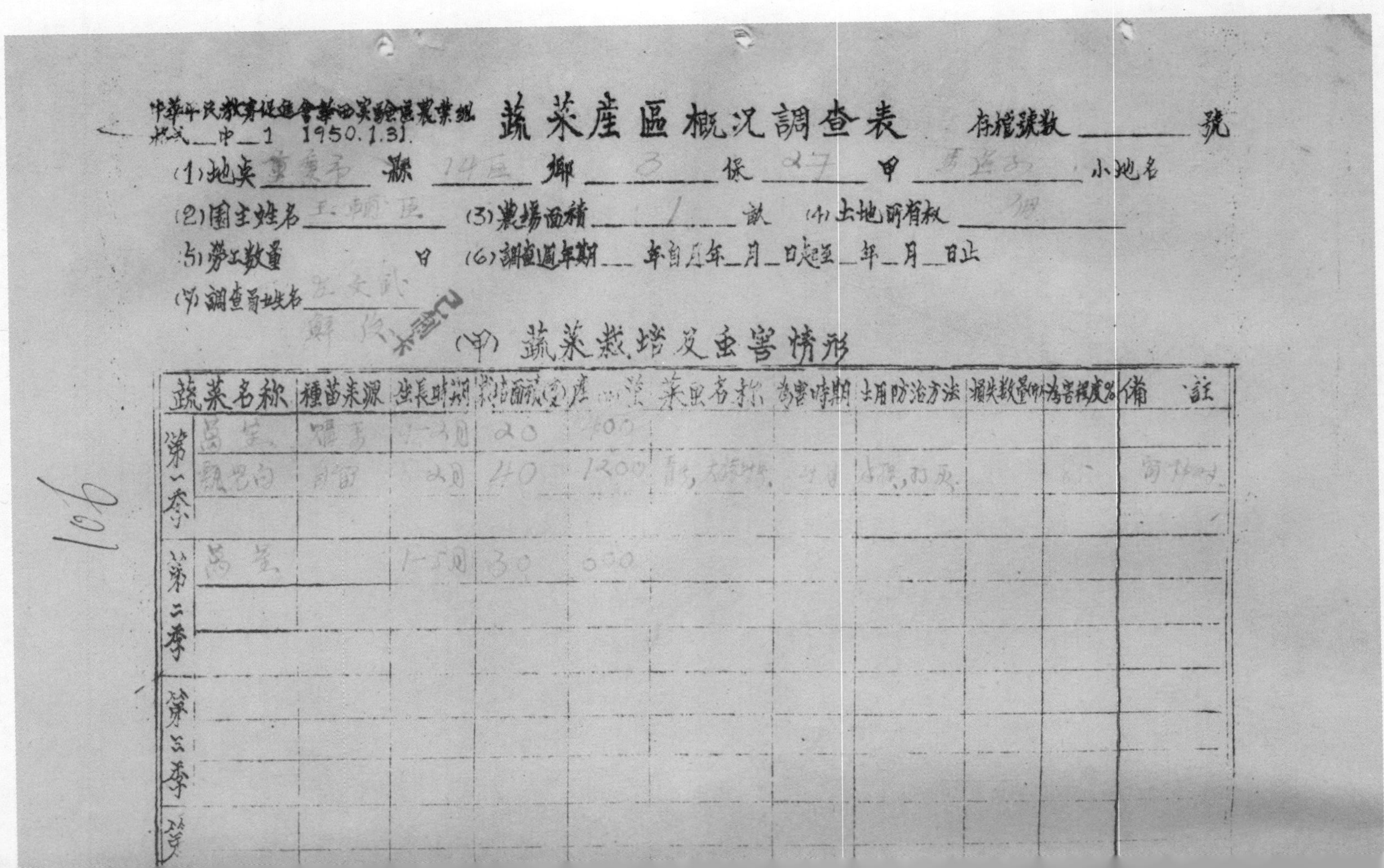

中華平民教育促進會華西实驗區農業組
格式 中—1 1950.1.31

蔬菜產區概況調查表

存檔號數＿＿＿＿號

(1)地点 重庆市 縣 14区 鄉 3 保 27 甲＿＿＿＿小地名
(2)園主姓名＿＿＿＿ (3)農場面積 1 畝 (4)土地所有权 佃
(5)勞工數量＿＿＿＿日 (6)調查週年期＿年自＿年＿月＿日起至＿年＿月＿日止
(7)調查員姓名＿＿＿＿

(甲) 蔬菜栽培及虫害情形

	蔬菜名称	種苗来源	生長时期	栽培面积(方丈)	產量	病虫名称	為害時期	施用防治方法	损失數量(市斤)	為害程度%	備註
第一季	莴笋	[illegible]	[illegible]	20	[illegible]00						
	瓢儿白	自留	[illegible]	40	1200	[illegible]	[illegible]	[illegible]		[illegible]	[illegible]
第二季	莴笋		[illegible]	30	[illegible]						
第三季											
第四季											

（乙）施肥狀況

蔬菜名称	肥料種類	來　源	施用時期	施用数量(斤)	是否缺乏	備　註
莴笋	人肥	[illegible]	追肥二次	3000	缺	两季共用之
[illegible]	〃	[illegible]	追肥三次	3200		

（丙）略述運銷狀况

全同

华西实验区农业组蔬菜产区概况调查表（调查地点：重庆市第十四区）　9-1-259（113）

华西实验区农业组蔬菜产区概况调查表（调查地点：重庆市第十四区） 9-1-259（114）

中华平民教育促进会华西实验区农业组 **蔬菜產區概況調查表** 存檔號數＿＿＿號

式＿中＿1 1950.1.31.

(1)地点 重慶市 縣 14區 鄉 3 保 27 甲 [illegible] 小地名

(2)園主姓名 李光[illegible] (3)農場面積 八 畝 (4)土地所有權 自耕

(5)勞工數量 日 (6)調查週年期＿年＿月＿日起至＿年＿月＿日止

(7)調查員姓名 王文成

(甲) 蔬菜栽培及虫害情形

	蔬菜名称	種苗来源	生長时期	栽培面積(分)	產(斤)量	病虫名称	為害時期	採用防治方法	損失數量(市斤)	為害程度%	備註
第一季	韮菜	自留	9-10月	80	1600						
	瓢兒白	〃	8-20日	40	1000						
第二季	南瓜	購買	3-8月	5	400	蚜虫	5-7月			85	
	豇豆	自留	3-7	5	300	〃	5-7月			85	
	〃[illegible]										
第三季											

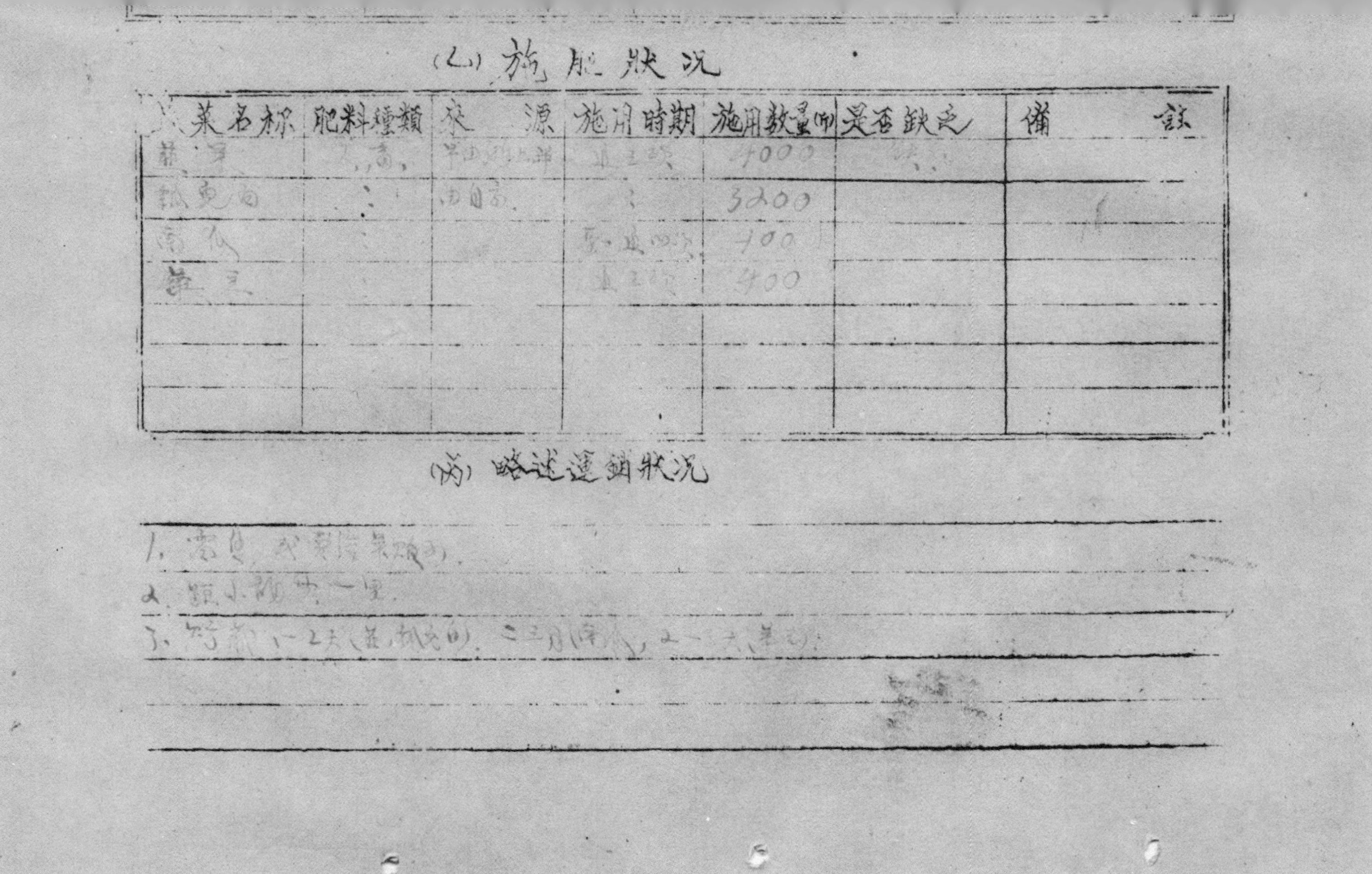

（乙）施肥状况

菜名称	肥料种类	来源	施用时期	施用数量（斤）	是否缺乏	备注
[illegible]	[illegible]	[illegible]	[illegible]	4000	缺	
瓢儿白	[illegible]	[illegible]	[illegible]	3200		
南瓜	[illegible]		[illegible]	700		
[illegible]			[illegible]	400		

（丙）略述运销状况

1. [illegible]
2. [illegible]
3. [illegible] 1-2天（[illegible]，瓢儿白），[illegible]，2-[illegible]天（[illegible]）。

华西实验区农业组蔬菜产区概况调查表（调查地点：重庆市第十四区）　9-1-259（114）

华西实验区农业组蔬菜产区概况调查表（调查地点：重庆市第十四区） 9-1-259（115）

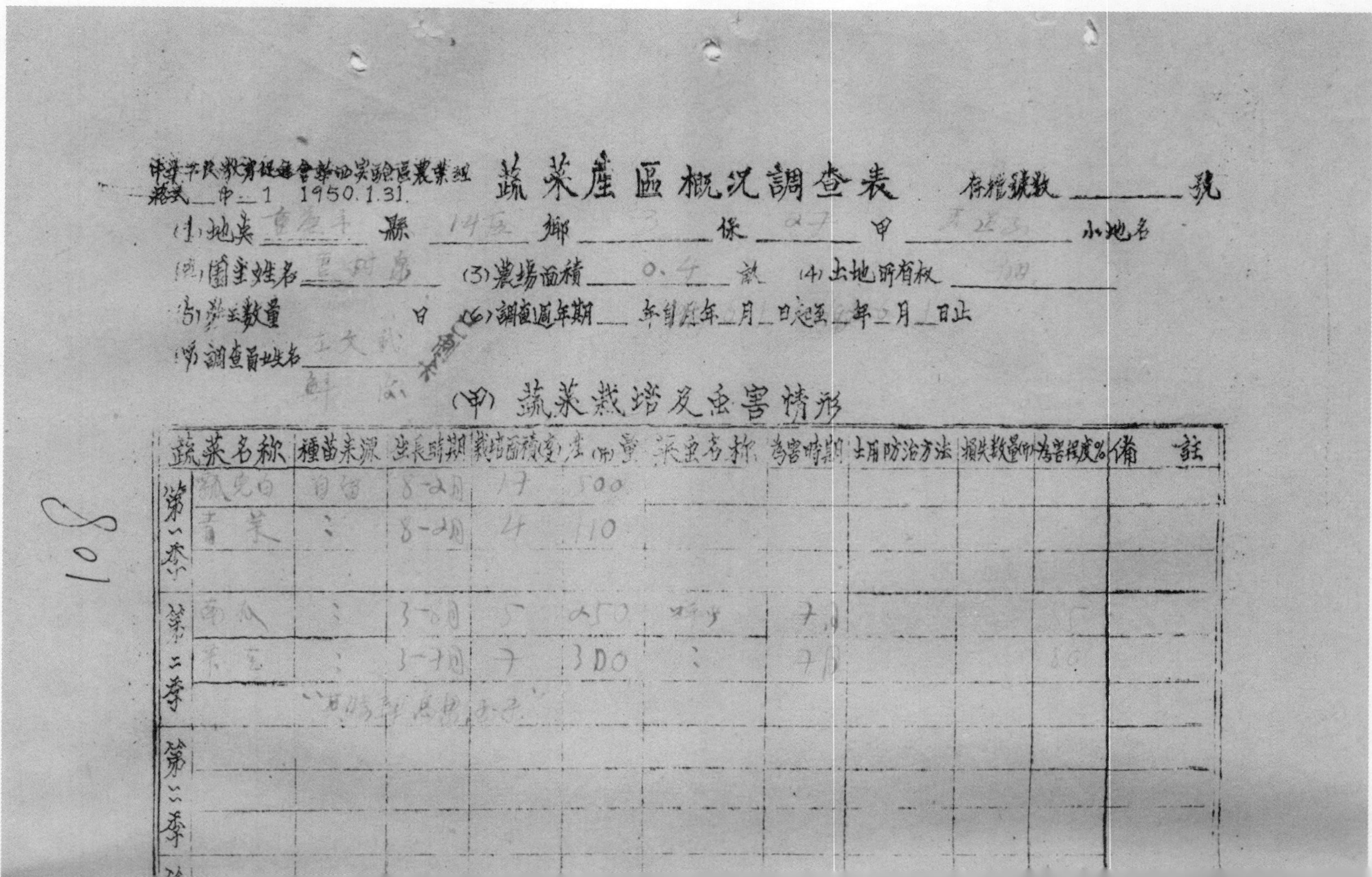

中华平民教育促进会华西实验区农业组
格式 中二1 1950.1.31

蔬菜产区概况调查表

存档号数＿＿＿＿号

(1)地点 重庆市 县 14区 乡 3 保 27 甲 ＿＿ 小地名

(2)园主姓名 ＿＿ (3)农场面积 0.4 亩 (4)土地所有权 ＿＿

(5)劳工数量 ＿＿ 日 (6)调查周年期 ＿＿ 年自 年 月 日起至 年 月 日止

(7)调查员姓名 王文钦

(甲) 蔬菜栽培及虫害情形

	蔬菜名称	种苗来源	生长时期	栽培面积(分)	产量(斤)	害虫名称	为害时期	采用防治方法	损失数量(斤)	为害程度%	备注
第一季	瓢儿白	自留	8-2月	17	500						
	青菜	〃	8-2月	4	110						
第二季	南瓜	〃	3-8月	5	250	蚜虫	7月				
	茶豆	〃	3-7月	7	300	〃	7月			80	
第三季											

李										

(七)施肥狀況

蔬菜名稱	肥料種類	來源	施用時期	施用數量(斤)	是否缺乏	備註
[illegible]	人畜	[illegible]	[illegible]	1300	缺	
[illegible]	〃	〃	〃	300		
[illegible]	〃		〃	400		
[illegible]	〃		〃	500		

(八)略述運銷狀況

1. [illegible]
2. [illegible]
3. [illegible]

华西实验区农业组蔬菜产区概况调查表（调查地点：重庆市第十四区） 9-1-259（115）

华西实验区农业组蔬菜产区概况调查表（调查地点：重庆市第十四区） 9-1-259（116）

中華平民教育促進會華西實驗區農業組
表式 中 1 1950.1.31.

蔬菜產區概況調查表

存檔號數＿＿＿＿號

(1)地点 重慶市 縣 14區 鄉 3 保 27 甲 [illegible] 小地名

(2)園主姓名 [illegible] (3)農場面積 2.2 畝 (4)土地所有權 佃

(5)勞工數量＿＿日 (6)調查週年期＿年自＿年＿月＿日起至＿年＿月＿日止

(7)調查員姓名 [illegible]

(甲) 蔬菜栽培及虫害情形

季	蔬菜名稱	種苗來源	生長時期	栽培面積(畝)	產量(斤)	害虫名稱	為害時期	採用防治方法	損失數量(斤)	為害程度	備註
第一季	蓮花白	自留	8-10月	8	240						
第二季	[illegible]	[illegible]	3-[illegible]月	3	150						
	[illegible]	、	3-10月	2	100						
第三季											

(乙) 施肥狀況

蔬菜名稱	肥料種類	來源	施用時期	施用數量(斤)	是否缺乏	備註
瓢儿白	[illegible]	[illegible]	[illegible]	900		
[illegible]	[illegible]	[illegible]	[illegible]	300		
[illegible]	[illegible]	[illegible]	[illegible]	200		

(丙) 略述運銷狀況

[illegible]

[illegible]

华西实验区农业组蔬菜产区概况调查表（调查地点：重庆市第十四区）　9-1-259（116）

华西实验区农业组蔬菜产区概况调查表（调查地点：重庆市第十四区） 9-1-259（117）

110

中華平民教育促進會華西實驗區農業組
格式 中 1 1950.1.31

蔬菜產區概況調查表

存檔號數 1 號

(1) 地點 重慶市 縣 第十四區 鄉 10 保 ＿ 甲 川教院門口 小地名

(2) 園主姓名 張錫生 (3) 農場面積 2 畝 (4) 土地所有權 川教院

(5) 勞工數量 200 日 (6) 調查週年期 1 年自39年2月7日起至40年2月7日止

(7) 調查員姓名 張崇定 左大武 周安基 鮮儀

(甲) 蔬菜栽培及蟲害情形

	蔬菜名稱	種苗來源	生長時期	栽培面積(丈)	產(斤)量	病蟲名稱	為害時期	採用防治方法	損失數量(斤)	為害程度(%)	備註
第一季	菠菜	本地種	12月-2月	41	800						周年季
	莴笋	〃〃〃	12月-2月	8	120	蚜蟲	1-2月				
	黃秧白	白市驛	10-2月	42		~~菜白蝶~~					
第二季	蓮花白	〃〃〃	1-5	120數		菜白蝶	3-5月	手捉			春季為害菜葉
第三季											

四季

(乙)施肥狀況

蔬菜名称	肥料種類	來源	施用時期	施用数量(斤)	是否缺乏	備註
菠菜	人粪猪粪	磁器口	12月→2月(四次)	3200斤	缺乏	
萵笋	人尿	磁器口	12月→2月(二次)	800斤	缺乏	
黄秧白	人粪尿,猪粪	磁器口	10月→2月(3次)	1800斤	缺乏	
蓮花白	人粪尿,猪粪	磁器口	1-3月(4次)	6400斤	缺乏	

(丙)略述運銷狀況

1、銷售方式。集体由农会蔬菜股统一用木船運至临江门等蔬菜贩子.

2.運銷季節。春冬两季.　　7.储藏时间。1-2天

3.市场及其距离之远近。重庆。35華里.　　8.

4 運输所需时间。半天多

5.運输工具。木船.

6.運输费用。由农会照售价抽15%.

华西实验区农业组蔬菜产区概况调查表（调查地点：重庆市第十四区） 9-1-259（118）

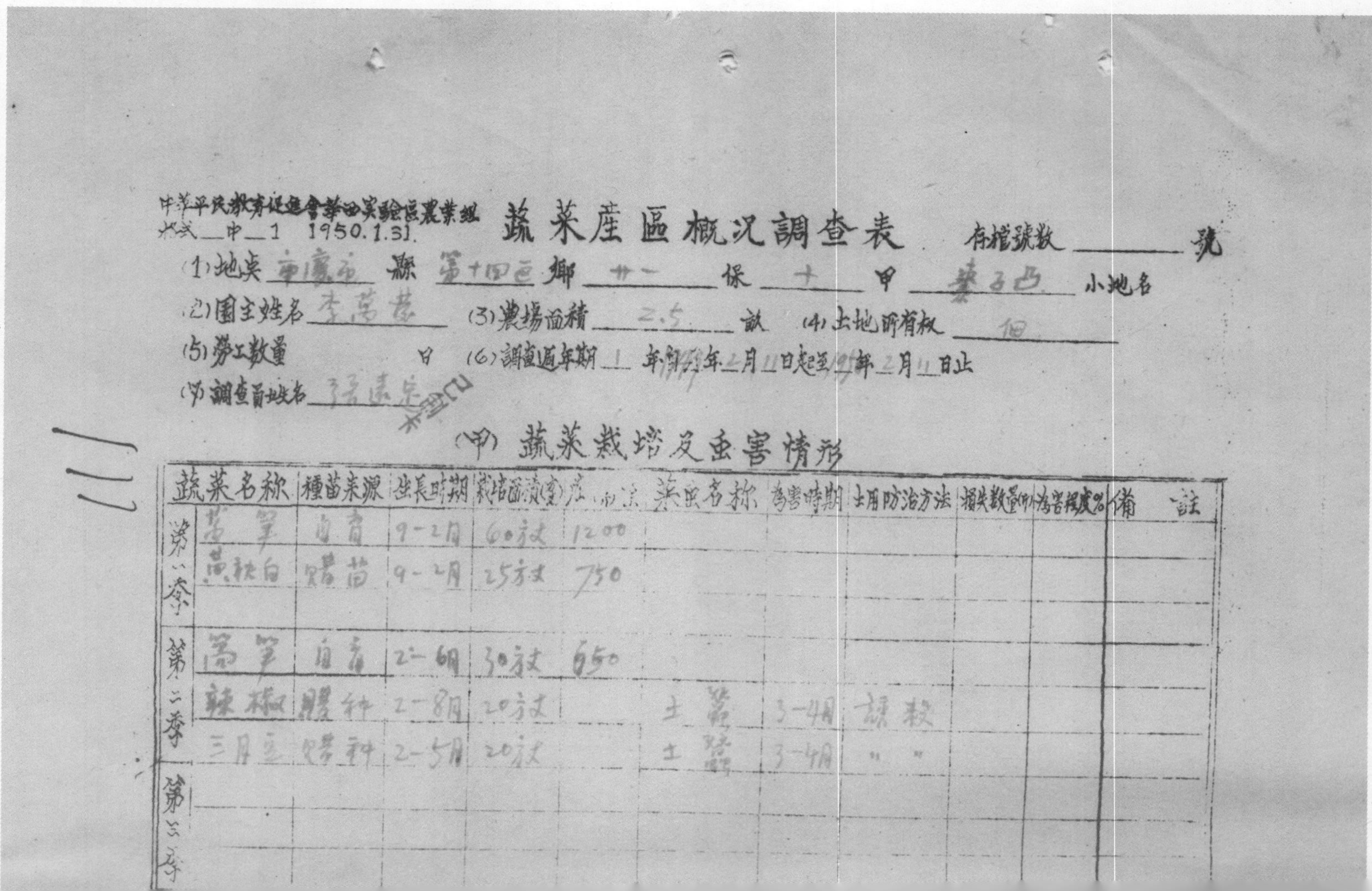

中华平民教育促进会华西实验区农业组
式 中 1 1950.1.31.

蔬菜產區概况調查表

存檔號數＿＿＿＿號

(1)地点 重庆市 縣 第十四区 鄉 廿一 保 十 甲 桑子凸 小地名
(2)園主姓名 李蕊葆 (3)農場面積 2.5 畝 (4)土地所有权 佃
(5)勞工数量 日 (6)調查週年期 1 年 自39年2月1日起至40年2月1日止
(7)調查者姓名 孫遠宗

(甲)蔬菜栽培及虫害情形

季	蔬菜名称	種苗来源	生長时期	栽培面積(方丈)	产量(斤)	害虫名称	為害時期	土用防治方法	損失数量(斤)	為害程度%	備註
第一季	莴笋	自育	9-2月	60方丈	1200						
	黄秧白	购苗	9-2月	25方丈	750						
第二季	莴笋	自育	2-6月	30方丈	650						
	辣椒	购种	2-8月	20方丈		土蚕	3-4月	捕杀			
	三月豆	购种	2-5月	20方丈		土蚕	3-4月	〃			
第三季											

第四季

（乙）施肥狀況

蔬菜名称	肥料種類	來源	施用時期	施用数量(斤)	是否缺乏	備註
莴笋	人糞尿	磁三区	基肥1次追肥3次	9000		
蓮花白	〃〃〃	〃〃〃	仝上	4500		
辣椒	〃〃〃	〃〃〃	仝上	4000		
三月青	〃〃〃	〃〃〃	仝上	2800		

（丙）略述運銷狀況

(1). 货由磁三区农会蔬菜服务部用木船运至渝市[illegible]菜站[illegible]。

(2). 其价按照[illegible]抽15%。

(3). 贮藏期[illegible]

华西实验区农业组蔬菜产区概况调查表（调查地点：重庆市第十四区） 9-1-259（119）

112

中華平民教育促進會華西實驗區農業組
格式 中 1 1950.1.31.

蔬菜產區概況調查表

存檔號數 ______ 號

(1)地点 重庆市 縣 第十四[illegible] 鄉 廿一 保 1 甲 小杨公桥 小地名

(2)園主姓名 杨世忠 (3)農場面積 3 畝 (4)土地所有权 佃

(5)勞工數量 340個 日 (6)調查週年期 1 年自[illegible]年2月11日起至[illegible]年2月11日止

(7)調查員姓名 [illegible]

(甲) 蔬菜栽培及虫害情形

	蔬菜名称	種苗来源	生長時期	栽培面積(方丈)	産量(斤)	害虫名称	為害時期	施用防治方法	損失數量(斤)	為害程度%	備註
第一季	萵笋	自育	9-2月	60方丈	1200						
	菠菜	自留种	9-2月	30方丈	600.						
	莲花白	購苗	9-2月	50方丈	1500						
第二季	三月豆	購种	2-6月	30方丈		土蚕	3-4月	誘殺			
	辣椒	購种	2-8月	20方丈		" "	3-4月	" "			
第三季											

（乙）施肥狀況

蔬菜名稱	肥料種類	來源	施用時期	施用數量(斤)	是否缺乏	備
萵笋	人糞尿	磁器口	基肥一次追肥3次	8320		
[illegible]	〃 〃 〃	〃 〃 〃	仝上	3000		
瓢兒白	〃 〃 〃	〃 〃 〃	仝上	8000		
三月豆	〃 〃 〃	〃 〃 〃	仝上	4000.		
辣椒	〃 〃 〃	〃 〃 〃	基肥1次追肥每月1次	4700.		

（丙）略述運銷狀況

①.除所需外運至渝市或零售本市磁器口.

②.運至磁器口5華里.運至沙坪壩4華里.

③.街上售價與鄉間售價相差大.

④.貯藏法

华西实验区农业组蔬菜产区概况调查表（调查地点：重庆市第十四区） 9-1-259（120）

中華平民教育促進會華西實驗區農業組
格式＿中＿1 1950.1.31.

蔬菜產區概況調查表

存檔號數＿＿＿＿號

(1)地點 重慶市 縣 第十四區 鄉 二十一 保 十一 甲 棗子凼 小地名

(2)園主姓名 何玉昆 (3)農場面積 4 畝 (4)土地所有權 佃

(5)勞工數量 420 日 (6)調查週年期 1 年 自49年2月11日起至50年2月11日止

(7)調查員姓名 張嘉廷

(甲) 蔬菜栽培及虫害情形

	蔬菜名稱	種苗來源	生長時期	栽培面積(方丈)	產(市)量	病虫名稱	為害時期	採用防治方法	損失數量(市斤)	為害程度%	備註
第一季	萵笋	自育	9-2月	90方丈	1800斤						
	抱兒白	購苗	9-2月	60方丈	1800斤						
第二季	三月豆	購種	2-5月	30方丈		土蚕	3-4月				
	辣椒	購種	2-8月	40方丈	600斤	土蚕	3-4月				
	南瓜	自育	3-8月								
第三季											

（乙）施肥狀況

蔬菜名称	肥料種類	來源	施用時期	施用数量(斤)	是否缺乏	備註
莴笋	人糞尿	自有一部份購買	幼苗[illegible]	4860		
[illegible]白	〃 〃 〃	自給[illegible]	〃 〃 〃	4200		
三月豆	〃 〃 〃	〃 〃		3000		
辣椒	〃 〃 〃	〃 〃		4300		
南瓜	〃 〃 〃	〃 〃		500		

（丙）略述運銷狀況

運銷狀況[illegible]

华西实验区农业组蔬菜产区概况调查表（调查地点：重庆市第十四区） 9-1-259（120）

华西实验区农业组蔬菜产区概况调查表（调查地点：重庆市第十四区） 9-1-259（121）

中華平民教育促進會華西實驗區農業組
表式 中 1 1950.1.31.

蔬菜產區概況調查表

存檔號數 ________ 號

(1)地点 重慶市 縣 第十四區 鄉 廿一 保 十一 甲 棗子凸 小地名

(2)園主姓名 吳文金 (3)農場面積 140畝 畝 (4)土地所有權 自(產主王年二人)

(5)勞工數量 800 日 (6)調查過年期 1 年自49年二月10日起至50年二月10日止

(7)調查員姓名 孫嘉淦

(甲) 蔬菜栽培及虫害情形

	蔬菜名稱	種苗來源	生長時期	栽培面積(畝)	產量(斤)	害虫名稱	為害時期	採用防治方法	損失數量(斤)	為害程度%	備註
第一季	萵笋	自育	9-2月	240畝	4800						
	京白	自育	9-2月	18畝	540						
	蘿蔔	購種	9-2月	60畝	2400						
第二季	薑	購種	4-8月	60畝	800						
	辣椒	購種	2-8月	50畝		土蚕	3-4月				
	萵笋	自育	2-5月	40畝	800						
第三季											

（乙）施肥狀況

蔬菜名稱	肥料種類	來源	施用時期	施用數量(斤)	是否缺乏	備註
萵筍	人豬糞尿	自有一部份 購自[illegible]	[illegible]	25000		
瓢兒白	" " " "	仝上	仝上	21000		
蘿蔔	" " " "	仝上	仝上	6800		
薑	" " " "	仝上	仝上	16000		
辣椒	" " " "	仝上	仝上	9000		
萵筍	" " " "	仝上	仝上	5600		

（丙）略述運銷狀況

[illegible]

华西实验区农业组蔬菜产区概况调查表（调查地点：重庆市第十四区） 9-1-259（122）

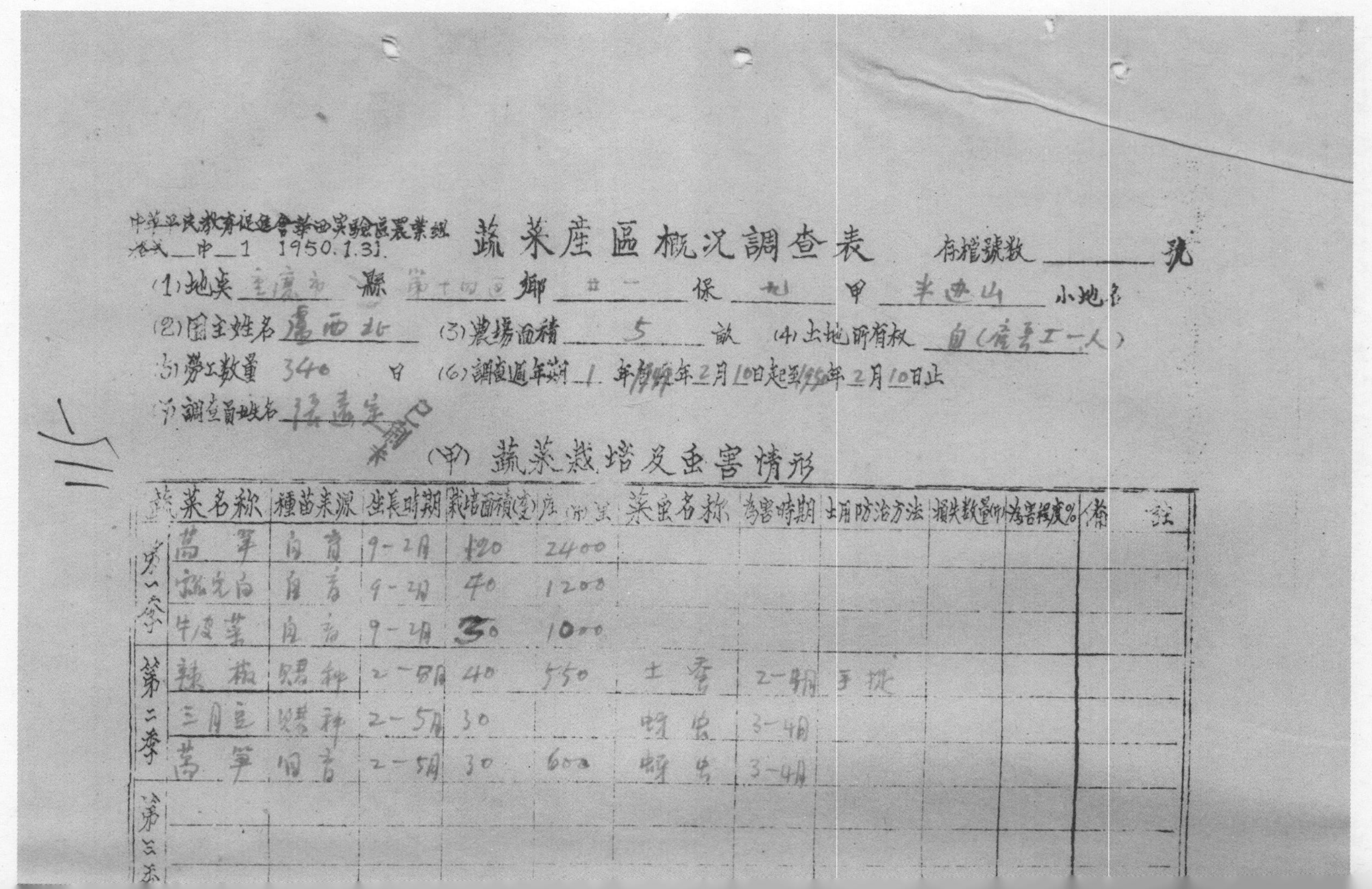

中华平民教育促进会华西实验区农业组
表式 中—1 1950.1.31.

蔬菜产区概况调查表

存档号数 ______ 号

(1)地点 重庆市 县 第十四区 乡 廿一 保 九 甲 半边山 小地名
(2)园主姓名 卢西北 (3)农场面积 5 亩 (4)土地所有权 自（雇長工一人）
(5)劳工数量 340 日 (6)调查周年期 1 年自1949年2月10日起至1950年2月10日止
(7)调查员姓名 孙孟宝

(甲) 蔬菜栽培及虫害情形

季	蔬菜名称	种苗来源	生长时期	栽培面积(方)	产(斤)量	菜虫名称	为害时期	施用防治方法	损失数量(斤)	为害程度%	备注
第一季	莴笋	自育	9-2月	120	2400						
	莲花白	自育	9-2月	40	1200						
	牛皮菜	自育	9-2月	30	1000						
第二季	辣椒	购种	2-8月	40	550	土蚕	2-8月	手捉			
	三月豆	购种	2-5月	30		蚜虫	3-4月				
	莴笋	自育	2-5月	30	600	蚜虫	3-4月				
第三季											

第四季

（乙）施肥状况

蔬菜名称	肥料种类	来源	施用时期	施用数量(斤)	是否缺乏	备考
洋芋	人屎粪	磁器口	基肥1次追肥3次	18,000		
莲花白	〃〃〃	〃〃〃	仝上	6200		
牛皮菜	〃〃〃	〃〃〃	追肥2次	3000		
辣椒	〃〃〃	〃〃〃	每半月追肥1次	8000		
三月豆	〃〃〃	〃〃〃	基肥一次追肥3次	3000		

（丙）收[illegible]运销状况

运销状况与磁器口其他菜农同

华西实验区农业组蔬菜产区概况调查表（调查地点：重庆市第十四区）　9-1-259（122）

华西实验区农业组蔬菜产区概况调查表（调查地点：重庆市第十四区） 9-1-259（123）

#7 116

中華平民教育促進會華西實驗區農業組
格式 中 1 1950.1.31.

蔬菜產區概況調查表

存檔號數 ______ 號

(1)地點 重慶市 縣 第十四區 鄉 廿一 保 九 甲 大水井 小地名

(2)園主姓名 陳吉林 (3)農場面積 4 畝 (4)土地所有权 佃

(5)勞工數量 340 日 (6)調查週年期 [illegible]年2月10日起至[illegible]年2月10日止

(7)調查員姓名 [illegible]

(甲) 蔬菜栽培及虫害情形

	蔬菜名称	種苗来源	生長時期	栽培面積(方)丈	產(斤)量	病虫名称	為害時期	土用防治方法	損失數量(斤)	為害程度%	備註
第一季	黄秧白	購買	9—2月	40方丈	1200						
	菠菜	自留种	9—2月	40方丈	800						
	莴笋	自育苗	9—2月	60方丈	1200						
第二季	四季豆	購种	3—6月	90方丈							
	海椒	購种	2—8月	30方丈	400						
第三季											

四季										

(乙) 施肥狀況

蔬菜名称	肥料種類	來源	施用時期	施用数量(斤)	是否缺乏	備註
黄秧白	人糞尿	磁器口	基肥1次追肥3次	5600		
菠菜	〃〃〃	〃〃〃	仝上	2000		
莴笋	〃〃〃	〃〃〃	仝上	3600		
四季豆	〃〃〃	〃〃〃	仝上	7600		
海椒	〃〃〃	〃〃〃	追肥每日1次	4200		

(丙) 略述運銷狀況

運銷狀況前磁器口其他菜農同

华西实验区农业组蔬菜产区概况调查表（调查地点：重庆市第十四区）　9-1-259（123）

华西实验区农业组蔬菜产区概况调查表（调查地点：重庆市第十四区） 9-1-259（124）

中华平民教育促进会华西实验区农业组
W式__中__1 1950.1.31

蔬菜產區概況調查表

存檔號數________號

(1)地点 重庆市 縣 第十四區 鄉 二十一 保 九 甲 杜家院 小地名

(2)園主姓名 黃紹清 (3)農場面積 2 畝 (4)土地所有权 佃

(5)勞工數量 185 日 (6)調查週年期 1 年 自 年 月 日起至 年 月 日止

(7)調查員姓名 張遠澄

（甲）蔬菜栽培及虫害情形

	蔬菜名称	種苗来源	生長時期	栽培面積(分)	產量(斤)	害虫名称	為害時期	施用防治方法	損失數量(斤)	為害程度%	備註
第一季	萝蔔	自留种		30	650						
	莴笋	自留种	9-2月	20	400						
	黄秧白	购苗	9-2月	30	900						
第二季	菠菜	自留种	9-2月	20	400						
	瓢儿白	自留种	9-2月	15	450						
第三季	四季豆	购种	3-6月	20方丈		土蚕	3-4月	誘殺			
	辣椒	购种	3-8月	20方丈	200	土蚕	3-4月	〃			

(乙)施肥狀況

蔬菜名称	肥料種類	來源	施用時期	施用数量(斤)	是否缺乏	備 註
蘿蔔	人糞尿	磁器口	基肥及追肥時	4600		
萵筍	〃 〃 〃	〃 〃 〃	仝上	4000		
黃秧白	〃 〃 〃	〃 〃 〃	仝上	6700		
菠菜	〃 〃 〃	〃 〃 〃	仝上	4000		
[illegible]	〃 〃 〃	〃 〃 〃	仝上	1200		
四季豆	〃 〃 〃	〃 〃 〃	仝上	2500		
辣椒	〃 〃 〃	〃 〃 〃	仝上	3400		

(丙)略述運銷狀況

運輸由[illegible]磁器口[illegible]菜園

华西实验区农业组蔬菜产区概况调查表（调查地点：重庆市第十四区） 9-1-259（124）

华西实验区农业组蔬菜产区概况调查表（调查地点：重庆市第十四区） 9-1-259（125）

118.

中華平民教育促進會華西實驗區農業組
格式 中 1 1950.1.31.

蔬菜產區概況調查表

存檔號數 ______ 號

1）地點 重慶市 縣 第十四區 鄉 二十一 保 九 甲 杜家院 小地名

（2）園主姓名 黃有全 （3）農場面積 2 畝 （4）土地所有權 佃

（5）勞工數量 178 日 （6）調查週年期 1 年自49年2月10日起至50年2月10日止

（7）調查員姓名 張德光

（甲）蔬菜栽培及蟲害情形

	蔬菜名稱	種苗來源	生長時期	栽培面積（方）	產（市）量	病蟲名稱	為害時期	土用防治方法	損失數量（市）	為害程度%	備註
第一季	蘿蔔	自留苗	9—2月	30	650						
	萵笋	自留种	9—3月	40	800						
	蒝菜	自留种	9—2月	10	130						
第二季	三月豆	買種	3—5月	20		蚜虫	3—4月				
	辣椒	〃 〃	3—8月	10		土蚕	3—4月	捕殺			
第三季											

（乙）施肥狀況

蔬菜名稱	肥料種類	來源	施用時期	施用數量(斤)	是否缺乏	備註
蘿蔔	人糞尿	城區	基肥1次追肥3次	6700		
萵笋	〃〃〃	〃〃〃	仝上	5300		
菠菜	〃〃〃	〃〃〃	仝上	1200		
三月豆	〃〃〃	〃〃〃	仝上	4000		
辣椒	〃〃〃	〃〃〃	仝上	1000		

（丙）略述運銷狀況

運銷狀況與城區之其他菜農同

华西实验区农业组蔬菜产区概况调查表（调查地点：重庆市第十四区） 9-1-259（125）

华西实验区农业组蔬菜产区概况调查表（调查地点：重庆市第十四区） 9-1-259（126）

中華平民教育促進會華西實驗區農業組
式 中 1 1950.1.31

蔬菜產區概況調查表

存檔號數＿＿＿＿號

(1)地点 重慶市 縣 十四區 鄉 二十一 保 1六 甲 小楊公橋 小地名

(2)園主姓名 蕭志云 (3)農場面積 五 畝 (4)土地所有权 佃

(5)勞工數量 470 日 (6)調查周年期 1 年自1949年2月11日起至1950年2月11日止

(7)調查員姓名 孫遠志

(甲) 蔬菜栽培及虫害情形

	蔬菜名称	種苗來源	生長時期	栽培面積(方丈)	產量(斤)	害虫名称	為害時期	采用防治方法	損失數量(斤)	為害程度%	備註
第一季	萵笋	自留种	9-2月	60	1200						
	箭杆白	自留种	9-2月	40	1300						
	牛皮菜	自留种	9-2月	20	600						
第二季	四季豆	購買种	3-5月	30							
	辣椒	購買种	3-7月	40	700						
第三季											

(乙)施肥狀況

蔬菜名稱	肥料種類	來源	施用時期	施用數量(斤)	是否缺乏	備註
高笋	人糞尿	城區內	基肥1次追肥3次	6000		
包心白	〃〃〃	〃〃〃	仝上	6500		
牛皮菜	〃〃〃	〃〃〃	仝上	3600		
四季豆	〃〃〃	〃〃〃	仝上	5600		
辣椒	〃〃〃	〃〃〃	仝上	7800		

(丙)略述運銷狀況

運銷狀況與城區內其他菜農同

二
6

华西实验区农业组蔬菜产区概况调查表（调查地点：重庆市第十四区）　9-1-259（126）